计 算 机 系 列 教 材

交换与路由技术教程

主　编　尹淑玲

副主编　蔡杰涛　魏　鉴

WUHAN UNIVERSITY PRESS
武汉大学出版社

图书在版编目(CIP)数据

交换与路由技术教程/尹淑玲主编. —武汉:武汉大学出版社,2012.11
计算机系列教材
ISBN 978-7-307-10224-8

Ⅰ.交…　Ⅱ.尹…　Ⅲ.①计算机网络—信息交换机—高等学校—教材
②计算机网络—路由选择—高等学校—教材　Ⅳ.TN915.05

中国版本图书馆 CIP 数据核字(2012)第 244679 号

责任编辑:黎晓方　　　责任校对:刘　欣　　　版式设计:支　笛

出版发行:**武汉大学出版社**　　(430072　武昌　珞珈山)
　　　　(电子邮件:cbs22@whu.edu.cn 网址:www.wdp.com.cn)
印刷:通山金地印务有限公司
开本:787×1092　　1/16　　印张:22.25　　字数:563 千字
版次:2012 年 11 月第 1 版　　　2012 年 11 月第 1 次印刷
ISBN 978-7-307-10224-8/TN·55　　　定价:36.00 元

前　言

随着互联网技术的广泛应用和普及，通信及电子信息产业在全球迅猛发展起来，从而也带来了网络技术人才需求量的不断增加，网络技术教育和人才培养成为高等院校一项重要的战略任务。

交换和路由技术是计算机网络技术的核心，本书主要围绕交换技术和路由技术的重点基础理论和主要应用实践展开论述，不但重视理论讲解，还精心设计了相关实验，高度强调实用性和学生动手操作的能力。

本书首先介绍了计算机网络技术的基础知识，并在此基础上详细介绍了构建园区网所涉及的交换和路由等方面的技术，包括虚拟局域网技术、生成树协议、链路聚合技术、IP 路由技术、虚拟路由器冗余协议、广域网技术、访问控制列表和网络地址转换技术等，最后介绍了园区网的设计原则和网络故障排除常用方法。本书以思科公司的交换机产品和路由器产品为平台，在内容的选取、组织与编排上强调先进性、技术性和实用性，突出理论基础和实践操作相结合。

本书中涉及的理论知识，都安排了相应的配置实现，重点培养学生的网络设计能力、对网络设备的选型和调试能力、分析和解决故障的能力以及自主创新的能力。在每章的最后，还安排了若干习题供教师和学生课后复习。

通过对本书的学习，学生不仅能进行路由器、交换机等网络设备的配置，还可以全面了解网络与实际生活的联系及应用，掌握如何利用基本的网络技术来设计并构建中小型企业网。本书技术内容都遵循国际标准，从而保证良好的开放性和兼容性。

本书由武昌理工学院信息工程学院的尹淑玲老师基于多年的网络工程经验、教学经验及对网络技术的深刻理解编写而成。本书的读者对象可以是本科类院校、高职类院校的学生、教师，也可以是准备参加 CCNA、RCNA 考试的专业人士，以及希望学习更多网络技术知识的技术人员。

在本书的编写过程中，王化文教授给予了大力支持和鼓励，蔡杰涛和魏鉴老师对本书进行了详细的讨论和校正，在此表示衷心的感谢。

由于作者水平有限，书中的不妥和错误在所难免，诚请各位专家、读者不吝指正，特此为谢。

编　者

2012 年 8 月

目　录

第 1 章 计算机网络技术基础

20 世纪 60 年代末，计算机网络一经诞生就引起了人们极大的兴趣，发展到现在已经有 50 多年的历史，期间随着计算机技术和通信技术的高速发展及相互渗透结合，计算机网络迅速扩散到日常生活的各个方面，政府、军队、企业和个人都越来越多地将自己的重要业务依托于网络运行，越来越多的信息被放置在网络之中。

现在，我们已经进入信息社会，计算机网络对信息的收集、传输、存储和处理起着非常重要的作用，信息高速公路更是离不开它。因此，计算机网络对整个信息社会都有着极其深刻的影响。

学习完本章，要达到如下目标：
- 理解计算机网络的定义和分类
- 掌握 OSI 参考模型和 TCP/IP 模型的分层结构
- 掌握 IP、TCP 等协议的功能及原理
- 理解以太网技术的基本原理以及以太网帧格式
- 掌握子网划分和地址汇总的方法

1.1　计算机网络概述

要想学习计算机网络技术，首先需要知道什么是计算机网络？

通常将分散在不同地点的多台计算机、终端和外部设备用通信线路互连起来，彼此间能够互相通信，并且实现资源共享（包括软件、硬件、数据等）的整个系统叫做计算机网络。

接入网络的每台计算机本身都是一台完整独立的设备，它自己可以独立工作。将这些计算机用双绞线、同轴电缆和光纤等有线通信介质，或者使用微波、卫星等无线媒体连接起来，再安装上相应的软件（这些软件就是实现网络协议的一些程序），就可以形成一个网络系统。在计算机网络中，通信的双方需要遵守共同的规则和约定才能进行通信，这些规则和约定就叫做计算机网络协议，计算机之间的通信和相互间的操作就由网络协议来解析、协调和管理。

1.1.1　计算机网络的分类

对计算机网络进行分类的角度很多，下面进行简单的介绍。

1. 不同作用范围的网络

- 广域网（Wide Area Network，WAN）：广域网的分布距离远，它通过各种类型的串行连接以便在更大的地理区域内实现接入。广域网是因特网的核心部分，其任务是长距离运送主机所发送的数据。
- 城域网（Metropolitan Area Network，MAN）：城域网的覆盖范围为中等规模，介于局

域网和广域网之间,通常是一个城市内的网络连接(距离为 5~50km)。城域网可以为一个或几个单位所拥有,但也可以是一种公用设施,用来将多个局域网进行互联。

- 局域网(Local Area Network,LAN):局域网通常指几千米范围以内的、可以通过某种介质互联的计算机、打印机或其他设备的集合。一个局域网通常为一个组织所有,常用于连接公司办公室或企业内的个人计算机和工作站,以便共享资源和交换信息。

2. 不同使用者的网络

- 公用网(Public Network):这是指电信公司(国有或私有)出资建造的大型网络。"公用"的意思就是所有愿意按电信公司的规定缴纳费用的人都可以使用这种网络。因此公用网也可称为公众网。
- 专用网(Private Network):这是某个部门为本单位的特殊业务工作的需要而建造的网络。这种网络不向本单位以外的人提供服务。例如,军队、铁路、电力等系统均有本系统的专用网。

3. 不同拓扑结构的网络

- 集中式网络:在集中式网络中,所有的信息流必须经过中央处理设备(即交换节点),链路都从中央交换节点向外辐射,这个中心节点的可靠性基本决定了整个网络的可靠性。集中式网络的典型结构就是星形拓扑。
- 分布式网络:分布式网络中的任意一个节点都至少和其他两个节点直接相连,因而可靠性大幅提高。分布式网络的典型结构是网状拓扑。

4. 不同传输介质的网络

- 有线网络:有线网络使用同轴电缆、双绞线、光纤等通信介质。
- 无线网络:无线网络使用卫星、微波、红外线、激光等通信介质。

1.1.2 计算机网络的拓扑结构

计算机网络的拓扑结构是指用传输媒体互连各种设备的物理布局,常见的有总线型拓扑、星形拓扑、环形拓扑和网状拓扑等。

1. 总线型拓扑结构

早期的以太网采用的是总线型的拓扑结构,所有计算机共用一条物理传输线路,所有的数据发往同一条线路,并能被连接在线路上的所有设备感知,如图 1-1 所示。

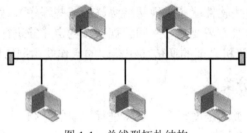

图 1-1 总线型拓扑结构

在总线型拓扑结构中,多台主机共用一条传输信道,信道的利用率较高。但是,在这种结构的网络中,同一时刻只能有两台主机进行通信,并且网络的延伸距离和接入的主机数量都有限。

2. 星形拓扑结构

星形拓扑的网络以一台中央处理设备（通信设备）为核心，其他入网的主机仅与该中央处理设备之间有直接的物理链路，所有的数据都必须经过中央处理设备进行传输。目前使用的电话网络就属于这种结构，现在的以太网也采取星形拓扑结构或者分层的星形拓扑结构，如图 1-2 所示。

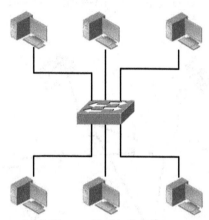

图 1-2　星形拓扑结构

星形拓扑的特点是结构简单，便于管理（集中式），不过每台入网的主机均需与中央处理设备互连，线路的利用率低；中央处理设备需处理所有的服务，负载较重；在中央处理设备处会形成单点故障，这将会导致网络瘫痪。

3. 环形拓扑结构

环形拓扑结构也是一种在 LAN 中使用较多的网络拓扑结构。这种结构中的传输媒体从一个端用户连接到另一个端用户，直到将所有的端用户连成环形，如图 1-3 所示。显然，这种结构消除了端用户通信时对中心系统的依赖。

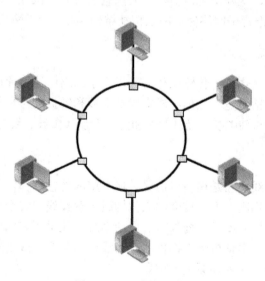

图 1-3　环形拓扑结构

环形拓扑结构的特点是每个端用户都与两个相邻的端用户相连，并且环形网的数据传输具有单向性，一个端用户发出的数据只能被另一个端用户接收并转发。环形拓扑的传输控制机制比较简单，但是单个环网的节点数有限，一旦某个节点发生故障，将导致整个网络瘫痪。

4. 网状拓扑结构

网络通常利用冗余的设备和线路来提高网络的可靠性，节点设备可以根据当前的网络信息流量有选择地将数据发往不同的线路，如图1-4所示。

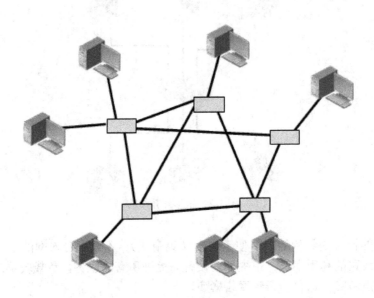

图1-4　网状拓扑结构

网络中任意两台设备之间都直接相连的网络称为全互连网络，这种形式的网络可靠性是最高的，但是代价也是最高的。因此，实际应用中往往只是将网络中任意一个节点至少和其他两个节点互连在一起，这样就可以提供令人满意的可靠性保证。

现在，一些网络常把骨干网络做成网状拓扑结构，而非骨干网络则采用星形的拓扑结构。

1.1.3　网络传输介质

有很多的传输介质（也称为传输媒体）可以用于网络中比特流的传输。每一种传输介质都有它自己的特性，包括带宽、延迟、成本以及安装和维护的难易程度。传输介质大致可分为有线介质（双绞线、同轴电缆、光纤等）和无线介质（微波、红外线、激光等）两种类型，下面分别介绍。

1. 双绞线

双绞线也称为双扭线，它是最古老但又是最常用的传输媒体。把两根互相绝缘的铜导线并排放在一起，然后用规则的方法绞合起来就构成了双绞线。绞合可减少相邻导线的电磁干扰。使用双绞线最多的地方就是到处都有的电话系统。几乎所有的电话都使用双绞线连接到电话交换机。这段从用户电话机到交换机的双绞线称为用户线或用户环路。通常将一定数量的这种双绞线捆成电缆，在其外面包上护套。

数字传输和模拟传输都可以使用双绞线，其通信距离一般为几公里到十几公里。对于模拟传输，距离太长时要加上放大器以便将衰减了的信号放大到合适的数值；对于数字传输，距离太长时要加上中继器以便将失真了的信号进行整形。与其他传输介质相比，双绞线在传输距离、信道宽度和数据传输等方面均受到一定的限制，但它的价格较为低廉，安装与维护比较容易，因此得到了广泛的应用。

为了提高双绞线的抗电磁干扰的能力，可以在双绞线的外面再加上一层用金属丝编织成的屏蔽层，这就是屏蔽双绞线（Shielded Twisted Pair，STP）。它的价格比非屏蔽双绞线要高一些，安装时也比安装非屏蔽双绞线困难。

1991 年，美国电子工业协会 EIA（Electronic Industries Association）和电信工业协会 TIA（Telecommunications Industries Association）联合发布了一个标准 EIA/TIA-568，它的名称是"商用建筑物电信布线标准"。这个标准规定了用于室内传送数据的非屏蔽双绞线和屏蔽双绞线的标准。随着局域网上数据传送速率的不断提高，EIA/TIA 在 1995 年将布线标准更新为 EIA/TIA-568-A，此标准规定了 5 个种类的 UTP 标准（从 1 类线到 5 类线）。2002 年 6 月 EIA/TIA-568-B 铜缆双绞线 6 类线标准正式出台。表 1-1 给出了 UTP 的各种类别及典型应用。

表 1-1　　　　　　　　　　　　　　UTP 线缆类别及用途

UTP 线缆的类别	用途	说　　明
1 类线缆	电话	不适合传输数据
2 类线缆	令牌环网	支持 4Mbit/s 的令牌环网
3 类线缆	电话和 10BASE-T	20 世纪 80 年代以广泛使用的 3 类线缆为基础的 10BASE-T 网络出现
4 类线缆	令牌环网	支持 16Mbit/s 的令牌环网
5 类线缆	以太网	支持 10BASE-T、100BASE-T
5e 类线缆	以太网	使用与 5 类线缆相同的介质，但要经过更严格的端接和线缆测试，支持吉比特以太网
6 类线缆	以太网	支持 1Gbit/s 的以太网，也可用 6 类线缆建立 10Gbit/s 的网络

2. 同轴电缆

同轴电缆由内导体铜质芯线（单体实心线或多股绞合线）、绝缘层、网状编织的外导体屏蔽层以及保护塑料外层所组成。同轴电缆的这种结构使它具有高带宽和很好的抗干扰特性，被广泛地用于传输较高速率的数据。

在局域网发展的初期曾广泛地使用同轴电缆作为传输介质，当需要把计算机连接到同轴电缆的某一处时，是利用 T 形接头（或称为 T 形连接器）进行连接，这种连接方法要比利用双绞线麻烦。

有两种广泛使用的同轴电缆。一种是 50Ω 同轴电缆，用于数字传输，由于多用于基带传输，也叫基带同轴电缆。另一种是 75Ω 同轴电缆，用于模拟传输系统，它是有线电视系统中的标准传输电缆。在这种电缆上传送的信号采用了频分复用的宽带信号，因此，75Ω 同轴电缆又称为宽带同轴电缆。目前，同轴电缆主要用在有线电视网的居民小区中。

3. 光纤

光导纤维简称光纤。与前述两种传输介质不同的是，光纤传输的信号是光，而不是电流。它是通过传导光脉冲来进行通信的。可以简单地理解为以光的有无来表示二进制 0 和 1。

光纤由内向外分为核心、覆层和保护层 3 个部分。其核心是由极纯净的玻璃或塑胶材料制成的光导纤维芯，覆层也是由极纯净的玻璃或塑胶材料制成的，但它的折射率要比核心部分低。正是由于这一特性，如果到达核心表面的光，其入射角大于临界角时，就会发生全反射。光线在核心部分进行多次全反射，达到传导光波的目的。

光纤分为多模光纤和单模光纤两种。若多条入射角不同的光线在同一条光纤内传输，这种光纤就是多模光纤。单模光纤的直径只有一个光波长（5~10μm），即只能传导一路光波，单模光纤因此而得名。

利用光纤传输的发送方，光源一般采用发光二极管或激光二极管，将电信号转换为光信号。接收端要安装光电二极管，作为光的接收装置，并将光信号转换为电信号。光纤是迄今传输速率最快的传输介质（现已超过 10Gb/s）。光纤具有很高的带宽，几乎不受电磁干扰的影响，中继距离可达 30km。光纤在信息的传输过程中，不会产生光波的散射，因而安全性高。另外，它的体积小、重量轻，易于铺设，是一种性能良好的传输介质。但光纤脆性高，易折断，维护困难，而且造价昂贵。目前，光纤主要用于铺设骨干网络。

4. 无线传输

前面介绍的三种传输介质为有线传输介质，而对应的传输属于有线传输。但是，如果通信线路要通过一些高山或岛屿，有时就很难施工，这时使用无线传输进行通信就成为必然。无线传输使用的频段很广，目前主要利用无线电、微波、红外线以及可见光这几个波段进行通信。

国际电信联合会（International Telecommunication Union，ITU）规定了波段的正式名称，例如低频（LF，长波，波长范围为 1~10km，对应于 30~300kHz）、中频（MF，中波，波长范围为 100~1000m，对应于 300~3000kHz）、高频（HF，短波，波长范围为 10~100m，对应于 3~30MHz），更高的频段还有甚高频、特高频、超高频、极高频等。

大多数传输都使用窄的频段以获得最佳的接收能力，然而，在有些情况下，也会使用宽的频段。例如，在跳频扩频（Frequency Hopping Spread Spectrum，FHSS）中，发送方每秒几百次地从一种频率跳到另一种频率。这种技术在军事通信中很流行，因为它使得通信过程很难被检测到，对方也就不太可能干扰通信。最近几年，这项技术已经应用到了商业领域，802.11 和蓝牙都用到了这项技术。另一种扩频的形式是直接序列扩频（Direct Series Spread Spectrum，DSSS），它将信号展开在一个很宽的频段上，这项技术有很好的光谱效率、抗噪声能力和其他一些特性，WLAN 中就应用了这项技术。

无线电微波通信在数据通信中占有重要地位。微波的频率范围为 300MHz~300GHz，但主要是使用 2~40GHz 的频率范围。微波在空间中主要是直线传播，因此它们可以被聚成窄窄的一束进行传播，从而获得极高的信噪比。微波传输要求发射端和接收端的天线必须精确地互相对齐。远距离传输时，两个终端之间需要建立若干个中继站。微波通信可用于电话、电报、图像等信息。

无导向的红外线和毫米波被广泛地应用于短距离通信。电视机、录像机等家用电器的遥控器都用到了红外线通信。相对来说，它们有方向性、便宜、易于制造的优点，但它们不能够穿透固体物质。

1.2　计算机网络模型

1.2.1　OSI 参考模型

在计算机网络发展的初期，许多研究机构、计算机厂商和公司都推出了自己的网络系统，例如 IBM 公司的 SNA、Novell 的 IPX/SPX 协议、Apple 公司的 Apple Talk 协议、DEC 公司的 DECNET，以及广泛流行的 TCP/IP 协议等。同时，各大厂商针对自己的协议生产出了不同的硬件和软件。然而这些标准和设备之间互不兼容。没有一种统一标准存在，就意味着这些不同厂家的网络系统之间无法相互连接。

为了解决网络之间的兼容性问题，ISO 于 1984 年提出了 OSI 参考模型（Open System Interconnection Reference Model，开发系统互连参考模型），它很快成为计算机网络通信的基础模型。OSI 参考模型仅仅是一种理论模型，并没有定义如何通过硬件和软件实现每一层功能，与实际使用的协议（如 TCP/IP 协议）是有一定区别的。

OSI 参考模型很重要的一个特性是其分层体系结构。分层体系结构将复杂的网络通信过程分解到各个功能层次，各个层次的设计和测试相对独立，并不依赖于操作系统或其他因素，层次间也无须了解其他层次是如何实现的，从而简化了设备间的互通性和互操作性。采用统一的标准的层次化模型后，各个设备生产厂商遵循标准进行产品的设计开发，有效地保证了产品间的兼容性。

OSI 参考模型自下而上分为 7 层，分别是：物理层、数据链路层、网络层、传输层、会话层、表示层和应用层，如图 1-5 所示。

图 1-5　OSI 参考模型

OSI 参考模型的每一层都负责完成某些特定的通信任务，并只与紧邻的上层和下层进行数据交换。

1. 物理层

物理层是 OSI 参考模型的最低层或称为第 1 层，其功能是在终端设备间传输比特流。

物理层并不是指物理设备或物理媒介，而是有关物理设备通过物理媒体进行互连的描述和规定。物理层协议定义了通信传输介质的下述物理特性。

- 机械特性：说明接口所用接线器的形状和尺寸、引线数目和排列等，例如人们见到的各种规格的电源插头的尺寸都有严格的规定。
- 电气特性：说明在接口电缆的每根线上出现的电压、电流范围。

- 功能特性：说明某根线上出现的某一电平的电压表示何种意义。
- 规程特性：说明对不同功能的各种可能事件的出现顺序。

物理层以比特流的方式传送来自数据链路层的数据，而不理会数据的含义或格式。同样，它接收数据后直接传给数据链路层。也就是说，物理层不能理解所处理的比特流的具体意义。

常见的物理层传输介质主要有同轴电缆、双绞线、光纤、串行电缆和电磁波等。

2. 数据链路层

数据链路层的目的是负责在某一特定的介质或链路上传递数据。因此数据链路层协议与链路介质有较强的相关性，不同的传输介质需要不同的数据链路层协议给予支持。

数据链路层的主要功能包括下述内容。

- 帧同步：即编帧和识别帧。物理层只发送和接收比特流，而并不关心这些比特流的次序、结构和含义；而在数据链路层，数据以帧为单位传送。因此发送方需要数据链路层将上层交下来的数据编成帧，接收方需要数据链路层能从接收到的比特流中明确地区分出数据帧起始与终止的地方。帧同步的方法包括字节计数法、使用字符或比特填充的首尾定界符法，以及违法编码法等。
- 数据链路的建立、维持和释放：当网络中的设备要进行通信时，通信双方有时必须先建立一条数据链路，在建立链路时需要保证安全性，在传输过程中要维持数据链路，而在通信结束后要释放数据链路。
- 传输资源控制：在一些共享介质上，多个终端设备可能同时需要发送数据，此时必须由数据链路层协议对资源的分配加以控制。
- 流量控制：为了确保正常地收发数据，防止发送数据过快，导致接收方的缓存空间溢出以及网络出现拥塞，就必须及时控制发送方发送数据的速率。数据链路层控制的是相邻两节点之间数据链路上的流量。
- 差错控制：由于比特流传输时可能产生差错，而物理层无法辨别错误，所以数据链路层协议需要以帧为单位实施差错检测。最常用的差错检测方法是帧校验序列（Frame Check Sequence，FCS）。发送方在发送一个帧时，根据其内容，通过诸如循环冗余校验（Cyclic Redundancy Check，CRC）这样的算法计算出校验和（Checksum），并将其加入此帧的 FCS 字段中发送给接收方。接收方通过对校验和进行检查，检测收到的帧在传输过程中是否发生差错。一旦发现差错，就丢弃此帧。
- 寻址：数据链路层协议应该能够标识介质上的所有节点，并且能寻到目的节点，以便将数据发送到正确的目的地。
- 标识上层数据：数据链路层采用透明传输的方法传送网络层数据包，它对网络层呈现为一条无错的线路。为了在同一链路上支持多种网络层协议，发送方必须在帧的控制信息中标识载荷所属的网络层协议，这样接收方才能将载荷提交给正确的上层协议来处理。

3. 网络层

在网络层，数据的传输单元是包。网络层的任务就是要选择合适的路径并转发数据包，使数据包能够正确无误地从发送方传递到接收方。

网络层的主要功能包括下述内容。

- 编址：网络层为每个节点分配标识，这就是网络层的地址。地址的分配也为从源到目的的路径选择提供了基础。

- 路由选择：网络层的一个关键作用是要确定从源到目的的数据传递应该如何选择路由，网络层设备在计算路由之后，按照路由信息对数据包进行转发。
- 拥塞控制：如果网络同时传送过多的数据包，可能会产生拥塞，导致数据丢失或延时，网络层也负责对网络上的拥塞进行控制。
- 异种网络互连：通信链路和介质类型是多种多样的，每一种链路都有其特殊的通信规定，网络层必须能够工作在多种多样的链路和介质类型上，以便能够跨越多个网络提供通信服务。

网络层处于传输层和数据链路层之间，它负责向传输层提供服务，同时负责将网络地址翻译成对应的物理地址。网络层协议还能协调发送、传输及接收设备的处理能力的不平衡性，如网络层可以对数据进行分段和重组，以使得数据包的长度能够满足该链路的数据链路层协议所支持的最大数据帧长度。

网络层的典型设备是路由器，其工作模式与二层交换机相似，但路由器工作在第 3 层，这个区别决定了路由器和交换机在传递数据时使用不同的控制信息，因为控制信息不同，实现功能的方式就不同。

路由器的内部有一个路由表，这个表所描述的是如果要去某一网络，下一步应该如何转发，如果能从路由表中找到数据包的转发路径，则把转发端口的数据链路层信息加在数据包上转发出去，否则，将此数据包丢弃，然后返回一个出错信息给源地址。

4. 传输层

传输层的功能是为会话层提供无差错的传送链路，保证两台设备间传递信息的正确无误。传输层传送的数据单位是段。

传输层负责创建端到端的通信连接。通过传输层，通信双方主机上的应用程序之间通过对方的地址信息直接进行对话，而不用考虑期间的网络上有多少个中间节点。

传输层既可以为每个会话层请求建立一个单独的连接，也可以根据连接的使用情况为多个会话层请求建立一个单独的连接，这称为多路复用。

传输层的一个重要工作是差错校验和重传。数据包在网络传输中可能出现错误，也可能出现乱序、丢失等情况，传输层必须能够检测并更正这些错误。如果出现错误和丢失，接收方必须请求对方重新传送丢失的包。

为了避免发送速度超出网络或接收方的处理能力，传输层还负责执行流量控制和拥塞控制，在资源不足时降低流量，而在资源充足时提高流量。

5. 会话层、表示层和应用层

会话层是利用传输层提供的端到端服务，向表示层或会话用户提供会话服务。就像它的名字一样，会话层建立会话关系，并保持会话过程的畅通，决定通信是否被中断以及下次通信从何处重新开始发送。例如，某个用户登录到一个远程系统，并与之交换信息。会话层管理这一进程，控制哪一方有权发送信息，哪一方必须接收信息，这其实是一种同步机制。会话层也处理差错恢复。

表示层负责将应用层的信息"表示"成一种格式，让对端设备能够正确识别，它主要关注传输信息的语义和语法。在表示层，数据将按照某种一致同意的方法对数据进行编码，以便使用相同表示层协议的计算机能互相识别数据。例如，一幅图像可以表示为 JPEG 格式，也可以表示为 BMP 格式，如果对方程序不识别本方的表示方法，就无法正确显示这幅图片。表示层还负责数据的加密和压缩。

应用层是 OSI 的最高层，它直接与用户和应用程序打交道，负责对软件提供接口以使程序能使用网络服务。这里的网络服务包括文件传输、文件管理、电子邮件的消息处理等。应用层并不等同于一个应用程序。

1.2.2　OSI 参考模型层次间的关系以及数据封装

在数据通信网络领域，协议数据单元（Protocol Data Unit，PDU）泛指网络通信对等实体之间交换的信息单元，包括用户数据信息和协议控制信息等。

为了更准确地表示出当前讨论的是哪一层的数据，在 OSI 术语中，每一层传送的 PDU 均有其特定的称呼。应用层数据称为 APDU（Application Protocol Data Unit，应用层协议数据单元），表示层数据称为 PPDU（Presentation Protocol Data Unit，应用层协议数据单元），会话层数据称为 SPDU（Session Protocol Data Unit，会话层协议数据单元），传输层数据称为段（Segment），网络层数据称为包（Packet），数据链路层数据称为帧（Frame），物理层数据称为比特（bit）。

在 OSI 参考模型中，终端主机的每一层都与另一方的对等层次进行通信，但这种通信并非直接进行，而是通过下一层为其提供的服务来间接与对端的对等层交换数据。下一层通过服务访问点（Service Access Point，SAP）为上一层提供服务。

如图 1-6 所示为两台设备之间的通信。从图 1-6 可以看出，两台设备建立对等层的通信连接，即在各个对等层间建立逻辑信道，对等层使用功能相同的协议实现通信。如主机 A 的第 2 层不能和对方的第 3 层直接通信。同时，同一层之间的不同协议也不能通信，比如主机 A 的 E-mail 应用程序就不能和对方的 Telnet 应用程序通信。

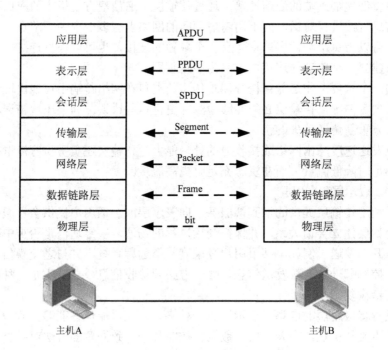

图 1-6　对等通信

封装是指网络节点将要传送的数据用特定的协议打包后传送。多数协议是通过在原有数据之前加上封装头来实现封装的，一些协议还要在数据之后加上封装尾，而原有的数据此时便成为载荷。在发送方，OSI 七层模型的每一层都对上层数据进行封装，以保证数据能够正确无误地到达目的地；而在接收方，每一层又对本层的封装数据进行解封装，并传送给上层，以便数据被上层所理解。

如图 1-7 所示为 OSI 参考模型中数据的封装和解封装的过程。首先，源主机的应用程序生成能够被对端应用程序识别的应用层数据；然后数据在表示层加上表示层头，协商数据格式、是否加密，转化成对端能够理解的数据格式；数据在会话层又加上会话层头；以此类推，传输层加上传输层头形成段，网络层加上网络层头形成包，数据链路层加上数据链路层头形成帧；在物理层数据转换为比特流，传送到网络上。比特流到达目的主机后，也会被逐层解封装。首先由比特流获得帧，然后剥去数据链路层帧头获得包，再剥去网络层包头获得段，以此类推，最终获得应用层数据提交给应用程序。

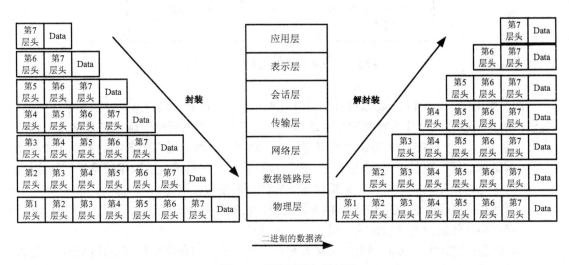

图 1-7　数据封装与解封装

1.2.3　TCP/IP 模型

OSI 参考模型的诞生为清晰地理解互连网络、开发网络产品和网络设计等带来了极大的方便。但是 OSI 参考模型过于复杂，难以完全实现；OSI 参考模型各层功能具有一定的重复性，效率较低；再加上 OSI 参考模型提出时，TCP/IP 协议已经逐渐占据主导地位，因此 OSI 参考模型并没有流行开来，也从来没有存在一种完全遵循 OSI 参考模型的协议族。可以这么认为，OSI 参考模型是理论上的网络标准，而 TCP/IP 协议体系是实际使用的网络标准。

TCP/IP 协议体系是 20 世纪 70 年代中期美国国防部为其高级研究项目专用网络（Advanced Research Projects Agency Network，ARPANet）开发的网络体系结构和协议标准，以它为基础组建的 Internet 是目前世界上规模最大的计算机互联网络，正因为 Internet 的广泛使用，使得 TCP/IP 协议体系成为事实上的标准。

与 OSI 参考模型一样，TCP/IP 也采用层次化结构，每一层负责不同的通信功能。但是 TCP/IP 协议简化了层次设计，只分为 4 层，由下向上依次是：网络接口层、网络层、传输层和应用层，如图 1-8 所示。

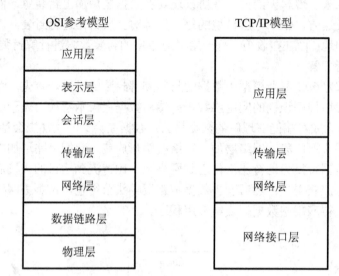

图 1-8　TCP/IP 模型与 OSI 参考模型

　　从实质上讲，TCP/IP 协议体系只有三层，即应用层、传输层和网络层，因为最下面的网络接口层并没有什么具体内容和定义，这也意味着各种类型的物理网络都可以纳入 TCP/IP 协议体系中，这也是 TCP/IP 协议体系流行的一个原因。下面分别介绍各层的主要功能。

- 网络接口层：TCP/IP 的网络接口层大体对应于 OSI 参考模型的数据链路层和物理层，通常包括计算机和网络设备的接口驱动程序与网络接口卡等。
- 网络层：网络层是 TCP/IP 体系的关键部分。它的主要功能是使主机能够将信息发往任何网络并传送到正确的目的主机。
- 传输层：TCP/IP 的传输层主要负责为两台主机上的应用程序提供端到端的连接，使源、目的端主机上的对等实体可以进行会话。
- 应用层：TCP/IP 模型没有单独的会话层和表示层，其功能融合在 TCP/IP 应用层中。应用层直接与用户和应用程序打交道，负责对软件提供接口以便程序能够使用网络服务。

TCP/IP 协议体系是用于计算机通信的一组协议，如图 1-9 所示。

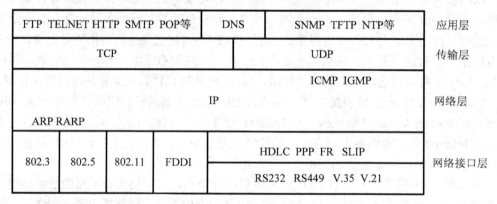

图 1-9　TCP/IP 协议栈

其中应用层的协议分为三类：一类协议基于传输层的 TCP 协议，典型的如 FTP、TELNET、HTTP 等；一类协议基于传输层的 UDP 协议，典型的如 TFTP、SNMP 等；还有一类协议既基于 TCP 协议又基于 UDP 协议，典型的如 DNS。

传输层主要使用两个协议，即面向连接的可靠的 TCP 协议和面向无连接的不可靠的 UDP 协议。

网络层最主要的协议是 IP 协议，另外还有 ICMP、IGMP、ARP、RARP 等协议。

数据链路层和物理层根据不同的网络环境，如局域网、广域网等情况，有不同的帧封装协议和物理层接口标准。

TCP/IP 协议体系的特点是上下两头大而中间小，应用层和网络接口层都有很多协议，而中间的 IP 层很小，上层的各种协议都向下汇聚到一个 IP 协议中，而 IP 协议又可以应用到各种数据链路层协议中，同时也可以连接到各种各样的网络类型，如图 1-10 所示，这种漏斗结构是 TCP/IP 协议体系得到广泛使用的主要原因。

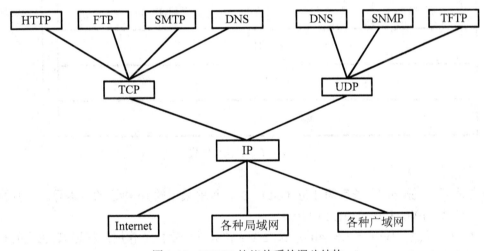

图 1-10 TCP/IP 协议体系的漏斗结构

1.3 重点协议介绍

1.3.1 IP 协议

IP 协议是 TCP/IP 网络层的核心协议，由 RFC 791 定义。IP 协议是尽力传输的网络协议，其提供的数据传输服务是不可靠、无连接的。IP 协议不关心数据包的内容，不能保证数据包是否能成功地到达目的地，也不维护任何关于数据包的状态信息。面向连接的可靠服务由上层的 TCP 协议实现。

IP 协议的主要作用如下所述。

- 标识节点和链路：IP 协议为每条链路分配一个全局的网络号以标识每个网络；为每个节点分配一个全局唯一的 32 位 IP 地址，用以标识每一个节点。
- 寻址和转发：IP 路由器根据所掌握的路由信息，确定节点所在的网络位置，进而确定节点所在的位置，并选择适当的路径将 IP 包转发到目的节点。

- 适应各种数据链路：为了工作在多样化的链路和介质上，IP 协议必须具备适应各种链路的能力，例如可以根据链路的最大数据传输单元（Maximum Transfer Unit，MTU）对 IP 包进行分片和重组，可以建立 IP 地址到数据链路层地址的映射以通过实际的数据链路传递信息。

IP 报文格式如图 1-11 所示，IP 头选项字段不经常使用，因此普通的 IP 头部长度为 20 字节。其中一些主要字段如下所述。

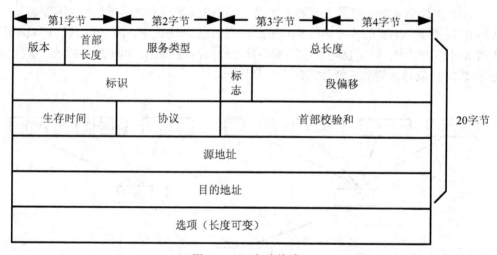

图 1-11　IP 包头格式

- 版本号（Version）：长度为 4 位（bit）。标识目前采用的 IP 协议的版本号。一般的 IPv4 的值为 0100，IPv6 的值为 0110。
- IP 包头长度（Header Length）：长度为 4 位。这个字段的作用是描述 IP 包头的长度，因为在 IP 包头中有变长的选项部分。IP 包头的最小长度位 20 字节，而变长的可选部分的最大长度是 40 字节。这个字段所表示数的单位是 4 字节。
- 服务类型（Type of Service）：长度为 8 位。这个字段可拆分成两个部分：优先级（Precedence，3 位）和 4 位标志位（最后一位保留）。优先级主要用于 QoS，表示从 0（普通级别）到 7（网络控制分组）的优先级。4 个标志位分别是 D、T、R、C 位，代表 Delay(更低的延时)、Throughput（更高的吞吐量）、Reliability（更高的可靠性）、Cost（更低费用的路由）。
- IP 包总长度（Total length）：长度为 16 位，指明 IP 包的最大长度为 65535 字节。
- 标识（Identifier）：长度为 16 位。该字段和 Flag 与 Fragment Offset 字段联合使用，对大的上层数据包进行分段（fragment）操作。IP 数据包在实际传送过程中，所经过的物理网络帧的最大长度可能不同，当长 IP 数据包需通过短帧子网时，需对 IP 数据包进行分段和组装。IP 协议实现分段和组装的方法时给每个 IP 数据包分配一个唯一的标识符，并配合以分段标记和偏移量。IP 数据包在分段时，每一段需包含原有的标识符。为了提高效率、减轻路由器的负担，重新组装工作由目的主机来完成。
- 标志（Flags）：长度为 3 位。该字段第 1 位不使用。第 2 位是 DF 位（Don't Fragment），

只有当 DF 位为 0 时才允许分段。第 3 位为 MF 位（More Fragment），MF 位为 1 表示后面还有分段，MF 位为 0 表示这已是若干分段中的最后一个。

- 段偏移（Fragment Offset）：长度为 13 位，该字段指出该分段内容在原数据包中的相对位置。也就是说，相对于用户数据字段的起点，该分段从何处开始。段偏移以 8 个字节为偏移单位。
- 生存时间（TTL）：长度为 8 位。当 IP 包进行传送时，先会对该字段赋予某个特定的值。当 IP 包经过每一个沿途的路由器时，每个沿途的路由器会将 IP 包的 TTL 值减 1。如果 TTL 减为 0，则该 IP 包会被丢弃。这个字段可以防止由于故障而导致 IP 包在网络中不停地转发。
- 协议（Protocol）：长度为 8 位。标识上层所使用的协议。
- 头校验和（Header Checksum）：长度为 16 位，由于 IP 包头是变长的，所以提供一个头部校验来保证 IP 包头中信息的正确性。
- 源地址（Source Address）和目的地址（Destination Address）：这两个字段都是 32 位。标识这个 IP 包的源地址和目标地址。
- 可选项（Options）：这是一个可变长的字段。该字段由起源设备根据需要改写。可选项包含安全（Security）、宽松的源路由（Loose source routing）、严格的源路由（Strict source routing）、时间戳（Timestamps）等。

1.3.2　TCP 协议

TCP（Transmission Control Protocol，传输控制协议）是一种面向连接的、可靠的、基于字节流的传输层通信协议，由 IETF 的 RFC 793 定义。TCP 为应用层提供了差错恢复、流控及可靠性等功能。TCP 协议号是 6，大多数应用层协议使用 TCP 协议，如 HTTP、FTP、Telnet 等协议。

TCP 收到应用层提交的数据后，将其分段，并在每个分段前封装一个 TCP 头。如图 1-12 所示为 TCP 头的格式。TCP 头由一个 20 字节的固定长度部分加上变长的选项字段组成。

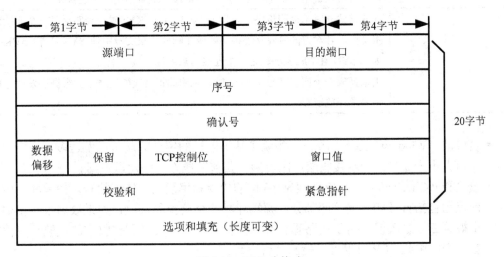

图 1-12　TCP 头格式

TCP 头的各字段含义如下所述。

- 源端口号（Source Port）：16 位的源端口号指明发送数据的进程。源端口和源 IP 地址的作用是标识报文的返回地址。
- 目的端口号（Destination Port）：16 位的目的端口号指明目的主机接收数据的进程。源端口号和目的端口号合起来唯一地表示一条连接。
- 序列号（Sequence Number）：32 位的序列号，表示数据部分第一字节的序列号，32 位长度的序列号可以将 TCP 流中的每一个数据字节进行编号。
- 确认号（Acknowledgement Number）：32 位的确认号由接收端计算机使用，如果设置了 ACK 控制位，这个值表示下一个期望接收到的字节（而不是已经正确接收到的最后一个字节），隐含意义是序号小于确认号的数据都已正确地被接收。
- 数据偏移量（Data Offset）：4 位，指示数据从何处开始，实际上是指出 TCP 头的大小。数据偏移量以 4 字节长的字为单位计算。
- 保留（Reserved）：6 位值域。这些位必须是 0，它们是为了将来定义新的用途所保留的。
- 控制位（Control Bits）：6 位标志域。按照顺序排列是：URG、ACK、PSH、RST、SYN、FIN，它们的含义如表 1-2 所示。

表 1-2　　　　　　　　　　　　　　　TCP 控制位

控制位	含　义
URG	紧急标志位，说明紧急指针有效
ACK	仅当 ACK=1 时确认号字段才有效。当 ACK=0 时，确认号无效。TCP 规定，在建立连接后所有传送的报文段都必须把 ACK 置 1
PSH	该标志置位时，接收端在收到数据后应立即请求将数据递交给应用程序，而不是将它缓冲起来直到缓冲区接收满为止。在处理 telnet 或 login 等交互模式的连接时，该标志总是置位的
RST	复位标志，用于重置一个已经混乱（可能由于主机崩溃或其他的原因）的连接。该位也可以被用来拒绝一个无效的数据段，或者拒绝一个连接请求
SYN	在连接建立时用来同步序号。当 SYN=1 而 ACK=0 时，表明这是一个连接请求报文段。若对方同意建立连接，则应在响应的报文段中使 SYN=1 和 ACK=1。因此 SYN 置 1 就表示这是一个连接请求或连接接受报文
FIN	用来释放一个连接。当 FIN=1 时，表明此报文段的发送方的数据已发送完毕，并要求释放连接

- 窗口值（Window Size）：16 位，指明了从被确认的字节算起可以发送多少个字节。当窗口大小为 0 时，表示接收缓冲区已满，要求发送方暂停发送数据。
- 校验和（Checksum）：TCP 头包括 16 位的校验和字段用于错误检查。校验和字段检验的范围包括首部和数据这两部分。源端计算一个校验和数值，如果数据报在传输过程中被第三方篡改或者由于线路噪音等原因受到损坏，发送和接收方的校验计算值将不会相符，由此 TCP 协议可以检测是否出错。
- 紧急指针（Urgent Pointer）：16 位，指向数据中优先部分的最后一个字节，通知接收方

紧急数据共有多长，在 URG=1 时才有效。

- 选项（Option）：长度可变，最长可达 40 字节。TCP 最初只规定了一种选项，即最大报文段长度（Maximum Segment Size，MSS），随着因特网的发展，又陆续增加了几个选项，如窗口扩大因子、时间戳选项等。
- 填充（Padding）：这个字段中加入额外的零，以保证 TCP 头是 32 位的整数倍。

　　TCP 协议是一个面向连接的可靠的传输控制协议，在每次数据传输之前需要首先建立连接，当连接建立成功后才开始传输数据，数据传输结束后还要断开连接。

　　TCP 使用 3 次握手的方式来建立可靠的连接，如图 1-13 所示。TCP 为传输每个字段分配了一个序号，并期望从接收端的 TCP 得到一个肯定的确认(ACK)。如果在一个规定的时间间隔内没有收到一个 ACK，则数据会被重传。因为数据按块（TCP 报文段）的形式进行传输，所以 TCP 报文段中的每一个数据段的序列号被发送到目的主机。当报文段无序到达时，接收端 TCP 使用序列号来重排 TCP 报文段，并删除重复发送的报文段。

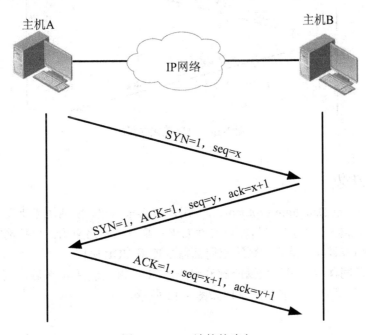

图 1-13　TCP 连接的建立

TCP 三次握手建立连接的过程如下：
- 初始化主机通过一个 SYN 标志置位的数据段发出会话请求。
- 接收主机通过发回具有以下项目的数据段表示回复：SYN 标志置位、即将发送的数据段的起始字节的顺序号，ACK 标志置位、期望收到的下一个数据段的字节顺序号。
- 请求主机再回送一个数据段，ACK 标志置位，并带有对接收主机确认序列号。

　　当数据传输结束后，需要释放 TCP 连接，过程如图 1-14 所示。

　　为了释放一个连接，任何一方都可以发送一个 FIN 位置位的 TCP 数据段，这表示它已经没有数据要发送了，当 FIN 数据段被确认时，这个方向上就停止传送新数据。然而，另一个方向上可能还在继续传送数据，只有当两个方向都停止的时候，连接才被释放。

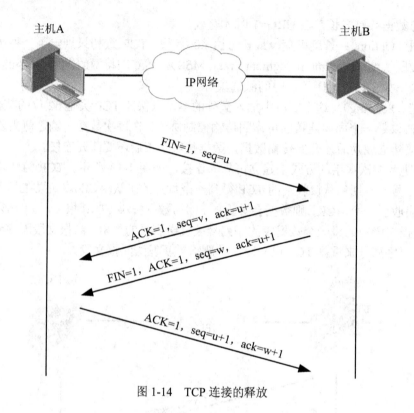

图 1-14 TCP 连接的释放

1.3.3 UDP 协议

UDP 协议（User Datagram Protocol），即用户数据报协议，主要用来支持那些需要在计算机之间快速传递数据（相应的对传输可靠性要求不高）的网络应用。包括网络视频会议系统在内，众多的客户/服务器模式的网络应用都需要使用 UDP 协议。

UDP 数据段同样由首部和数据两部分组成，UDP 报头包括 4 个域，其中每个域占用 2 个字节，总长度为固定的 8 字节，具体如图 1-15 所示。

图 1-15 UDP 头格式

- 源和目的端口号（Source and Destination Port）：UDP 协议同 TCP 协议一样，使用端口号为不用的应用进程保留其各自的数据传输通道。数据发送一方将 UDP 数据报通过源端口发送出去，而将数据接收一方则通过目标端口接收数据。
- 长度（Length）：是指包括报头和数据部分在内的总的字节数。
- 校验和（Checksum）：校验和计算的内容超出了 UDP 数据报文本身的范围，实际上，它的值是通过计算 UDP 数据报及一个伪报头而得到的。同 TCP 一样，UDP 协议使用报头中的校验和来保证数据的安全。

1.3.4 ARP 协议

作为网络中主机的身份标识，IP 地址是一个逻辑地址，但在实际进行通信时，物理网络所使用的依然是物理地址，IP 地址是不能被物理网络所识别的。对于以太网而言，当 IP 数据包通过以太网发送时，以太网设备并不识别 32 位 IP 地址，它们是以 48 位的 MAC 地址标识每一设备并依据此地址传输以太网数据的。因此在物理网络中传送数据时，需要在逻辑 IP 地址和物理 MAC 地址之间建立映射关系。地址之间的这种映射叫做地址解析。

ARP（Address Resolution Protocol，地址解析协议）就是用于动态地将 IP 地址解析为 MAC 地址的协议。主机通过 ARP 解析到目的 MAC 地址后，将在自己的 ARP 缓存表中增加相应的 IP 地址到 MAC 地址的映射表项，用于后续到同一目的地报文的转发。

ARP 的基本工作过程如图 1-16 所示：主机 A 和主机 B 在同一物理网络上，且处于同一个网段，主机 A 要向主机 B 发送 IP 包，其地址解析过程如下所述。

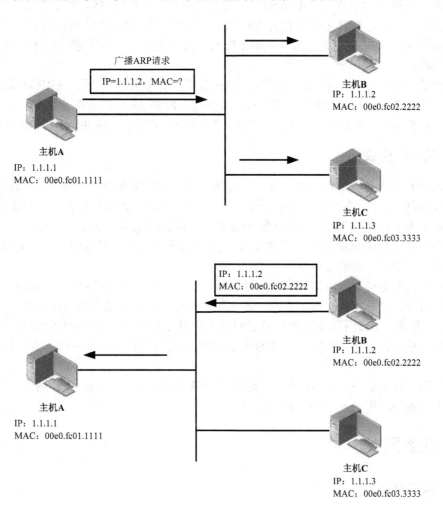

图 1-16 ARP 基本工作原理

- 主机 A 首先查看自己的 ARP 表,确定其中是否包含有主机 B 的 IP 地址对应的 ARP 表项。如果找到了对应的表项,则主机 A 直接利用表项中的 MAC 地址对 IP 数据包封装成帧,并将帧发送给主机 B。
- 如果主机 A 在 ARP 表中找不到对应的表项,则暂时缓存该数据包,然后以广播方式发送一个 ARP 请求。ARP 请求报文中的发送端 IP 地址和发送端 MAC 地址为主机 A 的 IP 地址和 MAC 地址,目标 IP 地址为主机 B 的 IP 地址,目标 MAC 地址为全 0 的 MAC 地址。
- 由于 ARP 请求报文以广播方式发送,该网段上的所有主机都可以接收到该请求。主机 B 比较自己的 IP 地址和 ARP 请求报文中的目标 IP 地址,由于两者相同,主机 B 将 ARP 请求报文中的发送端(即主机 A)IP 地址和 MAC 地址存入自己的 ARP 表中,并以单播方式向主机 A 发送 ARP 响应,其中包含了自己的 MAC 地址。其他主机发现请求的 IP 地址并非自己的,于是都不做应答。
- 主机 A 收到 ARP 响应报文后,将主机 B 的 IP 地址与 MAC 地址的映射加入到自己的 ARP 表中,同时将 IP 数据包用此 MAC 地址为目的地址封装成帧并发送给主机 B。

ARP 地址映射被缓存在 ARP 表中,以减少不必要的 ARP 广播。当需要向某一个 IP 地址发送报文时,主机总是首先检查它的 ARP 表,目的是了解它是否已知目的主机的物理地址。一个主机的 ARP 表项在老化时间(Aging Time)内是有效的,如果超过老化时间未被使用,就会被删除。

ARP 表项分为动态 ARP 表项和静态 ARP 表项。动态 ARP 表项由 ARP 协议动态解析获得,如果超过老化时间未被使用,则会被自动删除;静态 ARP 表项通过管理员手工配置,不会老化。静态 ARP 表项的优先级高于动态 ARP 表项,可以将相应的动态 ARP 表项覆盖。

1.3.5   ICMP 协议

IP 协议是尽力传输的网络层协议,其提供的数据传送服务是不可靠的、无连接的,不能保证 IP 数据包能成功地到达目的地。为了更有效地转发 IP 数据包和提高交付成功的机会,在网络层使用了网际控制报文协议(Internet Control Message Protocol,ICMP)。ICMP 定义了错误报告和其他回送给源点的关于 IP 数据包处理情况的消息,可以用于报告 IP 数据包传递过程中发生的错误、失败等信息,提供网络诊断等功能。

ICMP 允许主机或路由器报告差错情况和提供有关异常情况的报告。如果在传输过程中发生某种错误,设备便会向源端返回一条 ICMP 消息,告知它发生的错误类型。

ICMP 是基于 IP 运行,ICMP 的设计目的并非是使 IP 成为一种可靠的协议,而是对通信中发生的问题提供反馈。ICMP 消息的传递同样得不到任何可靠性保证,因而可能在传递途中丢失。

在网络工程实践中,ICMP 被广泛地用于网络测试,ping 和 tracert 这两个使用极其广泛的测试工具都是利用 ICMP 协议来实现的。

1.4   以太网

1.4.1   以太网概述

1973 年,施乐公司(Xerox)开发出了一个设备互连技术并将这项技术命名为"以太网"

（Ethernet），它的问世是局域网发展史上的一个重要里程碑。可以说以太网技术是有史以来最成功的局域网技术，也是目前主流的、占据市场份额最大的技术。

最初的以太网使用的传输介质是一根粗的同轴电缆，其长度可以达到 2500m（每 500m之间需要一个中继器），一共可以有 256 台计算机连接到局域网系统中。这些计算机使用粗同轴电缆为共享介质进行连接，无论哪一台主机发送数据，其余的所有主机都能收到（这就是所谓的共享式以太网）。因此，可能出现这样的情况，一台主机正在发送数据的时候，另一台主机也开始发送数据，或者两台及两台以上的主机同时开始发送数据，它们的数据信号就会在信道内碰撞在一起，互相干扰，使信号变成不能识别的垃圾。

以太网采用带冲突检测的载波侦听多路访问（Carrier Sense Multiple Access/Collision Detection，CSMA/CD）来解决共享信道内的冲突，它的详细工作过程将在后面的小节进行讨论。

Xerox 公司的以太网获得了极大的成功。1979 年，Xerox 与 DEC、Intel 共同起草了一份 10Mbps 以太网物理层和数据链路层的标准，称为 DIX（Digital、Intel、Xerox）标准。经过两次很小的修改以后，DIX 标准于 1983 年变成 IEEE 802.3 标准。

之后，以太网的标准继续发展（至今仍在发展），100Mbps、1000Mbps，甚至万兆的以太网版本相继出台，电缆技术也有了改进，交换技术和其他的特性也加入了进来。

1.4.2　CSMA/CD

带冲突检测的载波侦听多路访问（CSMA/CD）是半双工的以太网的工作方式，它应用于 OSI 参考模型的数据链路层，是一种常用的采用争用方法来决定对传输信道的访问权的协议。其中，3 个关键术语的含义如下所述。

- **载波侦听**：发送节点在发送数据之前，必须侦听传输介质（信道）是否处于空闲状态。
- **多路访问**：具有两种含义，既表示多个节点可以同时访问信道，也表示一个节点发送的数据可以被多个节点所接收。
- **冲突检测**：发送节点在发出数据的同时，还必须监听信道，判断是否发生冲突。

1. CSMA

CSMA 技术（也被称为先听后说）要传输数据的站点首先对传输信道上有无载波进行监听，以确定是否有别的站点在传输数据。如果信道空闲，该站点便可以传输数据；否则，该站点将避让一段时间后再做尝试。这就需要有一种退避算法来决定避让的时间，常用的退避算法有非坚持、1-坚持和 P-坚持 3 种。

非坚持

该算法规则如下：

- 如果信道是空闲的，则可以立即发送。
- 如果信道是忙的，则等待一个由概率分布决定的随机重发延迟后，再重复前一步骤。
- 采用随机的重发延迟时间可以减少冲突继续发生的可能性。

非坚持算法的缺点是：由于大家都在延迟等待过程中，致使传输信道虽然可能处于空闲状态，却没有站点发送数据，使用率降低。

1-坚持

该算法规则如下：

- 如果信道是空闲的，则可以立即发送。

- 如果信道是忙的，则继续监听，直至检测到信道空闲，然后立即发送。
- 如果有冲突（在一段时间内没有收到肯定的回复），则等待一个随机时间，重复前面 2 个步骤。

这种算法的优点是：只要信道空闲，站点就可以立即发送数据，避免了信道利用率的损失；其缺点是：假若有两个或两个以上的站点同时检测到信道空闲并发送数据，冲突就不可避免。

P-坚持

该算法规则如下：

- 首先监听总线，如果信道是空闲的，则以概率 P 进行发送，而以（1-P）的概率延迟一个时间单位。一个时间单位通常等于最大传输时延的 2 倍。
- 延迟一个时间单位后，再重复前一步骤。
- 如果信道是忙的，则继续监听，直至检测到信道空闲并重复第 1 步。

P-坚持算法是一种既能像非坚持算法那样减少冲突，又能像 1-坚持算法那样减少传输信道空闲时间的折中方案。该算法关键在于如何选择 P 的取值，才能使两方面保持平衡。

2. CSMA/CD

在 CSMA 中，由于信道传播时延的存在，总线上的站点可能没有监听到载波信号而发送数据，仍会导致冲突。由于 CSMA 没有冲突检测功能，即使冲突已经发生，站点仍然会将已被破坏的帧发送完，使数据的有效传输率降低。

一种 CSMA 的改进方案是，使发送站点在传输过程中仍继续监听信道，以检测是否发生冲突。如果发生冲突，信道上可以检测到超过发送站点本身发送的载波信号的幅度，由此判断出冲突的存在。当一个传输站点识别出一个冲突后，就立即停止发送，并向总线上发一串拥塞信号，这个信号使得冲突的时间足够长，让其他的站点都能发现。其他站点收到拥塞信号后，都停止传输，并等待一个随机产生的时间间隙后重发。这样，信道容量就不会因为传送已受损的帧而浪费，可以提高信道的利用率。这就是带冲突检测的载波侦听多路访问。

为了检测冲突，还产生了以太网帧最小长度的限制。可以想象这样一种情况：一个短帧还没有到达电缆远端的时候，发送端就已经发送出了帧的最后一位，并认为这个帧已被正确传输；但是，在电缆的远处，该帧却可能与另一帧发生了冲突，而它的发送端却毫不知情。为了避免这种情况发生，人们规定，一个帧的最小长度应当满足这样的要求：当这个帧的最后一位发出之前，第一位就能够到达最远端并将可能的冲突信号传送回来。对于一个最大长度为 2500m、具有 4 个中继器的 10Mbps 以太网来说，信号的往返传播时延大约是 50μs，在传输速率为 10Mbps 的情况下，500 位是保证可以工作的最小帧长度。考虑到需要增加一点安全，该数字被增加到了 512 位，也就是 64 字节。这就是以太网最小帧的来历。

1.4.3　以太网帧格式

网络层的数据包被加上帧头和帧尾，就构成了可由数据链路层识别的以太网数据帧。虽然帧头和帧尾所用的字节数是固定不变的，但根据被封装数据包大小的不同，以太网数据帧的长度也随之变化，变化的范围是 64~1518 字节（不包括 7 字节的前导码和 1 字节的帧起始定界符）。

目前，有下述四种不同格式的以太网帧在使用。

- Ethernet II 即 DIX 2.0：Xerox 与 DEC、Intel 在 1982 年制定的以太网标准帧格式。Cisco

名称为 ARPA。

- Ethernet 802.3 raw：Novell 在 1983 年公布的专用以太网标准帧格式。Cisco 名称为 Novell-Ether。
- Ethernet 802.3 SAP：IEEE 在 1985 年公布的 Ethernet 802.3 的 SAP 版本以太网帧格式。Cisco 名称为 SAP。
- Ethernet 802.3 SNAP：IEEE 在 1985 年公布的 Ethernet 802.3 的 SNAP 版本以太网帧格式。Cisco 名称为 SNAP。

目前，最常见的以太网帧结构是 Ethernet II 的格式，如图 1-17 所示。

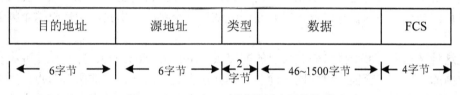

图 1-17　Ethernet II 标准的以太网帧格式

其中各个字段意义如下所述。

- 目的地址：接收端的 MAC 地址，长度为 6 字节。
- 源地址：发送端的 MAC 地址，长度为 6 字节。
- 类型：数据包的类型（即上层协议的类型），例如 0×0806 表示 ARP 请求或应答，0×0800 表示 IP 协议。
- 数据：被封装的数据包，长度为 46~1500 字节。
- 校验码：错误检验，长度为 4 字节。

Ethernet II 的主要特点是通过类型域标识封装在帧里的上层数据所采用的协议，类型域是一个有效的指针，通过它，数据链路层可以承载多个上层协议。但是，Ethernet II 没有标识帧长度的字段。

1.4.4　以太网技术的发展

最早期使用粗同轴电缆的以太网，也被称为 10BASE-5，其含义是：运行在 10Mbps 速率上的、使用基带信令，并且所支持的分段长度可以达到 500m。

后来产生了使用细同轴电缆的以太网，称为 10BASE-2 。细同轴电缆比粗同轴电缆更容易弯曲，所使用的 T 形接头也更可靠易用，总体价值更低，也更容易安装。但是，细同轴电缆的每一段最大长度只有 185m，而且每一段只能容纳 30 台机器。

对于这两种介质，监测电缆断裂、电缆超长、接头松动等故障成了大问题，虽然人们开发很多技术用于检测故障，但仍然会很不方便，这导致了另一种完全不同的连线模式，不再使用总线型的拓扑结构，而是星形的拓扑结构。所有的节点都有一条电缆接到一个中心集线器（hub）上，通过中心集线器，所有的节点被连接到一起。通常，这里使用的电缆就是双绞线，因为办公楼里往往有大量这样的空闲双绞线可以利用。此时的以太网，也被称为 10BASE-T，T 被称为双绞线。

另外，还有 10BASE-F 的以太网，F 代表光纤。使用光纤作为传输介质成本很高，但这种以太网具有良好的抗噪声性能和安全性（可以防窃听），传输距离也很远（上千米），适用于楼与楼之间的连接，或者两个远距离的集线器之间的连接。

但是，随着以太网中接入的节点越来越多，流量也急速上升，最终，LAN 会饱和。冲突的次数会越来越多，以至于主机无法正常地发送帧。虽然可以通过提高速度解决问题，但也只是一时解决，随着主机数量和通信量的增长，迟早还会达到饱和。所以，为了处理不断增长的负载，20 世纪 90 年代初，交换机式以太网被设计出来。

这种系统的核心是一个交换机（switch）。交换机具有多个连接器，每个连接器有一个 10BASE-T 双绞线接口，可以连接一台主机。交换机还具有一块高速的底板，用于连接器之间高速传输数据。

当一台主机希望传送一个以太网帧的时候，它向交换机送出一个标准帧，交换机收到这个帧以后，会查看帧的目标地址，以判断应该从哪一个接口发出去，然后将这个帧复制到哪里。

在这种结构中，每个接口构成自己的冲突域（collision domain）。冲突域是冲突在其中发生并传播的区域。在交换式以太网之前，共享介质上竞争同一带宽的所有节点，属于同一个冲突域，冲突会在共享介质上发生。而现在每个冲突域只有一个节点，冲突就不可能发生，因而提高了性能。

当然这些网络节点仍然属于同一个广播域（broadcast domain）。接收同样广播消息的节点的集合被称为一个广播域，在该集合中的任何一个节点传输一个广播帧，则所有其他能收到这个帧的节点都被认为是广播域的一部分。由于许多设备都极容易产生广播，如果不维护，就会消耗大量的带宽，降低网络的效率，而这个问题，则必须由更高层的设备（路由器）去解决。

随着网络的使用越来越广泛，网络上需要传输的数据越来越多，人们迫切需要一个更快速的 LAN。于是 IEEE 在 1992 年重新召集起 802.3 委员会，并于 1995 年 3 月推出 802.3u 标准，即快速以太网（fast Ethernet）。它的设计思想非常简单，为了向后兼容以太网，保留了原来的帧格式、接口和过程规则，并和 10BASE-T 一样使用集线器和交换机作为连接设备，只是将位时间从 100ns 降低到 10ns；传输介质除了 3 类双绞线和光纤之外，还增加了 5 类双绞线。

使用 3 类双绞线的快速以太网被称为 100BASE-T4，使用 5 类双绞线的快速以太网被称为 100BASE-TX，使用光纤的快速以太网则被称为 100BASE-FX。

1998 年 6 月 IEEE 又推出千兆以太网（gigabit Ethernet）规范 802.3z。802.3z 委员会的目标与 802.3u 基本一致：使以太网再快上十倍，并且仍然与现有的所有以太网标准保持向后兼容。

千兆以太网的所有配置都是点到点的，每根以太网电缆都恰好只能连接 2 个设备，而且千兆以太网支持两种不同的操作模式：全双工模式与半双工模式。"正常"的模式是全双工模式，它允许两个方向上的流量可以同时进行。这种配置下，所有的线路都具有缓存能力，每台计算机或者交换机在任何时候都可以自由地发送帧，不需要事先检测信道是否有别人正在使用。因为根本不可能发生竞争，冲突也就不存在了。

由于这里不会发生冲突，所以不需要 CSMA/CD 协议，因此电缆的最大长度是由信号强度来决定的，而不是由突发性噪声在最差情况下传回到发送方所需的时间决定的。交换机可以自由地混合和匹配各种速度。

而另一种模式——半双工模式中（如果千兆以太网和集线器相连接，就会造成这种情况，但非常少见），一次只有一个方向的流量的可以在电缆上传输，如果电缆两端的设备同时发送数据，仍然有可能产生冲突，所以还需要使用 CSMA/CD。因为现在一个最小的帧正在以 100 倍于早期以太网的速度进行传输，所以为了保证冲突能被检测到，最远传输距离也得到比例缩小 100 倍，即 25 米，这是不可能接受的。802.3z 委员会考虑到这一点，因此允许千兆以太网的收发设备对以太网帧进行扩展，以达到 512 字节的长度，方法是在普通帧后填充一些字节，或者将多个帧串在一起传输。由于这些功能是硬件执行的，软件并不知情，所以现有的软件不需做任何改变。

千兆以太网既支持双绞线，也支持光纤。运行于双绞线上时，称为 1000BASE-T，运行于光纤上时，根据使用光纤的规格不同，有 1000BASE-SX（多模光纤，最大距离 550m）和 1000BASE-LX（单模或者多模光纤，最大段距 500m）两种。

以太网再发展就进入到万兆时代。

2007 年 7 月，IEEE 通过万兆以太网标准（802.3ae）。万兆以太网仍属于以太网家族，保持着和其他以太网技术的向后兼容性，不需要修改以太网的 MAC 子层协议或帧格式。万兆以太网技术非常适合于为企业和电信运营商网络建立交换机到交换机的连接（例如在园区网中），或者用于交换机与服务器之间的互连（例如在数据中心 IDC 中）。由于万兆以太网能够与 10M/100M 或千兆位以太网无缝的集成在一起，因而符合当今网络使用的基本设计规则，得到越来越广泛的应用。

2007 年，IEEE 又提出 802.3ba 标准，目标是设计 40Gbps 或者 100Gbps 的以太网。

以太网技术已经发展了 30 多年，在发展过程中还没有出现真正有实力的竞争者，所以应该还会持续发展很多年。以太网之所以具有如此强大的生命力，和它的简单性与灵活性是分不开的。在实践中简单性带来了可靠，廉价，易于维护等特性，在网络中增加新的设备也非常容易。

最后，以太网自身的发展速度也是显著的。速率提升了好几个数量级，交换机这样的设备也被引入进来，与此同时，上层软件却不需要变化。这些优势导致以太网大获成功。

1.5　IP 地址及子网划分

1.5.1　IP 地址

1. IP 地址及其分类

如果把整个互联网看成一个单一的、抽象的网络，IP 地址就是给互联网中的每一台主机分配的一个全世界范围内唯一的 32 位的标识符。IP 地址现在由互联网名字与号码指派公司（Internet Corporation for Assigned Names and Numbers，ICANN）进行分配。

IP 地址是 32 位的二进制代码，包含了网络号和主机号两个独立的信息段，网络号用来标识主机或路由器所连接到的网络，主机号用来标识该主机或路由器。为了提高可读性，通常将 32 位 IP 地址中的每 8 位用其等效的十进制数字表示，并且在这些数字之间加上一个点。此种标记 IP 地址的方法称为点分十进制记法。如图 1-18 所示，可以看出，IP 地址每一段的范围是 0~255。

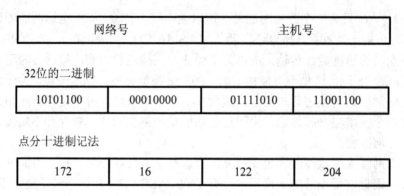

图 1-18　IP 地址

　　而所谓的"分类的 IP 地址"就是将 IP 地址中的网络位和主机位固定下来，分别由两个固定长度的字段组成，左边的部分指示网络，右边的部分指示主机。根据固定的网络号位数和主机号位数的不同，IP 地址被分成了 A 类、B 类、C 类、D 类和 E 类。其中 A 类、B 类和 C 类地址是最常用的。

　　如图 1-19 所示，A 类、B 类和 C 类地址的网络号分别为 8 位、16 位和 24 位，其最前面的 1~3 位的数值分别规定为 0、10 和 110。其主机号分别为 24 位、16 位和 8 位。A 类网络容纳的主机数最多；B 类和 C 类网络所容纳的主机数相对较少。D 类和 E 类地址也被定义，D 类地址的前 4 位为 1110，用于多播地址；E 类地址的前 4 位为 1111，留作试验使用。

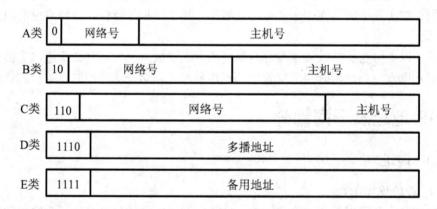

图 1-19　IP 地址的分类

2. 专用 IP 地址

　　IP 地址中，还存在 3 个地址段，它们只在机构内部有效，不会被路由器转发到公网中。这些 IP 地址被称为专用地址或者私有地址。专用地址只能用于一个机构的内部通信，而不能用于和互联网上的主机通信。使用专用地址的私有网络接入 Internet 时，要使用地址转换技术，将私有地址转换成公用合法地址。这些私有地址如下：

- A 类地址中的 10.0.0.0~10.255.255.255
- B 类地址中的 172.16.0.0~172.31.255.255
- C 类地址中的 192.168.0.0~192.168.255.255

相对应的,其余的 A、B、C 类地址称为公网地址或者合法地址,可以在互联网上使用,即可被互联网上的路由器所转发。

3. 特殊 IP 地址

除了以上介绍的各类 IP 地址之外,还有一些特殊的 IP 地址。下面来介绍一些比较常见的特殊 IP 地址。

- 环回地址:127 网段的所有地址都称为环回地址,主要用来测试网络协议是否正常工作。比如,使用 ping 127.1.1.1 就可以测试本地 TCP/IP 协议是否已经正确安装。
- 0.0.0.0:该地址用来表示所有不清楚的主机和目的网络。这里的不清楚是指本机的路由表里没有特定条目指明如何到达。
- 255.255.255.255:该地址是受限的广播地址,对本机来说,这个地址指本网段内(同一个广播域)的所有主机。在任何情况下,路由器都会禁止转发目的地址为受限的广播地址的数据包,这样的数据包只出现在本地网络中。
- 直接广播地址:通常,网络中的最后一个地址为直接广播地址,也就是主机位全为 1 的地址,主机使用这种地址将一个 IP 数据包发送到本地网段的所有设备上,路由器会转发这种数据包到特定网络上的所有主机。
- 网络号全为 0 的地址:当某个主机向同一网段上的其他主机发送报文时就可以使用这样的地址,分组也不会被路由器转发。比如,120.12.12.0/24 这个网络中的一台主机 120.12.12.100/24 在与同一网络中的另一台主机 120.12.12.8/24 通信时,目的地址可以是 0.0.0.8。
- 主机号为 0 的地址:该地址是网络地址,它指向本网,表示的是“本网络”,路由表中经常出现主机号全为 0 的地址。

1.5.2 IP 子网划分

1. 子网划分的方法和子网掩码

在早些时候,许多 A 类地址都被分配给大型服务提供商和组织,B 类地址被分配给大型公司或其他组织,在 20 世纪 90 年代,还在分配许多 C 类地址,但这样分配的结果是大量的 IP 地址被浪费掉。如果一个网络内的主机数量没有地址类中规定的多,那么多余的部分将不能再被使用。另外,如果一个网络内包含的主机数量过多(例如一个 B 类网络中最大主机数是 65 534),而又采取以太网的组网形式,则网络内会有大量的广播信息存在,从而导致网络内的拥塞。

IETF 在 RFC 950 和 RFC 917 中针对简单的两层结构 IP 地址所带来的日趋严重的问题提出了解决方法,这个方法称为子网划分,即允许将一个自然分类的网络划分为多个子网(Subnet)。

如图 1-20 所示,划分子网的方法是从 IP 地址的主机号部分借用若干位作为子网号,剩余的位作为主机号。这意味着用于主机的位减少,所以子网越多,可用于定义主机的位越少。划分子网后,两级的 IP 地址就变为包括网络号、子网号和主机号的三级的 IP 地址。这样,拥有多个物理网络的机构可以将所属的物理网络划分为若干个子网。

子网划分使得 IP 网络和 IP 地址出现多层次结构,这种层次结构便于 IP 地址的有效利用和分配与管理。

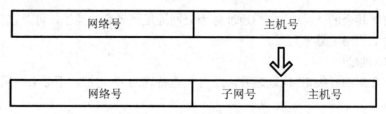

图 1-20　子网划分的方法

只根据 IP 地址本身无法确定子网号的长度。为了把主机号与子网号区分开，就必须使用子网掩码（Subnet Mask）。子网掩码的形式和 IP 地址一样，也是长度为 32 位的二进制数，由一串二进制 1 和跟随的一串二进制 0 组成，如图 1-21 所示。子网掩码中的 1 对应于 IP 地址中的网络号和子网号，子网掩码中的 0 对应于 IP 地址中的主机号。

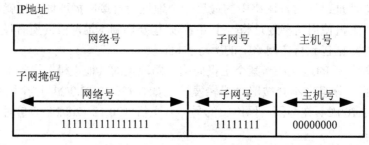

图 1-21　IP 地址及子网掩码

将子网掩码和 IP 地址进行逐位逻辑与（AND）运算后，就能得出该 IP 地址的子网地址。习惯上子网掩码有下述两种表示方式。

- 点分十进制表示法：与 IP 地址类似，将二进制的子网掩码化为点分十进制的数字来表示。例如子网掩码 11111111 11111111 00000000 00000000 可以写成 255.255.0.0。
- 位数表示法：也称为斜线表示法（Slash Notation），即在 IP 地址后面加上一个斜线"/"，然后写上子网掩码中二进制 1 的个数。例如子网掩码 11111111 11111111 00000000 00000000 可以表示为/16。

事实上，所有的网络都必须有一个掩码。如果一个网络没有划分子网，那么该网络使用默认掩码。由于 A、B、C 类地址中网络号和主机号所占的位数是固定的，所以 A 类地址的默认掩码为 255.0.0.0，B 类地址的默认掩码为 255.255.0.0，C 类地址的默认掩码为 255.255.255.0。

2. 子网划分实例

要划分一个子网，主要是确定相应的子网掩码，建议按以下步骤进行：

- 将要划分的子网数目转换为 2^m。如要划分 8 个子网，$8=2^3$。
- 取上述要划分子网数的幂。如 2^3，即 m=3。
- 取上一步确定的幂 m 按高序占用主机地址 m 位后确定子网掩码。如果 m=3，若要划分的是 C 类网络，则子网掩码是 255.255.255.240；若要划分的是 B 类网络，则子网掩码是 255.255.240.0；若要划分的是 A 类网络，则子网掩码是 255.240.0.0。

例如，要将一个 C 类网络 192.9.100.0 划分成 4 个子网，按照以上步骤：取 2^2 的幂，则占用主机地址的高序位即为 11000000，转换为十进制为 192。这样就可确定该子网掩码为 255.255.255.192，4 个子网的 IP 地址范围分别为：

11000000 00001001 01100100 <u>00</u>000000 ～ 11000000 00001001 01100100 <u>00</u>111111
192.9.100.0 ～ 192.9.100.63

11000000 00001001 01100100 <u>01</u>000000 ～ 11000000 00001001 01100100 <u>01</u>111111
192.9.100.64 ～ 192.9.100.127

11000000 00001001 01100100 <u>10</u>000000 ～ 11000000 00001001 01100100 <u>10</u>111111
192.9.100.128 ～ 192.9.100.191

11000000 00001001 01100100 <u>11</u>000000 ～ 11000000 00001001 01100100 <u>11</u>111111
192.9.100.192 ～ 192.9.100.255

3. VLSM

虽然对网络进行子网划分的方法可以对 IP 地址结构进行有价值的扩充，但是仍然要受到一个基本的限制——整个网络只能有一个子网掩码，这意味着各个子网内的主机数完全相等。但是，在现实世界中，不同的组织对子网的要求是不一样的，如果在整个网络中一致地使用同一个子网掩码，在许多情况下会浪费大量 IP 地址。

VLSM（Variable Length Subnet Mask，可变长子网掩码）规定了如何使用多个子网掩码划分子网。使用 VLSM 技术，同一 IP 网络可以划分为多个子网并且每个子网可以有不同的大小。

VLSM 实际上是一种多级子网划分技术，如图 1-22 所示。

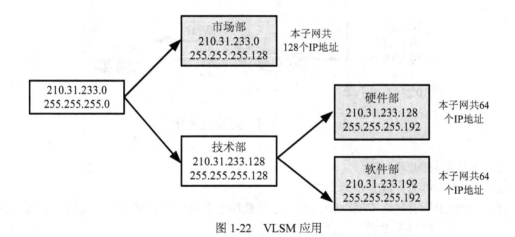

图 1-22　VLSM 应用

如图 1-22 所示，某公司有两个主要部门：市场部和技术部，其中技术部又分为硬件部和软件部。该公司申请到了一个完整的 C 类 IP 地址段 210.31.233.0，子网掩码为 255.255.255.0，为了便于管理，该公司使用 VLSM 技术将原主类网络划分为两级子网。市场部分得了一级子网中的第一个子网 210.31.233.0/25；技术部分得了一级子网中的第二个子网 210.31.233.128/25，对该子网又进一步划分，得到了两个二级子网：210.31.233.128/26 和 210.31.233.192/26，这两个二级子网分别分配给了硬件部和软件部。在实际工程实践中，可以进一步将网络划分成 3 级或更多级子网。

VLSM 使网络管理员能够按子网的具体需要定制子网掩码，从而使一个组织的 IP 地址空

4. CIDR

使用 VLSM 可进一步提高 IP 地址资源的利用率。在 VLSM 的基础上又进一步研究出无分类编址方法，即无类域间路由（Classless Inter-Domain Routing，CIDR）。

CIDR 消除了传统的 A 类、B 类和 C 类地址以及划分子网的概念，因而可以更加有效地分配 IPv4 的地址空间。

CIDR 使用各种长度的网络前缀来代替分类地址中的网络号和子网号。CIDR 使 IP 地址从三级编址又回到了两级编址。CIDR 使用斜线记法，又称为 CIDR 记法，即在 IP 地址后面加上一个斜线"/"，然后写上网络前缀所占的比特数（这个数值对应于三级编址的二进制子网掩码中 1 的个数）。

CIDR 将网络前缀都相同的 IP 地址组成"CIDR 地址块"。如 128.14.32.0/20 表示的地址块共有 4096 个地址（因为斜线后面的 20 是网络前缀的位数，所以主机号的位数是 12）。128.14.32.0/20 地址块的最小地址是 128.14.32.0，最大地址是 128.14.47.255。

1.5.3 地址汇总

地址汇总也称为路由聚集，它允许路由选择协议将多个网络用一个地址来进行通告。通过汇总，可以减少路由数量，从而减少存储和处理路由时需要占用的资源（CPU 和内存资源）。汇总还可以节省网络带宽，因为需要发送的通告更少。图 1-23 表示出了在互联网络中如何使用汇总地址。

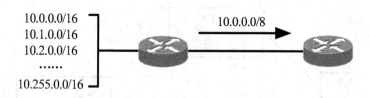

图 1-23 在互联网中使用汇总地址

进行地址汇总的步骤如下：

第 1 步 以二进制方式表示每个网络。

第 2 步 确定所有网络中匹配的位数。这将获得一个包含所有路由的汇总地址，但包含的范围可能太大，这被称为过度汇总。

第 3 步 如果第 2 步得到的结果汇总过度，无法接受，则从第一个地址开始，增加前缀包含的位数，直到能够汇总指定范围的一部分。对余下的地址重复上述过程。

下面通过一个示例来说明地址汇总的过程。假设需要汇总网络为 192.168.0.0/24~192.168.9.0/24，执行如下步骤：

第 1 步 以二进制方式表示每个网络。

第 2 步 确定匹配的位数：

192.168.0.0 = **1100 0000 1010 1000 0000** 0000 0000 0000

192.168.1.0 = **1100 0000 1010 1000 0000** 0001 0000 0000

192.168.2.0 = **1100 0000 1010 1000 0000** 0010 0000 0000

192.168.3.0 = **1100 0000 1010 1000 0000** 0011 0000 0000

192.168.4.0 = **1100 0000 1010 1000 0000** 0100 0000 0000

192.168.5.0 = **1100 0000 1010 1000 0000** 0101 0000 0000

192.168.6.0 = **1100 0000 1010 1000 0000** 0110 0000 0000

192.168.7.0 = **1100 0000 1010 1000 0000** 0111 0000 0000

192.168.8.0 = **1100 0000 1010 1000 0000** 1000 0000 0000

192.168.9.0 = **1100 0000 1010 1000 0000** 1001 0000 0000

前 20 位匹配。然而，深入考虑后发现，汇总地址 192.168.0.0/20 覆盖的范围为 192.168.0.0 到 192.168.15.255，因此汇总过度。

第 3 步　由于第 2 步的结果导致汇总过度，因此在前缀中增加一位，考虑汇总地址 192.168.0.0/21，它汇总了网络 192.168.0.0 到 192.168.7.0，因此这是一个可行的通告。接下来对余下的地址重复该过程。

第 4 步　以二进制方式表示每个网络。

第 5 步　确定匹配的位数：

192.168.8.0 = **1100 0000 1010 1000 0000 100**0 0000 0000

192.168.9.0 = **1100 0000 1010 1000 0000 100**1 0000 0000

前 23 位匹配，因此汇总地址为 192.168.8.0/23。

第 6 步　由于第 5 步的结果没有导致过度汇总，因此计算过程结束。总共需要两个通告（192.168.0.0/21 和 192.168.8.0/23），这比原来需要 10 个通告好得多。

1.6　本章小结

本章详细介绍了网络的一些基础知识，包括计算机网络的概念和分类、网络的参考模型及 IP、TCP 等重点协议，还回顾了以太网技术和 IP 地址及子网划分。

计算机网络是将分散在不同地点的多台计算机、终端和外部设备用通信线路互连起来，彼此间能够互相通信，并且实现资源共享（包括软件、硬件、数据等）的一个整体系统。

计算机网络使用了分层的设计思想，并产生了 OSI 和 TCP/IP 两种参考模型。OSI 参考模型分为七层，从下至上分别为物理层、数据链路层、网络层、传输层、会话层、表示层和应用层。OSI 的七层模型更加系统，服务、接口和协议三个概念的划分更加明确，对于我们研究网络有着极大的意义。但这种模型由于设计复杂、实现困难、有些功能的层次定位不明确，没有得到实际的应用。TCP/IP 模型却是依据已在使用的协议而制定的，它只有四层：网络接口层、网络层、传输层和应用层。因其简单实用而得到了广泛的支持和应用。现在的网络系统基本都是基于 TCP/IP 协议栈的。

TCP/IP 协议栈中包含的协议很多，最重要的是 IP 协议、TCP 协议和 UDP 协议。IP 协议负责寻址、路由和数据包的分片与重组；TCP 提供可靠的端到端传输，而 UDP 则提供快速却不太可靠的端到端传输。

以太网是现在主流的局域网技术，产生于 20 世纪 70 年代。初期设计于使用同轴电缆这样的共享介质，采用 CSMA/CD 算法来解决对信道的争用和避免冲突的问题，随着人们对网络规模和速度要求的不断提升，以太网由最初的 10BASE-5 发展到现在的 1000BASE-T，甚至达到更高的速率。以太网以其易于实现、维护简单、组网灵活、成本低廉等特性，一直被广泛使用。

　　IP 协议提供了对网络上的节点进行逻辑编址的方法，IP 地址为 32 位的二进制数字，一般用点分十进制的方法表示，分为网络号和主机号两部分，网络号用于定位一个具体的子网，主机号用于定位子网内的主机。初期，IP 地址被划分为 A、B、C、D、E 五类，并将 A、B、C 类地址分配给用户使用。现在为了节约 IP 地址和更灵活地划分子网，不再按照类别进行 IP 地址分配，而是依靠子网掩码来确定网络号和主机号的具体位数。

　　划分子网的方法就是从主机号里面借位成为子网号。有时，一个主网内需要划分出多种不同掩码长度的子网，这就是 VLSM，VLSM 使 IP 地址分配更加灵活从而更加节省，而且可以提高路由汇总的能力。

　　地址汇总可以减少路由数量，从而减少存储和处理路由时需要占用的资源，而且还可以节省网络带宽。

1.7　习题

1．选择题

　　（1）以下哪种拓扑结构提供了最高的可靠性保证？

　　　　A．星形拓扑

　　　　B．环形拓扑

　　　　C．总线型拓扑

　　　　D．网状拓扑

　　（2）OSI 的哪一层处理物理寻址和网络拓扑结构？

　　　　A．物理层

　　　　B．数据链路层

　　　　C．网络层

　　　　D．传输层

　　（3）TCP/IP 的哪一层保证传输的可靠性、流量控制和检错与纠错？

　　　　A．网络接口层

　　　　B．网络层

　　　　C．传输层

　　　　D．应用层

　　（4）ARP 请求报文属于以下哪项？

　　　　A．单播

　　　　B．广播

　　　　C．组播

　　　　D．以上都是

　　（5）下列字段包含于 TCP 头而不包含于 UDP 头中的是哪项？

　　　　A．校验和

　　　　B．源端口

　　　　C．确认号

　　　　D．目标端口

（6）/27 的点分十进制表示是什么？

    A. 255.255.255.0

    B. 255.255.224.0

    C. 255.255.255.224

    D. 255.255.0.0

（7）地址 192.168.37.62/26 属于哪一个网络？

    A. 192.168.37.0

    B. 255.255.255.192

    C. 192.168.37.64

    D. 192.168.37.32

（8）主机地址 192.168.190.55/27 对应的广播地址是什么？

    A. 192.168.190.59

    B. 255.255.190.55

    C. 192.168.190.63

    D. 192.168.190.0

（9）要使 192.168.0.94 和 192.168.0.116 不在同一网段，它们使用的子网掩码不可能是？

    A. 255.255.255.192

    B. 255.255.255.224

    C. 255.255.255.240

    D. 255.255.255.248

（10）给定地址 10.1.138.0/27、10.1.138.64/27 和 10.1.138.32/27，下面哪个是最佳的汇总地址？

    A. 10.0.0.0/8

    B. 10.1.0.0/16

    C. 10.1.138.0/24

    D. 10.1.138.0/25

2. 问答题

（1）常见的网络拓扑结构有哪些？其特点是什么？

（2）简述 OSI 参考模型各层的功能。

（3）IP 包头中与分段与重组有关的字段是哪些？

（4）ARP 协议的作用是什么？

（5）简述 CSMA/CD 的工作原理。

（6）对于下述每个 IP 地址，计算所属子网的主机范围：

    ● 24.177.78.62/27

    ● 135.159.211.109/19

    ● 207.87.193.1/30

（7）在不过度汇总的情况下汇总下面的地址：

    ● 192.168.160.0/24

    ● 192.168.161.0/24

    ● 192.168.162.0/23

- 192.168.164.0/22

（8）在 202.16.100.0/24 的 C 类主网络内，需要划分出 1 个可容纳 100 台主机的子网、1 个可容纳 50 台主机的子网，2 个可容纳 25 台主机的子网，应该如何划分？请写出每个子网的网络号、子网掩码、容纳主机数量和广播地址。

第2章  交 换 基 础

在局域网中，交换机是非常重要的网络互联设备，负责在主机之间快速转发数据帧。交换机与集线器的不同之处在于，交换机工作在数据链路层，能够根据数据帧中的 MAC 地址进行转发。本章先介绍共享式以太网和交换式以太网的区别，然后重点讲述交换机的工作原理、交换机的交换方式及交换机常用配置。

学习完本章，要达到以下目标：
- 了解共享式以太网和交换式以太网的区别
- 掌握交换机中 MAC 地址的学习过程
- 掌握交换机的过滤、转发原理
- 掌握冲突域、广播域的概念
- 掌握交换机的常用配置

2.1 共享式以太网与交换式以太网

2.1.1 共享式以太网

早期的以太网（如 10Base-5 和 10Base-2）是总线结构的以太网，它们使用同轴电缆作为传输媒体。通过同轴电缆连接起来的站点处于同一个冲突域中，即在每一个时刻，只能有一个站点发送数据，其他站点处于侦听状态，不能够发送数据，当同一时刻有多个站点传输数据，就会产生数据冲突。

对于总线结构的以太网而言，当单一线缆段距离不足的时候，可以用中继器扩展连接距离。而由中继器连接起来的多个线缆段共同形成一个物理段，如图2-1所示。

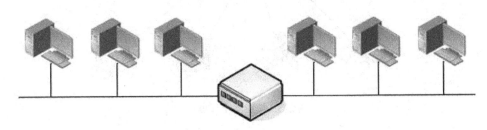

图 2-1　总线型以太网拓扑扩展

1. 中继器的工作原理

由于传输线路噪声的影响，承载数据的信号只能传输有限的距离，当信号沿着传输介质

进行传输时会产生衰减，如果传输介质过长，则信号将会变得很弱以至于信号失真，这样就会影响到数据的正常传输和 CSMA/CD 的正常工作。因此必须在很长的线路中间安装一种设备可以接收信号、放大恢复信号和转发信号，中继器就是为解决这一问题而设计的。它完成物理线路的连接，对衰减的信号进行放大恢复，保持与原数据相同。

在这里需要强调的是信号与数据的区别，信号是数据在传输过程中的表现方式，而网络物理层的比特流就是这样的信号。中继器工作在物理层，只对物理层的比特流进行恢复，而无法理解信号所表达的数据，不对原数据本身做任何改动。中继器的最终目的就是为了延长网络的布线距离。

中继器是最简单的物理层网络设备，主要完成物理层的功能，适用于完全相同的两类网络的互连，主要功能是通过对信号的转发来扩大网络传输的距离。一般情况下，中继器的两端连接的是相同的传输介质，但有的中继器也可以完成不同传输介质的转接工作。值得注意的是，通过中继器网络布线距离得到了延长，但是同样还是不能有两台计算机同时发送数据，因为中继器不能隔离冲突。

2. 集线器的工作原理

10Base-T 的核心是集线器，提供很多网络接口，负责将网络中多个计算机连接在一起。集线器（Hub）实质上就是多端口的中继器，Hub 是"中心"的意思，它的主要功能和中继器一样，也是对接收到的信号进行再生整形放大，以扩大网络的传输距离，同时把所有节点集中在以它为中心的节点上。

集线器和中继器一样，也是工作在 OSI 参考模型的物理层，属于纯硬件网络底层设备，基本上不具有类似于交换机的"智能记忆"能力和"学习"能力。它也不具备交换机所具有的 MAC 地址表，所以它发送数据时都是没有针对性的，而是采用广播方式发送。也就是说当它要向某节点发送数据时，不是直接把数据发送到目的节点，而是把数据包发送到与集线器相连的所有节点。连接在集线器上的所有主机共享集线器的背板总线带宽，因此，用集线器互连的主机都在同一个冲突域里，当一台主机发送数据时，其他主机都不能向网络发送数据，如图 2-2 所示。

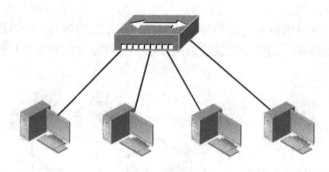

图 2-2　集线器工作原理

因此，用集线器互连的网络，从物理拓扑结构上看是星形拓扑结构，但从其工作原理上看，其本质还是总线型拓扑结构。

3. 冲突域的概念

传统以太网中，多节点共享同一传输介质，节点间通信采用广播方式，易发生冲突。共享式以太网采用 CSMA/CD 技术来避免和减少冲突。如果一个网络上的两台计算机在同时通信时会发生冲突，那么这个网络就是一个冲突域。

冲突域就是连接在同一共享传输介质上的所有工作站的结合。如果以太网中的各个网段以中继器连接，因为中继器不能隔离冲突，所有它们仍然是一个冲突域。如果各台计算机通过集线器进行连接，同样它们仍然是一个冲突域，因为计算机共享集线器的背板总线带宽，如图 2-3 所示。

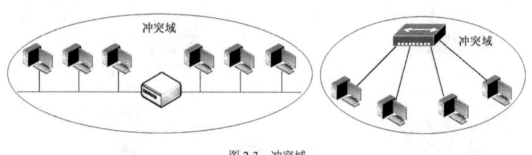

图 2-3　冲突域

总的来说，如果所有节点使用物理层设备进行互连，则这些节点同处于一个冲突域中。

2.1.2　交换式以太网

通过上面的学习可以知道，用中继器和集线器互连的以太网属于共享式的以太网，其扩展性能很差，因为共享以太网网段上的设备越多，发生冲突的可能性就越大，因此无法应对大型网络环境。通常，解决共享式以太网存在的问题就是利用"分段"的方法。所谓分段就是将一个大型的以太网分割成两个或多个小型的以太网，每个段（分割后的每个小以太网）使用 CSMA/CD 介质访问控制方法维持段内用户的通信。段与段之间通过一种"交换"设备可以将一段接收到的信息，经过简单的处理转发给另一段。通过分段，既可以保证部门内部信息不会流至其他部门，又可以保证部门之间的通信。以太网节点的减少使冲突和碰撞的几率更小，网络效率更高。并且，分段之后，各段可按需要选择自己的网络速率，组成性价比更高的网络。这样，交换式以太网出现了。

交换式以太网的出现有效地解决了共享式以太网的缺陷，它大大减小了冲突域的范围，增加了终端主机之间的带宽，过滤了一部分不需要转发的报文。

交换式以太网所使用的设备是网桥和二层交换机，如图 2-4 所示。

网桥和交换机连接的每个网段（每个接口）都是一个独立的冲突域，因为在一个网段上发生冲突不会影响其他网段。通过增加网段数，减少了每个网段上的主机数，如果一个交换机接口只连接一台主机，则一个网段上就只有一台主机，从而消除了冲突。

网桥和交换机都工作在 OSI 参考模型的数据链路层，属于二层设备，这一点与中继器和集线器不同，中继器和集线器工作在物理层，处理的信息单元是比特流信号，而网桥和交换机处理的信息单元是数据链路层的数据帧。从功能上讲，第二层交换机与网桥相同，但交换机的吞吐率更高、接口密度更大、每个接口的成本更低更灵活，因此，第二层交换机已经取代了网桥，成为交换式以太网中的核心设备。

计算机系列教材

37

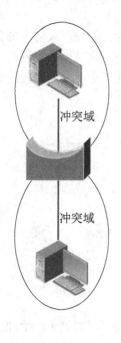
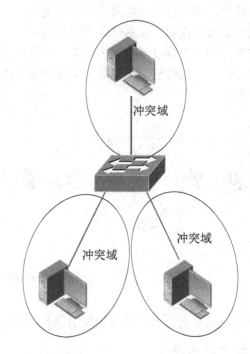

图 2-4　交换式以太网

2.2　交换机工作原理

交换机工作在数据链路层，能对数据帧进行相应的操作。以太网数据帧遵循 IEEE 802.3 格式，其中包含了目的 MAC 地址和源 MAC 地址。交换机根据源 MAC 地址进行地址学习和 MAC 地址表的构建；再根据目的 MAC 地址进行数据帧的转发与过滤。它的三项主要功能如下：

- MAC 地址学习；
- 数据帧的转发/过滤决策；
- 消除环路。

在本节的学习中，我们主要讲解交换机 MAC 地址学习和数据帧的转发/过滤决策的功能，消除环路的功能我们将在第 4 章中详细讲解。

2.2.1　MAC 地址学习

为了转发数据，以太网交换机需要维护 MAC 地址表。MAC 地址表的表项中包含了与本交换机相连的终端主机的 MAC 地址以及本交换机连接主机的端口等信息。

在交换机刚启动时，它的 MAC 地址表中没有表项，如图 2-5 所示。此时如果交换机的某个端口收到数据帧，它会把数据帧从接收端口之外的所有端口发送出去，这被称为泛洪。这样，交换机就能确保网络中其他所有的终端主机都能收到此数据帧。但是，这种广播式转发的效率低下，占用了太多的网络带宽，并不是理想的转发方式。

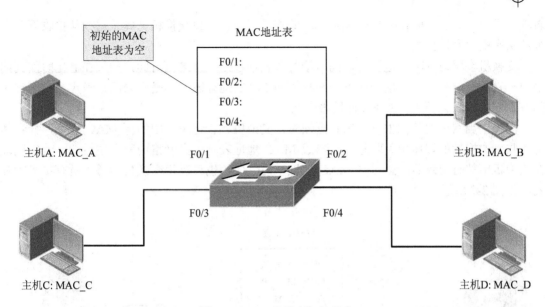

图 2-5 MAC 地址表初始状态

为了能够仅转发数据到目标主机，交换机需要知道终端主机的位置，也就是主机连接在交换机的哪个端口上。这就需要交换机进行 MAC 地址表的正确学习。

交换机通过记录端口接收数据帧的源 MAC 地址和端口的对应关系来进行 MAC 地址表学习，并把 MAC 地址表存放在 CAM（Content Addressable Memory）中，如图 2-6 所示。

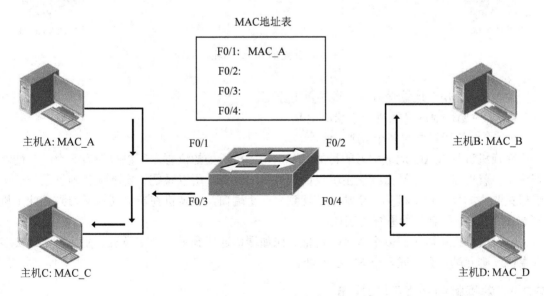

图 2-6 MAC 地址学习

在图 2-6 中，主机 A 发出数据帧，其源地址是自己的物理地址 MAC_A，目的地址是主机 D 的物理地址 MAC_D。交换机在 F0/1 端口收到该数据帧后，查看其中的源 MAC 地址，并将该地址与接收到此数据帧的端口关联起来添加到 MAC 地址表中，形成一条 MAC 地址表项。因为 MAC 地址表中没有 MAC_D 的相关记录，所以交换机把此数据帧从接收端口之外的所有端口发送出去。

交换机在学习 MAC 地址时，同时给每条表项设定一个老化时间，如果在老化时间到期之前一直没有刷新，则表项会清空。交换机的 MAC 地址表空间是有限的，设定表项老化时间有助于收回长久不用的 MAC 地址表空间。

同样，当网络中其他主机发出数据帧时，交换机就会记录其中的源 MAC 地址，并将其与接收到数据帧的端口相关联起来，形成 MAC 地址表项，当网络中所有主机的 MAC 地址在交换机中都有记录后，意味着 MAC 地址学习完成，也可以说交换机知道了所有主机的位置，如图 2-7 所示。

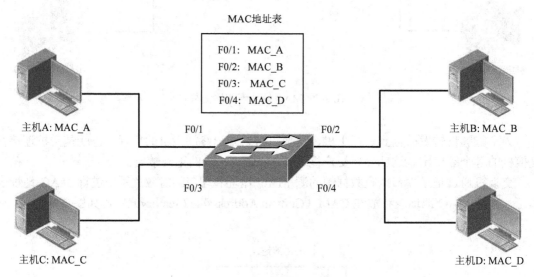

图 2-7 完整的 MAC 地址表

交换机在 MAC 地址学习时，遵循以下原则：

- 一个 MAC 地址只能被一个端口学习。
- 一个端口可以学习多个 MAC 地址。

交换机进行 MAC 地址学习的目的是要知道主机所处的位置，所以只要有一个端口能够到达主机就可以，多个端口到达主机反而造成带宽浪费，所以系统设定 MAC 地址只与一个端口关联。如果一台主机从一个端口转移到另一个端口，交换机在新的端口学习到了此主机的 MAC 地址，则会删除原有的表项。

一个端口上可以关联多个 MAC 地址。比如端口连接到另一台交换机，交换机上连接多台主机，则此端口会关联多个 MAC 地址。

2.2.2 数据帧的转发/过滤决策

1. 数据帧的转发

MAC 地址表学习完成后，交换机根据 MAC 地址表项进行数据帧转发。在进行转发时，遵循以下规则：

- 对于已知单播数据帧（即帧目的 MAC 地址在交换机 MAC 地址表中有相应表项），则从帧目的 MAC 地址相对应的端口转发出去。

- 对于未知单播数据帧（即帧目的 MAC 地址在交换机 MAC 地址表中无相应表项）、组播帧和广播帧，则从接收端口之外的所有端口转发出去。

在图 2-8 中，主机 A 发出数据帧，其目的地址是主机 D 的地址 MAC_D。交换机在端口 F0/1 收到该数据帧后，查看目的 MAC 地址，然后检索 MAC 地址表项，发现目的 MAC 地址 MAC_D 所对应的端口是 F0/4，就把此数据帧从 F0/4 端口转发出去，不在端口 F0/2 和 F0/3 转发，主机 B 和主机 C 也不会收到目的是主机 D 的数据帧。

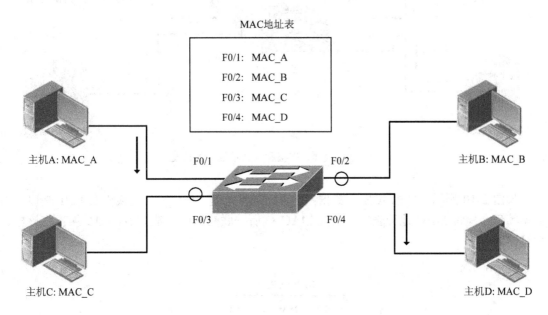

图 2-8 已知单播数据帧的转发

与已知单播数据帧转发不同，交换机会从除接收端口外的其他端口转发组播帧和广播帧，因为广播和组播的目的就是要让网络中其他的成员收到这些数据帧。

在交换机没有学习到所有主机 MAC 地址的情况下，一些单播数据帧的目的 MAC 地址在 MAC 地址表中没有相关表项，所以交换机也要把未知单播数据帧从所有其他端口转发出去，以使网络中的其他主机能收到。

在图 2-9 中，主机 A 发出数据帧，其目的地址是 MAC_E。交换机在端口 F0/1 收到数据帧后，检索 MAC 地址表项，发现没有关于 MAC_E 相应的表项，所以就把此数据帧从除端口 F0/1 外的所有端口转发出去。

同理，如果主机 A 发出的是广播帧（目的 MAC 地址为 FF-FF-FF-FF-FF-FF）或组播帧，则交换机把此数据帧从除端口 F0/1 外的其他端口转发出去。

2. 数据帧的过滤

为了杜绝不必要的帧转发，交换机对符合特定条件的帧进行过滤。无论是单播帧、组播帧还是广播帧，如果帧目的 MAC 地址在 MAC 地址表中表项存在，且表项所关联的端口与接收到帧的端口相同时，则交换机对此数据帧进行过滤，即不转发此数据帧。

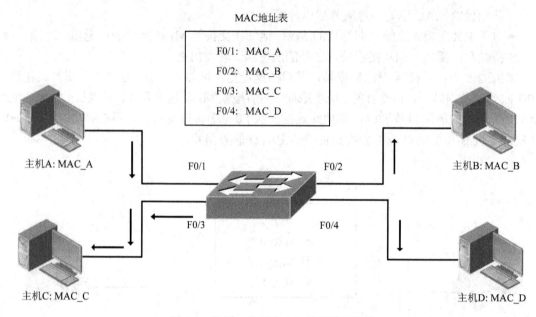

图 2-9　组播、广播和未知单播帧的转发

如图 2-10 所示，主机 A 发出数据帧，其目的地址是 MAC_C。交换机在 F0/1 端口收到数据帧后，检索 MAC 地址表项，发现 MAC_C 所关联的端口也是 F0/1，则交换机将该数据帧过滤。

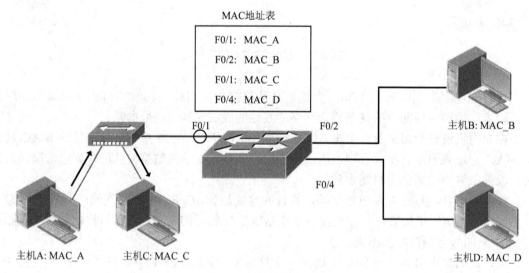

图 2-10　数据帧的过滤

通常，数据帧的过滤发生在一个端口学习到多个 MAC 地址的情况下。如图 2-10 所示，交换机的 F0/1 端口连接一个 Hub，所以端口 F0/1 上会同时学习到主机 A 和主机 C 的 MAC 地址。此时，主机 A 和主机 C 之间进行数据通信时，尽管这些数据帧能够到达交换机的 F0/1 端口，交换机也不会转发这些帧到其他端口，而是将其丢弃。

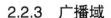

2.2.3 广播域

广播帧是指目的 MAC 地址为 FF-FF-FF-FF-FF-FF 的数据帧，它的目的是要让本地网络中的所有设备都能收到。二层交换机需要把广播帧从接收端口之外的端口转发出去，所以二层交换机不能够隔离广播。

广播域是指广播帧能够到达的范围。如图 2-11 所示，主机 A 发出的广播帧，所有的设备与终端主机都能够收到，则所有的主机处于同一个广播域中。

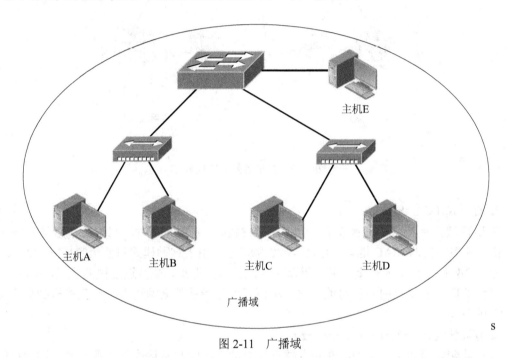

图 2-11　广播域

路由器或三层交换机是工作在网络层的设备，对网络层信息进行操作。路由器或三层交换机收到广播帧后，对帧进行解封装，取出其中的 IP 数据包，然后根据 IP 数据包中的 IP 地址进行路由。所以，路由器或三层交换机不会转发广播帧，广播在三层端口上被隔离。

如图 2-12 所示，主机 A 发出的广播帧，主机 B 能够收到，但主机 C 和主机 D 收不到，因为路由器可以隔离广播域，主机 A 与主机 B 属于同一个广播域，而与主机 C 和主机 D 属于不同的广播域。

广播域中的设备与终端主机数量越少，广播帧流量就越少，网络带宽的消耗也就越少。所以，如果在一个网络中，因广播域太大广播流量太多而导致网络性能下降，则可以考虑在网络中使用三层交换机或路由器来缩小广播域，从而减少网络带宽的消耗，提高网络性能。

2.2.4 交换机的交换方式

交换机作为数据链路层的网络设备，其主要作用是进行快速高效、准确无误地转发数据帧。交换机转发数据帧的模式有三种：直通式、存储转发式和无碎片式，其中存储转发式是交换机的主流交换方式。

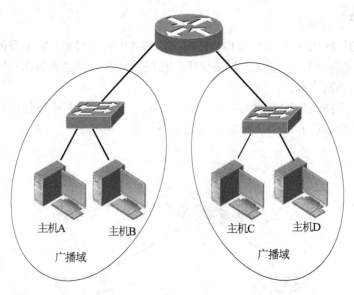

图 2-12　路由器隔离广播域

1. 直通式（Cut through）

采用直通交换方式的交换机在输入端口检测到一个数据帧时，立刻检查该数据帧的帧头，获取其中的目的 MAC 地址，并将该数据帧转发。由于这种模式只检查数据帧的帧头（通常只检查 14 个字节），不需要存储，所以该方式具有延迟小，交换速度快的优点，其缺点是，冲突产生的碎片和出错的帧也将被转发。所谓延迟是指从数据帧进入一台交换机到离开交换机所花的时间。

2. 存储转发式（Store and Forward）

在存储转发模式中，交换机在转发数据帧之前必须完整地接收整个数据帧，读取目的和源 MAC 地址，执行循环冗余校验，和帧尾部的 4 字节校验码进行对比，如果结果不正确，则数据帧将被丢弃。这种交换方式保证了被转发的数据帧是正确有效的，但这种方式增加了延迟。

存储转发是计算机网络领域使用最为广泛的交换技术，虽然它在处理数据包时延迟时间比较长，但它可以对进入交换机的数据包进行错误检测，并且能支持不同速度的输入、输出端口间的数据交换。

支持不同速度端口的交换机必须使用存储转发方式，否则就不能保证高速端口和低速端口间的正确通信。例如，当需要把数据从 10Mbps 端口传送到 100Mbps 端口时，就必须缓存来自低速端口的数据包，然后再以 100Mbps 的速度进行发送。

3. 无碎片式（Fragment free）

无碎片式交换方式介于前两种方式之间，交换机读取前 64 个字节后开始转发。冲突通常在前 64 个字节内发生，通过读取前 64 个字节，交换机能够过滤掉由于冲突而产生的帧碎片。不过出错的帧依然会被转发。

该交换方式的数据处理速度比存储转发方式快，比直通式慢，但由于能够避免残帧的转发，所以被广泛地应用于低档交换机中。

2.3 交换机配置基础

2.3.1 交换机端口的命名

交换机端口较多，为了较好地区分各个端口，需要对相应的端口命名。

一般情况下，交换机端口的命名规范为"端口类型 堆叠号/交换机模块号/模块上端口号"，如果交换机不支持堆叠，则没有堆叠号。如图 2-13 所示为交换机端口的命名情况。

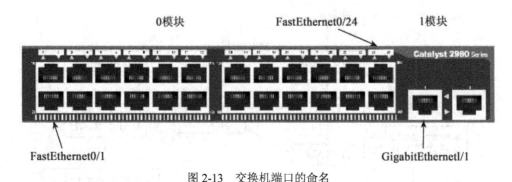

图 2-13   交换机端口的命名

2.3.2 交换机的存储介质和启动过程

1. 交换机中的存储介质

一般情况下，交换机中具有以下四种存储介质，分别具有不同的作用。

（1）BOOTROM

BOOTROM 是交换机的基本启动版本即硬件版本（或称为启动代码）的存放位置，交换机加电启动时，会首先从 BOOTROM 中读取初始启动代码，由它引导交换机进行基本的启动过程，主要任务包括对硬件版本的识别和常用网络功能的启用等。

在开机提示出现 10 秒之内按下 Ctrl+Break 键可以进入交换机的 BOOTROM 模式，在 BOOTROM 模式下可以执行部分优先级很高的操作，进入 BOOTROM 模式主要是为一些意外情况进行紧急处理，如交换机密码遗忘、交换机 IOS 故障等。

（2）SDRAM

SDRAM 是交换机的运行内存，主要用来存放设备的当前运行配置文件 running-config 和加载交换机操作系统 IOS。它是掉电丢失的，即每次重新启动交换机后，SDRAM 中的原有内容都会丢失。

（3）Flash

Flash 用来存放交换机的 IOS 文件，即交换机的软件或者操作代码，交换机的 IOS 用来统一调度网络设备各部分的运行，通常所说的交换机升级就是将 Flash 中的交换机的 IOS 升级。

当交换机从 BOOTROM 中正常读取了相关内容并启动基本版本之后，就会在它的引导下从 Flash 中加载当前存放的 IOS 版本到 SDRAM 中运行。Flash 中的内容在交换机每次重新启动后都不会丢失。

（4）NVRAM

NVRAM 中存放交换机启动配置文件，即 startup-config。当交换机启动到正常读取了操作系统文件并加载成功之后，就会从 NVRAM 中读取启动配置文件到 SDRAM 中运行，对交换机当前的硬件进行配置。NVRAM 中的内容也是掉电不丢失的。

部分交换机的 Flash 和 NVRAM 可能会共用一个存储介质。

2. 交换机启动过程

交换机的存储结构和启动过程如图 2-14 所示。

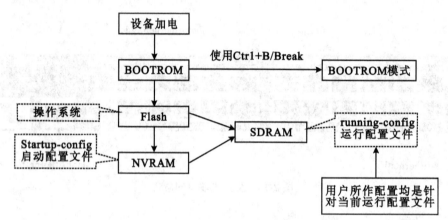

图 2-14　交换机的启动过程

这里需要强调的是交换机的两个配置文件。

● 启动配置文件：startup-config 文件，存放于 NVRAM 中，并且在交换机每次启动后加载到内存 SDRAM 中，变成运行配置文件 running-config。

● 运行配置文件：running-config 文件，驻留在 SDRAM 中，当通过交换机的 CLI 命令行对交换机进行配置时，配置命令被实时添加到运行配置文件中并被立即执行，但是这些新添加的配置命令不会被自动保存到 NVRAM 中。因此，当对交换机进行重新配置或者修改配置后，应该将当前的运行配置文件保存到 NVRAM 中变成为启动配置文件，以便交换机重新启动后，配置内容不会丢失。

2.3.3　带外管理和带内管理

1. 带外管理

带外管理（Out-Band Management）是不占用网络带宽的管理方式，如图 2-15 所示，即用户通过交换机的 Console 端口对交换机进行配置管理。

用户在首次配置交换机或者无法进行带内管理时使用带外管理方式。交换机的配置线缆一般随交换机产品装箱。配置线缆一般一段为 RJ-45 接口（连接交换机的 Console 端口），另一端为 DB9 端口（连接计算机 COM 串口）。

配置线缆正确连接后，可以通过 Windows 自带的超级终端程序来连接交换机，具体方法如下：

（1）单击 "开始" → "程序" → "附件" → "通信" → "超级终端"，出现如图 2-16(a) 所示的 "连接描述" 对话框。

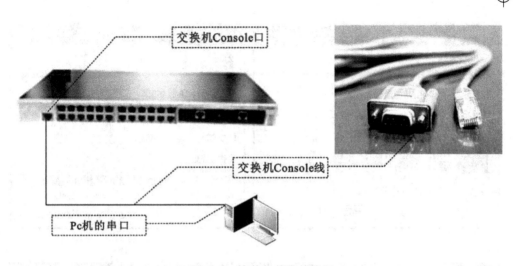

图 2-15　交换机的带外管理

（2）在"连接描述"对话框中为建立的超级终端连接命名后，单击"确定"按钮，出现如图 2-16(b)所示的"连接到"对话框。

（3）在"连接到"对话框选择连接到交换机的计算机 COM 串口后，单击"确定"按钮，出现如图 2-16(c)所示的"COM 属性"对话框。

（4）在"COM 属性"对话框中设置端口属性，波特率为"9600bps"、数据位为"8"、奇偶校验为"无"、停止位为"1"、数据流控制为"无"（也可单击"还原为默认值"按钮）。设置好端口属性后，单击"确定"按钮。

（5）如果计算机串口与交换机的 Console 端口连接正确，只要在超级终端中按下 Enter 键即可进入交换机的配置模式，如图 2-16(d)所示。默认情况下，交换机的带外管理没有设置用户名和密码，看到如图所示的界面，表示已经进入交换机的配置模式。关于带外管理如何设置用户名和密码，我们将会在后面的内容中介绍。

2. 带内管理

所谓带内管理（In-Band Management）是需要占用网络带宽的管理方式，带内管理通常为以下四种情况：

（1）通过 Telnet 客户软件使用 TELNET 协议登录到交换机进行管理。

（2）通过 SSH 客户软件使用 SSH 协议登录到交换机进行管理。

（3）通过 Web 浏览器使用 HTTP 协议登录到交换机进行管理。

（4）通过网络管理软件（如 Cisco Works）使用 SNMP 协议对交换机进行管理。

提供带内管理方式可以使连接到网络中的计算机具备管理交换机的能力，便于网络管理人员从远程登录到交换机上进行管理，这就必须要给交换机配置一个用于网络管理的 IP 地址，否则管理设备无法在网络中定位寻找到被管理的交换机。当交换机的配置出现变更，导致带内管理失效时，必须使用带外管理对交换机进行配置管理。

2.3.4　交换机的配置模式

交换机的命令行接口（Command-Line Interface，CLI）界面由网络设备的操作系统（Internetwork Operating System，IOS）提供，它是由一系列的配置命令组成的，根据这些命

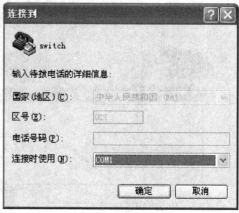

(a)   (b)

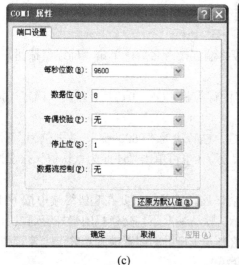

(c)   (d)

图 2-16　超级终端连接交换机 Console 端口

令在配置管理交换机时所起的作用不同，IOS 将这些命令分类，不同类别的命令对应着不同的配置模式，下面以 Cisco 交换机产品为例，介绍交换机的配置模式。总的来说，Cisco 的 IOS 命令行模式中有三种基本的配置模式。

1. 用户模式

用户进入 CLI 界面，首先进入的就是用户模式，提示符为 Switch>。

在用户模式下只能进行有限的操作，比如 ping 其他的网络设备、查看交换机的一些基本信息等。该模式下不能使用 show running-config 等命令观察设备的配置情况，更不能对交换机进行任何的配置。

2. 特权模式

特权模式又被称为私有模式或 Enable 模式。在用户模式下使用 Enable 命令就可以进入特权模式，格式如下：

Switch>**enable**

特权模式的提示符为 Switch#。

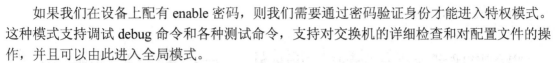

如果我们在设备上配有 enable 密码，则我们需要通过密码验证身份才能进入特权模式。这种模式支持调试 debug 命令和各种测试命令，支持对交换机的详细检查和对配置文件的操作，并且可以由此进入全局模式。

在特权模式下，用户可以查询交换机的配置信息、各个端口的连接情况和收发数据统计等，而且进入特权模式后就可以进入全局模式，从而可以对交换机的各项配置进行修改，因此，出于安全考虑，应该对进入特权模式设置特权用户密码，防止非特权用户非法进入，对交换机配置进行恶意修改，造成不必要的损失。

3. 全局配置模式

进入特权模式后，使用命令 configure terminal，即可进入全局配置模式，格式如下：

Switch#**configure terminal**

全局配置模式的提示符为 Switch (config)#。

在全局配置模式下，用户可以对交换机进行全局性的配置，如创建 VLAN、启动生成树协议等。用户在全局配置模式下还可以进入到其他子模式进行配置，在这些子模式下的配置只能对交换机的一部分生效，比如在端口 F0/1 中的配置只能对这个端口生效。

表 2-1 列出了命令的模式、如何进入每个模式以及模式的提示符。

表 2-1   **交换机命令模式**

工作模式		提示符	启动方式
用户模式		Switch>	开机自动进入
特权模式		Switch#	Switch>enable
配置模式	全局配置模式	Switch(config)#	Switch#configure terminal
	VLAN 配置模式	Switch(config-vlan)#	Switch(config)#vlan 10
	接口配置模式	Switch(config-if)#	Switch(config)#interface fa0/1
	线路配置模式	Switch(config-line)#	Switch(config)#line console 0

从表 2-1 中，我们可以看到，在全局配置模式下，使用命令 interface 就可以进入到相应的端口配置模式；使用命令 VLAN 就可以进入 VLAN 配置模式；使用命令 ip access-list 就可以进入访问控制列表配置模式；使用命令 line 就可以进入线路配置模式。在任何模式下，使用 exit 命令均退回到上一级模式；在任何模式下（用户模式除外）使用 end 命令均能退回到特权模式。

2.3.5 常用的交换机配置命令

1. 常用的特权模式命令

（1）clock set

clock set 命令用于设置系统日期和时钟，应用该命令的实例如下。

Switch#**clock set** 11:28:16 12 march 2011

该命令设置交换机当前的日期为 2011 年 3 月 12 日 11 时 28 分 16 秒。

可以使用 show clock 命令查看系统日期和时钟，应用该命令的实例如下。

Switch# **show clock**

*11:28:24.97 UTC Sat March 12 2011

（2）earse startup-config

earse startup-config 命令用于删除启动配置文件。注意，删除启动配置文件后，对交换机所作的配置内容均丢失。应用该命令的实例如下。

switch# **erase startup-config**

Erasing the nvram filesystem will remove all configuration files! Continue? [confirm]y[OK]

Erase of nvram: complete

%SYS-7-NV_BLOCK_INIT: Initialized the geometry of nvram

（3）reload

reload 命令用于重新启动交换机（热启动）。输入 y 或 n 可以进行重启或取消重启。应用该命令的实例如下。

Switch# **reload**

Proceed with reload? [confirm]

（4）ping

ping 命令用于用来测试设备间的连通性。感叹号表示 ping 通，而点号表示没有 ping 通，应用该命令的实例如下。

Switch#**ping** 192.168.1.1

Type escape sequence to abort.

Sending 5, 100-byte ICMP Echos to 192.168.1.1, timeout is 2 seconds:

!!!!!

Success rate is 100 percent (5/5), round-trip min/avg/max = 31/31/32 ms

Switch#**ping** 192.168.1.200

Type escape sequence to abort.

Sending 5, 100-byte ICMP Echos to 192.168.1.200, timeout is 2 seconds:

.....

Success rate is 0 percent (0/5)

（5）write 或 copy running-config startup-config

write 或 copy running-config startup-config 命令均可用于将当前运行配置文件保存到 NVRAM 中成为启动配置文件。当用户完成一组配置，并且已经达到预定功能，应将当前配置保存到 NVRAM 中，即保存当前运行配置文件 running-config 为启动配置文件 startup-config，以便因为不慎关机或断电时，系统可以自动恢复到原先保存的配置。应用该命令的实例如下。

Switch# **copy running-config startup-config**

Destination filename [startup-config]?

Building configuration...

[OK]

Switch# **write**

Building configuration...

[OK]

（6）show version

show version 命令用来显示交换机版本信息，通过查看版本信息可以获知硬件和软件所支持的功能特性。

（7）show interface

show interface 命令用来显示交换机的端口信息。应用该命令的实例如下：

Switch# **show interface** fastEthernet 0/1

该命令显示了 F0/1 端口的信息。

（8）show flash

show flash 命令用来显示保存在 Flash 中的文件及大小。

（9）show running-config

show running-config 命令用来显示当前运行状态下生效的交换机运行配置文件。当用户完成一组配置后，需要验证配置是否正确，则可以执行 show running-config 命令来查看当前生效的配置信息。

（10）show startup-config

show startup-config 命令用来显示当前运行状态下写在 NVRAM 中的交换机启动配置文件，通常也是交换机下次加电启动时所用的配置文件。show running-config 和 show startup-config 命令的区别在于，当用户完成一组配置之后，通过 show running-config 可以看到配置的内容增加了，而通过 show startup-config 却看不出配置内容的变化。但若用户通过 write 命令将当前生效的配置信息保存到 NVRAM 中时，show running-config 和 show startup-config 命令的显示结果是一致的。

2. 常用的全局配置模式命令

（1）hostname

hostname 命令用于设置设备的名称，也就是出现在交换机 CLI 提示符中的名字，应用该命令的实例如下：

Switch(config)#**hostname** cisco2011

该命令设置交换机的名字为 cisco2011

（2）enable password

enable password 命令用于设置交换机的 enable 密码，也就是从用户模式进入特权模式的时候需要输入的密码，使用 enable password 配置时此密码没有加密。配置 enable 密码可以防止非特权用户的非法进入，建议网络管理员在首次配置交换机时就设定 enable 密码。应用该命令的实例如下：

配置完成后，如果从用户模式进入到特权模式，就会提示输入密码，显示如下。只有输入正确的 enable 密码才能进入特权模式。

Switch(config)# **enable password** cisco123

该命令设置交换机的 enable 密码（非加密）为 cisco123

Switch>enable

Password:

Switch#

（3）enable secret

enable secret 和 enable password 的作用相同，也是用于设置交换机的 enable 密码，它与 enable password 的不同之处在于，使用 enable secret 配置的 enable 密码会以 MD5 加密。如果 enable secret 和 enable password 均设置了密码，以 enable secret 设置的加密密码有效。

（4）ip host

ip host 命令用于配置主机名与 IP 地址的映射关系。应用该命令的实例如下：

Switch(config)# **ip host** server 192.168.1.100

该命令设置 IP 地址为 192.168.1.100 的主机名称为 server

Switch(config)#exit

Switch# **ping** server

Type escape sequence to abort.

Sending 5, 100-byte ICMP Echos to 192.168.1.100, timeout is 2 seconds:

!!!!!

Success rate is 100 percent (5/5), round-trip min/avg/max = 31/31/32 ms

（5）no ip domain-lookup

在交换机默认配置情况下，当用户错误地输入一条命令时，系统会尝试将其广播给网络上的 DNS 服务器并将其解析为对应的 IP 地址，这会耽误较长时间，如果要禁用这个特性，可以使用 no ip domain-lookup 命令。这时，如果输入错误命令，将不再进行解析而很快得到结果。应用该命令的实例如下：

Switch#pingg

Translating "pingg"...domain server (255.255.255.255)

% Unknown command or computer name, or unable to find computer address

Switch(config)# **no ip domain-lookup**

Switch(config)#exit

Switch#pingg

Translating "pingg"

% Unknown command or computer name, or unable to find computer address

3. 常用的端口配置模式命令

（1）shutdown

Shutdown 命令用于临时将某个端口关闭，当执行此命令后，系统会在终端控制台显示信息，通知端口状态转换为关闭状态，使用 no shutdown 命令可以启动该端口。应用该命令的实例如下：

Switch(config)#interface fastEthernet 0/1

Switch(config-if)# **shutdow**

%LINK-5-CHANGED: Interface FastEthernet0/1, changed state to administratively down

（2）duplex

duplex 命令用于设定交换机的双工模式。该命令的语法格式如下：

Switch(config-if)# **duplex** {**auto** |**full** |**half**}

（3）speed

speed 命令用于设定交换机端口的速率。该命令的语法格式如下：

Switch(config-if)# **speed** {**10** |**100** |**auto**}

2.3.6　交换机配置技巧

交换机为用户提供了各种各样的配置命令，尽管这些配置命令的形式不一样，但它们都遵循交换机配置命令的语法。并且，交换机命令行支持获取帮助信息、命令的简写、命令的自动补齐和快捷键功能。

1. 配置语法

交换机提供的通用命令格式如下：

命令提示符 命令关键字 参数变量或可选项

例如，命令 Switch# show ip interface brief 中，Switch# 为命令提示符，show 为关键字，ip 和 interface 为参数，brief 为可选项；命令 Switch(config)# hostname cisco2012 中，Switch(config)# 为命令提示符，hostname 为关键字，cisco2012 为变量。

2. 支持快捷键

为了方便用户对交换机进行配置，交换机命令行提供快捷键功能，表 2-2 列出了一些常用快捷键的功能。

表 2-2 常用快捷键的功能

按　　键	功　　能
删除键 Backspace	删除光标所在位置的前一个字符，光标前移
上光标键 "↑"	显示上一条输入命令
下光标键 "↓"	显示下一条输入命令
左光标键 "←"	光标向左移动一个位置
右光标键 "→"	光标向右移动一个位置
Ctrl+Z	从其他配置模式（用户模式除外）直接退回到特权模式
Ctrl+C	终止交换机正在执行的命令进程
Tab 键	当输入的字符串可以无歧义地表示命令或者关键字时，可以使用 Tab 键将其补充成完整的命令或关键字

3. 命令简写

在输入一个命令时可以只输入各个命令字符串的前面部分，只要长到系统能够与其他命令关键字区分就可以。例如，如果要在特权模式下输入 "configure terminal" 命令进入全局配置模式，可以只输入 "config t"，系统会自动识别。如果输入的简写命令太短，无法与别的命令区分，系统会提示继续输入后面的字符，如下面的实例所示：

switch#show c

% Ambiguous command: "show c"

4. 获取帮助信息

当用户忘记命令或不知道如何使用命令的时候，可以使用交换机为用户提供的 "？" 来获取帮助信息。"？" 具体的使用方法如表 2-3 所示。

表 2-3   获取帮助信息的方法

帮助	使用方法及功能

"？"	在任一命令模式下，输入 "？" 获取该命令模式下的所有命令及其简单描述，例如：
	Switch>?
	    disable Turn off privileged commands
	    disconnect Disconnect an existing network connection
	    enable Turn on privileged commands
	    exit Exit from the EXEC
	    help Description of the interactive help system
	    lock Lock the terminal
	    ping Send echo messages
	    show Show running system information
	    telnet Open a telnet connection
	    traceroute Trace route to destination

	在命令的关键字后，输入以空格分隔的 "？"，若该位置是参数，会输出该参数类型、范围等描述；若该位置是关键字，则列出关键字的集合及其简单描述，例如：
	Switch(config-if)#speed ?
	    10 Force 10 Mbps operation
	    100 Force 100 Mbps operation
	    auto Enable AUTO speed configuration

	在字符串后紧接着输入 "？"，会列出该字符串开头的所有命令，例如： Switch#show s? section service sessions slots snmp sntp spanning-tree sshstartup-config storm-control subsystem supervlan

5. 使用命令的 no 选项

几乎所有的命令都有 no 选项。通常，使用 no 选项禁止某个功能或特性，或者执行与命令本身相反的操作，如下面的实例所示：

switch(config)#vlan 10

该命令用来在交换机上添加 VLAN 10

switch(config)#no vlan 10

该命令是 vlan 10 的相反操作，用来在交换机上删除 VLAN 10

6. 理解 CLI 的提示信息

表 2-4 列出了用户在使用 CLI 配置管理设备时可能遇到的几个常见错误提示信息，理解这些提示信息的含义，有助于用户找出错误、改正错误，从而实现对交换机进行有效的配置管理。

表2-4	常见的CLI错误信息	
错误信息	含义	如何获取帮助
%Ambiguous command: "show c"	用户没有输入足够的字符，网络设备无法识别唯一的命令	重新输入命令，紧接着在发生歧义的单词后面输入一个问号，则可能输入的关键字将被显示出来，如 switch# show c?
% Incomplete command.	用户没有输入该命令必需的关键字或者变量参数	重新输入命令，输入空格后再输入问号，则可能输入的关键字或者变量参数将被显示出来
% Invalid input detected at '^' marker.	用户输入的命令错误，符号（^）指明了错误的单词的位置	在所在的命令模式提示符下输入问号，则该模式允许的命令的关键字将被显示出来

2.4 交换机常用配置

2.4.1 交换机管理安全配置

交换机在网络中作为一个中枢设备，它与许多工作站、服务器、路由器相连。大量的业务数据也要通过交换机来进行传送转发。如果交换机的配置内容被攻击者修改，很可能造成网络工作异常甚至整体瘫痪，从而失去网络通信的能力。因此网络管理员往往要对交换机的管理进行安全配置，以保证其安全运行。

常见的交换机管理安全结构如图2-17所示。

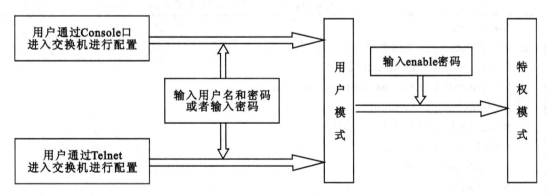

图2-17 交换机的安全管理结构

1. Console口管理安全配置

Console口管理安全是指，当用户从Console口进入交换机的用户模式时，需要检查用户名和密码或者只检查密码，以增强网络的安全性，具体配置如示例2-1和示例2-2所示。

示例 2-1　Console 口管理安全配置（要求检查用户名和密码）

```
Switch>enable
Switch#configure terminal
Switch(config)#username cisco password 123456
//定义一个本地的用户名 cisco，密码为 123456
Switch(config)#line console 0
//进入 Console 线路配置模式
Switch(config-line)#login local
//Console 口登录时验证本地配置的用户名和密码
Switch(config-line)#exec-timeout 10
//设置退出特权模式超时时间为 10 分钟
Switch(config-line)#exit
Switch(config)#exit
Switch#write
Building configuration...
[OK]
Switch#reload
Proceed with reload? [confirm]y
User Access Verification
Username: cisco
Password:
Switch>
```

示例 2-2　Console 口管理安全配置（要求检查密码）

```
Switch>enable
Switch#configure terminal
Switch(config)#line console 0
Switch(config-line)#password cisco123456
Switch(config-line)#login
//Console 口登录时验证配置的密码
Switch(config-line)#exit
Switch(config)#exit
Switch#write
Building configuration...
[OK]
Switch#reload
Proceed with reload? [confirm]y
User Access Verification
Password:
Switch>
```

在 Console 线路配置模式下，使用 login local 采用第一种验证方法，即不但验证用户名同时还验证密码，使用 login 则采用第二种验证方法，即只验证密码。

2. Telnet 及其管理安全配置

企业园区网覆盖范围较大时，交换机会被分别放置在不同的地点，如果每次配置交换机都要到交换机所在的地点现场配置，管理员的工作量会很大。这时可以在交换机上进行 Telnet 配置，以后再需要配置交换机时，管理员可以远程以 Telnet 方式登录配置。以 Telnet 方式配置管理交换机是目前常用的一种带内管理方式，如图 2-18 所示。

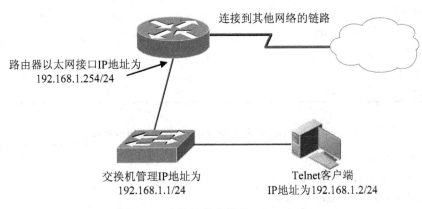

连接到其他网络的链路

路由器以太网接口IP地址为
192.168.1.254/24

交换机管理IP地址为
192.168.1.1/24

Telnet客户端
IP地址为192.168.1.2/24

图 2-18　交换机带内管理 Telnet 方式

在交换机上进行 Telnet 及其管理安全的具体配置如示例 2-3 和示例 2-4 所示。

示例 2-3　在交换机上配置 Telnet（要求检查用户名和密码）

```
Switch>enable
Switch#configure terminal
Switch(config)#interface vlan 1
//进入管理 VLAN1 虚接口配置模式，交换机出场时默认管理 VLAN 为 1。
Switch(config-if)#ip address 192.168.1.1 255.255.255.0
//配置交换机的管理 IP 地址为 192.168.1.1，子网掩码为 255.255.255.0
Switch(config-if)#no shutdown
//启动接口
Switch(config-if)#exit
Switch(config)#ip default-gateway 192.168.1.254
//设置交换机的默认网关为 192.168.1.254，使网络管理员可以在不同的 IP 网段管理此
交换机
Switch(config)#username cisco password 123456
//定义一个本地的用户名 cisco，密码为 123456
Switch(config)#line vty 0 4
//进入虚拟终端线路配置模式
```

```
Switch(config-line)#login local
//Telnet 登录时验证本地配置的用户名和密码
Switch(config-line)#exit
Switch(config)#
```

按照以上步骤完成交换机配置以后，配置 Telnet 客户端 IP 地址为 192.168.1.2，进入 Windows 命令提示符，输入命令 telnet 192.168.1.1，显示内容如下所示，输入正确的用户名和密码之后，就可以成功地进入交换机的 CLI 界面。

```
C：>telnet 192.168.1.1
Trying 192.168.1.1 ...
User Access Verification
Username: cisco
Password:
Switch>
```

示例 2-4　在交换机上配置 Telnet（要求检查密码）

```
Switch>enable
Switch#configure terminal
Switch(config)#interface vlan 1
Switch(config-if)#ip address 192.168.1.1 255.255.255.0
Switch(config-if)#no shutdown
Switch(config-if)#exit
Switch(config)#ip default-gateway 192.168.1.254
Switch(config)#line vty 0 4
Switch(config-line)#password cisco123456
//设置 vty 密码为 cisco123456
Switch(config-line)#login
//vty 登录时验证设置的密码
Switch(config-line)#exit
Switch(config)#
```

在虚拟终端 vty 线路配置模式下，使用 login local 采用第一种验证方法，即不但验证用户名同时还验证密码，使用 login 则采用第二种验证方法，即只验证密码。

另外，如果交换机没有设置 enable 密码，则带内管理 Telnet 方式只能进入到交换机的用户模式，而无法进入到特权模式。

3. enable 密码配置

enable 密码就是从用户模式进入特权模式的时候需要输入的密码。

通过前面的学习我们知道，进入特权模式后就可以进入全局模式，从而可以对交换机的各项配置进行修改，因此出于安全考虑，应该对进入特权模式设置 enable 密码，从而防止非特权用户非法进入，对交换机配置进行恶意修改，造成不必要的损失。

enable 密码的配置参见 2.3.5 节常用的交换机配置命令 enable password 和 enable secret。

2.4.2 管理 MAC 地址表

在本章前面的部分，我们学习了交换机的 MAC 地址自学习过程，在这里我们将学习如何管理 MAC 地址表。

1. 查看 MAC 地址表

我们使用 show mac-address-table 命令可以观察 MAC 地址表里的信息，该命令的格式及应用实例如下。

Switch# **show mac-address-table**

Vlan	MAC Address	Type	Interface
1	001d.6051.dd93	DYNAMIC	FastEthernet 0/2
1	001d.6051.e01b	DYNAMIC	FastEthernet 0/3
1	001d.6051.e394	DYNAMIC	FastEthernet 0/4
1	001d.6051.e49f	DYNAMIC	FastEthernet 0/1
10	001d.6051.e49f	DYNAMIC	FastEthernet 0/1
20	001d.6051.dd93	DYNAMIC	FastEthernet 0/

2. 清空 MAC 地址表

在比较大的网络里，交换机可能要学习上千个 MAC 地址。这些地址不可能完全都进入交换机的 MAC 地址表，因为交换机的 MAC 地址表受限于 CAM 的大小，所以那些不被经常使用的 MAC 地址就会从交换机的 MAC 地址表里清除。

另外，连接在交换机上的主机可能会关机，也可能会被移动到别的地方，这些都会造成 MAC 地址表改动。

交换机对 MAC 地址里的每条表项都设置一个计时器。如果一台主机 300 秒之内没有发送数据帧到达交换机，交换机的计时器就认为它超时，交换机会把超时的主机的 MAC 地址从 MAC 地址表里清除，以省出空间来存储别的 MAC 地址。

清除 MAC 地址表的命令为 clear mac-address-table，该命令的格式如下：

Switch# **clear mac-address-table**

利用这个命令，我们可以立刻清除无效的 MAC 地址，也可以清除管理员手动配置 MAC 地址表的地址。

3. 配置和删除静态的 MAC 地址映射

当我们想使某个 MAC 地址永久地与交换机的某一个端口相关联时，我们可以手动地添加一条 MAC 地址与端口的映射到 MAC 地址表。这个 MAC 地址被称为静态 MAC 地址。使用静态 MAC 地址的优点如下：

- 使该 MAC 地址不会因为超时而被自动清除。
- 一台特殊的服务器或者工作站必须连接在交换机的某一个端口上，而且 MAC 地址是网络里的主机所周知的。
- 增加安全性。

在 MAC 地址表里添加一条静态 MAC 地址映射的命令如下：

Switch(config)# **mac-address-table static** *mac-address* **vlan** *vlan_id* **interface** *type* *mod/num*

在该命令前加上"no"可以从 MAC 地址表里删除我们配置的静态映射。

在 MAC 地址表里添加静态 MAC 地址映射的具体实例如下。

Switch(config)# **mac-address-table static** 001d.6051.dd93 **vlan 1 interface** fastEthernet 0/2

Switch# show mac-address-table

Vlan	MAC Address	Type	Interface
1	**001d.6051.dd93**	**STATIC**	**FastEthernet 0/2**
1	001d.6051.e01b	DYNAMIC	FastEthernet 0/3
1	001d.6051.e394	DYNAMIC	FastEthernet 0/4
1	001d.6051.e49f	DYNAMIC	FastEthernet 0/1

2.4.3　交换机配置文件的备份和恢复

对交换机做好相应的配置之后，网络管理员会把正确的配置从交换机上下载并保存在稳妥的地方，以防日后由于交换机出现故障而导致配置文件丢失的情况发生。有了保存的配置文件，直接上传到交换机上，就会避免重新配置的麻烦。同样，也需要将交换机的 IOS 文件进行备份，以备交换机 IOS 故障后可以进行恢复。

目前，较为常用的一种备份和恢复交换机数据的方法是采用 TFTP 服务器，这需要我们事先建立一个 TFTP 服务器，并通过网络将 TFTP 服务器和交换机连接到一起，然后通过 copy 命令将 flash 文件或 config 文件进行备份和还原。

TFTP 服务器是 FTP 服务器的简化版本，特点是功能精简、小而灵活。我们通常利用 Cisco TFTP Server 这个软件来建立 TFTP 服务器，安装该软件并运行后，单击菜单"查看"→"选项"，在弹出的"选项"对话框中可设置 TFTP 日志文件所在路径和日志文件名，可设置 TFTP 服务器根目录，如图 2-19 所示。为了将交换机的配置文件保存在安全目录，图 2-19 中设置 TFTP 服务器根目录为 E:\config-backup，即交换机的配置文件会通过 TFTP 被下载并保存到该目录，也可以从该目录将已有的配置文件上传到交换机上。

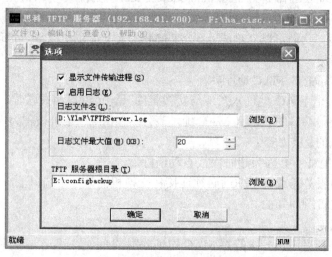

图 2-19　TFTP 服务器软件

在使用 TFTP 服务器上传和下载配置文件之前,要确定 TFTP 服务器与交换机是互相 ping 通的，如图 2-20 所示。

交换机的管理IP地址为：192.168.1.1/24

TFTP服务器
IP地址：192.168.1.2/24

图 2-20　交换机配置文件维护示意图

交换机配置文件备份是将交换机的当前运行配置文件 running-config 或启动配置文件 startup-config 保存到 TFTP 服务器上做备份。交换机配置文件恢复是从 TFTP 服务器上下载以前备份的文件到交换机上，作为启动配置文件。配置过程如示例 2-5 和示例 2-6 所示。在示例 2-5 中，将交换机的启动配置文件保存到 TFTP 服务器的根目录中,文件名为 Backupstart；在示例 2-6 中，将 TFTP 服务器的根目录上备份的文件上传到交换机，并保存为交换机的启动配置文件。

示例 2-5　交换机配置文件备份

```
Switch#copy startup-config tftp:
//拷贝启动配置文件到 TFTP 服务器上
Address or name of remote host []? 192.168.1.2
//提示输入 TFTP 服务器的 IP 地址或主机名
Destination filename[startup-config]? Backupstart
//输入目的文件名
!!!!!!
[OK - 1143 bytes]
1143 bytes copied in 0.042 secs(27000 bytes/sec)
Switch#
```

示例 2-6　交换机配置文件恢复

```
Switch#copy tftp: startup-config
//拷贝 TFTP 服务器上文件为启动配置文件
Address or name of remote host []? 192.168.1.2
Source filename[]？ Backupstart
//输入源文件名
Destination filename[startup-config]？
```

```
Accessing tftp://192.168.1.2/Backupstart
Loading Backupstart from 192.168.1.2：!!!
[OK - 1143 bytes]
1143 bytes copied in 0.004 secs(2857500 bytes/sec)
Switch#
```

2.4.4　交换机 IOS 文件的备份和升级

同样，使用 TFTP 服务器和 copy 命令也可以对交换机的 IOS 文件进行备份，如示例 2-7 所示。

示例 2-7　交换机 IOS 文件备份

```
Switch#dir (运行 dir 查看 flash 下文件，找到我们所需要用的 ios)
*Mar 1 23:55:57.438: %SYS-5-CONFIG_I: Configured from console by console
Directory of flash:/
2 -rwx 3680 Mar 1 1993 23:34:54 +00:00 config.text
9 -rwx 4915 Mar 1 1993 00:01:15 +00:00
private-config.text.renamed
4 -rwx 6901 Mar 1 1993 00:01:15 +00:00 config.text.renamed
5 -rwx 1396 Mar 1 1993 19:32:18 +00:00 vlan.dat.renamed
13 drwx 192 Mar 1 1993 04:52:07 +00:00
```
c3550-ipservicesk9-mz.122-44.SE6 （**存放 IOS 的目录**）
```
6 -rwx 24 Mar 1 1993 23:34:54 +00:00 private-config.text
7 -rwx 15 Mar 1 1993 04:52:25 +00:00 env_vars
8 -rwx 129 Mar 1 1993 15:12:53 +00:00 dhcp_snooping
10 -rwx 1048 Mar 1 1993 23:34:54 +00:00 multiple-fs
11 -rwx 354 Mar 1 1993 04:52:25 +00:00 system_env_vars
15998976 bytes total (4492288 bytes free)
3550g#cd c3550-ipservicesk9-mz.122-44.SE6
3550g#dir
Directory of flash:/c3550-ipservicesk9-mz.122-44.SE6/
14 drwx 4288 Mar 1 1993 04:47:56 +00:00 html
329 -rwx 9707290 Mar 1 1993 04:52:07 +00:00
```
c3550-ipservicesk9-mz.122-44.SE6.bin （**我们所要用到的 IOS 文件,记住这个文件名**）
```
330 -rwx 288 Mar 1 1993 04:52:07 +00:00 info
15998976 bytes total (4489728 bytes free)

Switch#copy flash tftp
//开始备份 IOS 文件，拷贝 flash 中的文件到 TFTP 服务器上
```

```
Source filename [/c3550-ipservicesk9-mz.122-44.SE6/c3550-ipservicesk9-mz.122-44.
SE6]? /c3550-ipservicesk9-mz.122-44.SE6/c3550-ipservicesk9-mz.122-44.SE6.bin
Address or name of remote host []? 192.168.1.2
Destination filename [c3550-ipservicesk9-mz.122-44.SE6.bin]? c3550-ipservicesk9-
mz.122-44.SE6.bin
!!!!!!!!!!!!!!!!!!!!!!!!!!!!!!!!!!!!!!!!!!!!
!!!!!!!!!!!!!!!!!!!!!!!!!!!!!!!!!!!!!!!!!!!!!!(备份成功)
```

交换机的 IOS 文件升级过程很简单，首先将新的 IOS 文件拷贝到 Flash 中，然后再配置交换机在下次重新启动时加载新的 IOS 文件即可，而原有的 IOS 文件，网络管理员可以保留或者删除。交换机 IOS 文件的升级配置如示例 2-8 所示。在示例 2-8 中，将 Cisco 交换机原来的 IOS 文件（c3560-ipbase-mz.122-25.SEB4.bin）升级为新的 IOS 文件（c3560-advipservicesk9-mz.122-25.SEE2.bin），并设定下次启动时，加载新的 IOS 文件。

示例 2-8　交换机 IOS 文件升级

```
Switch#copy tftp flash
Address or name of remote host []? 192.168.1.2
Source filename []? c3560-advipservicesk9-mz.122-25.SEE2.bin
Destination filename[c3560-advipservicesk9-mz.122-25.SEE2.bin]？
Accessing tftp://192.168.1.2/c3560-advipservicesk9-mz.122-25.SEE2.bin
Loading c3560-advipservicesk9-mz.122-25.SEE2.bin from 192.168.1.2：
!!!!!!!!!!!!!!!!!!!!!!!!!!!!!!!!!!!!!!!!!! !!!!!!!!!!!!!!!!!!!
[OK - 9707290 bytes]
Switch(config)#boot system flash:c3550-ipservicesk9-mz.122-25.SEE2.bin
//设定交换机启动时加载的 IOS 为 c3550-ipservicesk9-mz.122-25.SEE2.bin
Switch(config)#exit
Switch#write
```

2.5　本章小结

本章首先讲述了共享式以太网和交换式以太网的区别，然后详细介绍了局域网中使用的交换技术，包括交换机的工作原理、交换方式以及如何使用 Cisco 交换机等内容。

以太网是现在主流的局域网技术，产生于 20 世纪 70 年代。早期的以太网使用同轴电缆这样的共享介质，采用 CSMA/CD 算法来解决对信道的争用和冲突的问题，随着人们对网络规模和速度要求的不断提升，以太网由最初的 10BASE5 发展到了现在的 1000BASE-T，甚至达到了更高的速率。以太网以其易于实现、维护简单、组网灵活、成本低廉等特性，一直被广泛使用。

交换式以太网的核心设备是以太网交换机。交换机的主要功能有地址学习、数据帧的转发/过滤和消除环路。交换机的交换方式有三种：直通式、存储转发式和无碎片式。

我们可以通过带外管理和带内管理对交换机进行配置管理。对一台交换机的初始配置包括：配置主机名、enable 密码、管理 IP 地址、启动 Telnet 服务、保存配置等。交换机的常用配置包括：管理安全配置、交换机配置文件的备份和恢复、交换机 IOS 文件的备份和升级等。

2.6 习题

1. 选择题

（1）以下哪种设备执行透明桥接？

　　A. 以太网集线器

　　B. 第 2 层交换机

　　C. 第 3 层交换机

　　D. 路由器

（2）PC 连接到第二层交换机端口时，冲突域有多大？

　　A. 没有冲突域

　　B. 一个交换机端口

　　C. 一个 VLAN

　　D. 交换机上所有的端口

（3）在第二层交换机中使用什么信息来转发帧？

　　A. 源 MAC 地址

　　B. 目标 MAC 地址

　　C. 源交换机端口

　　D. IP 地址

（4）下面哪项不是交换机的主要功能？

　　A. 学习

　　B. 避免冲突

　　C. 第 3 层交换机

　　D. 环路避免

（5）下面哪种提示模式表示交换机现在处于特权模式？

　　A. Switch>

　　B. Switch#

　　C. Switch(config)#

　　D. Switch(config-if)#

（6）在第一次配置一台新交换机时，只能通过哪种方式进行？

　　A. 通过控制口连接进行配置

　　B. 通过 Telnet 连接进行配置

　　C. 通过 Web 连接进行配置

　　D. 通过 SNMP 连接进行配置

（7）要在一个接口上配置 IP 地址和子网掩码，正确的命令是哪个？

　　A. Switch(config)# ip address 192.168.1.1

    B．Switch(config-if)# ip address 192.168.1.1

    C．Switch(config-if)# ip address 192.168.1.1 255.255.255.0

    D．Switch(config-if)# ip address 192.168.1.1 netmask 255.255.255.0

（8）应该为哪个接口配置 IP 地址，以便管理员可以通过网络连接交换机进行管理？

    A．Fastethernet 0/1

    B．Console

    C．Line vty 0

    D．Vlan 1

2．问答题

（1）简述什么是冲突域，为什么需要分割冲突域？

（2）什么是广播域？

（3）以太网交换机是如何进行"地址学习"的？

（4）假设有人询问 MAC 地址为 00-10-20-30-4f-5d 的主机的位置，如果已经知道该主机连接的交换机，可以使用什么命令来找到它？

（5）交换机如何转发单播数据帧？

（6）交换机有哪三种交换方式？其各自有什么特点？

第3章　虚拟局域网技术

虚拟局域网技术（Virtual Local Area Network，VLAN）的出现，主要是为了解决交换机在进行局域网互连时无法限制广播的问题。VLAN 技术可以把一个物理局域网划分成多个虚拟局域网，每个 VLAN 就是一个广播域，VLAN 内的主机间通信就和在一个 LAN 内一样，而 VLAN 间的主机则不能直接互通，这样，广播数据帧就被限制在一个 VLAN 内。

学习完本章，要达到以下目标：
- 了解 VLAN 技术产生背景
- 掌握 VLAN 的类型及其相关配置
- 掌握干道的原理和配置
- 掌握 IEEE802.1Q 的帧格式
- 掌握 VTP 的原理和配置
- 掌握 VLAN 间的路由原理与配置

3.1　VLAN 概述

3.1.1　VLAN 技术介绍

在交换式以太网出现后，同一台交换机的不同端口处于不同的冲突域，交换式以太网的效率大大提高。但是，在交换式以太网中，由于交换机的所有端口都处于一个广播域内，导致一台主机发出的广播帧，局域网中的其他的主机都可以收到。随着企业的发展及信息技术的普及，当网络上的主机越来越多时，由大量的广播报文所带来的带宽浪费、安全等问题变得越来越突出。

在图 3-1 中，4 台终端主机发出的广播帧在整个局域网中泛洪，假如每台主机的广播帧流量是 100Kbps，则 4 台主机的广播帧流量是 400Kbps。如果链路是 100Mbps 带宽，则广播帧流量占用带宽达到 0.4%，如果网络内主机达到 400 台，则广播流量将达到 40Mbps，占用带宽达到 40%。网络上过多的广播流会造成网络的带宽资源被极大地浪费。另外，过多的广播流量会造成网络设备及主机的 CPU 负担过重，系统反应变慢甚至死机。因此，如何降低广播域的范围，提高局域网的性能，是急需解决的问题。

以太网处于 TCP/IP 协议栈的第二层，二层上的本地广播是不能被路由转发的，终端主机发出的广播帧在路由器接口被终止，如图 3-2 所示。为了降低广播报文的影响，可以使用路由器来减少以太网上广播域的范围，从而提高网络的性能。

但是，使用路由器不能解决同一交换机下的用户隔离，而且路由器的价格比交换机要高，使用路由器提高了局域网的部署成本。另外，大部分中低端路由器使用软件转发数据包，转

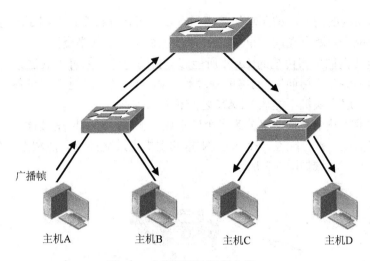

图 3-1 交换机无法隔离广播

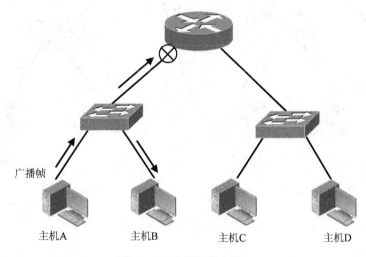

图 3-2 路由器隔离广播

发性能不高,容易在网络中造成性能瓶颈。所以,在局域网中使用路由器来隔离广播域是一个高成本、低性能的方案。

VLAN 技术实现了在交换机上进行广播域的划分,解决了利用路由器划分广播域时所存在的诸如成本高、受物理位置限制等问题。

IEEE 协会于 1999 年颁布了用以标准化 VLAN 实现方案的 8021.Q 协议标准草案。VLAN技术发展很快,目前世界上主要的网络设备生产厂商在他们的交换机设备中都实现了 VLAN协议。

3.1.2 VLAN 的定义和用途

1. VLAN 的定义

VLAN 提供一种可以将 LAN 分割成多个广播域的机制,其结果是创建了虚拟的 LAN(因此得名 VLAN)。VLAN 是不被物理网络分段或者传统的 LAN 限制的一组网络服务,它可以根据企业组织结构的需要，按照功能、部门、项目团队等将交换网络逻辑地分段而不管网络中用户的物理位置，所有在同一个 VLAN 里的主机都可以共享资源。

VLAN 能够提供全部传统的 LAN 所能够提供的特性，如可扩展性、安全性（VLAN 之间不通过路由不能互相访问）、网络的管理等。VLAN 之间通过三层设备（例如路由器）可以互相访问，二层交换机不能让 VLAN 之间相互访问。

VLAN 技术将整个交换网络分为多个广播域。每一个 VLAN 是被建立在一台或多台交换机上的一个广播域，被分配在一个 VLAN 里的主机通过交换机只能和本 VLAN 内的主机通信。VLAN 分割广播域如图 3-3 所示。

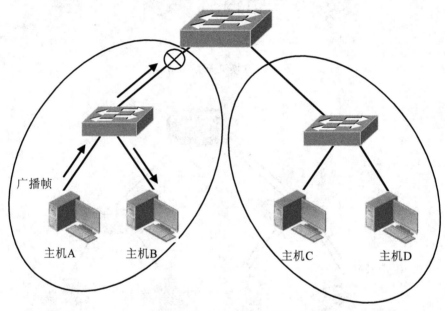

图 3-3　VLAN 分割广播域

如果一个 VLAN 内的主机想要同另外一个 VLAN 内的主机通信，则必须通过一个三层设备才能实现。其原理和路由器连接不同的子网是一样的。

2. VLAN 的用途

VLAN 的划分不受物理位置的限制。不在同一物理位置范围的主机可以属于同一个VLAN；一个 VLAN 包含的用户可以连接在同一台交换机上，也可以跨越交换机。

在同一个 VLAN 中的工作站，不论它们实际与哪个交换机相连，它们之间的通信就好像在独立的交换机上一样。同一个 VLAN 中的广播只有 VLAN 中的成员才能收到，而不会传播到其他的 VLAN 中去，这样可以很好地控制不必要的广播报文的扩散，提高网络内带宽资源的利用率，也减少了主机接收这些不必要的广播所带来的资源浪费。

通过将企业网络划分为 VLAN 网段，可以强化网络管理和网络安全。在企业或者校园的园区网络中，由于地理位置和部门的不同，对网络中相应的数据和资源的权限要求也不相同，例如财务部和人事部的数据就不允许其他部门的人员看到或者侦听截取到。在普通的二层交换机上无法实现广播帧的隔离，只要主机在同一个基于二层的网络内，数据、资源就有可能不安全。利用 VLAN 技术来限制不同工作组之间用户二层之间的通信，就可以很好地提高数据的安全性。

此外，VLAN 的划分可以依据网络用户的组织结构进行，形成一个个虚拟的工作组。这样，网络中的工作组就可以突破共享网络中地理位置的限制，而完全根据管理功能来划分了。这种基于工作流的分组模式，大大提高了网络的管理功能。

如图 3-4 所示的就是使用 VLAN 构造的与物理位置无关的逻辑网络，该网络按照企业的组织结构划分了虚拟工作组。

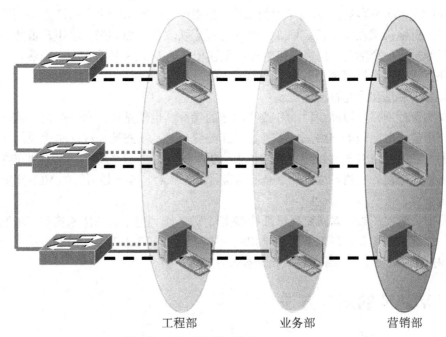

工程部   业务部   营销部

图 3-4 与物理位置无关的 VLAN

若没有路由，不同 VLAN 之间不能相互通信，这样就增加了企业网络中不同部门之间的安全性。网络管理员可以通过配置 VLAN 之间的路由来全面管理企业内部不同管理单元之间的信息互访。

3.1.3 VLAN 的优点

VLAN 的优点在于，网络管理者可以在对网络的物理结构不做或者少做调整的前提下，对用户进行组织和优化。

VLAN 的具体优点如下所述。

1. 限制广播包

根据交换机的转发原理，如果一个数据帧找不到应该从哪个接口转发出去，那么交换机就会将该数据帧向除接收接口以外的其他所有接口转发，即数据帧的泛洪。这样的结果极大地浪费了带宽，如果配置了 VLAN，当一个数据包不知道该如何转发时，交换机只会将此数据包发送到所有属于该 VLAN 的其他接口，而不是所有的交换机的接口。这样，就将数据包限制到了一个 VLAN 内，在一定程度上节省了带宽。

2. 增进安全性

由于配置了 VLAN 后,一个 VLAN 的数据包不会发送到另外一个 VLAN 中,因此其他 VLAN 的用户在网络上是收不到任何该 VLAN 的数据包的,这样就确保了该 VLAN 的信息不会被其他 VLAN 内的人窃听,从而实现了信息的保密。

3. 虚拟工作组

虚拟工作组的目标是建立一个动态的组织环境。例如,在企业网中,同一个部门的终端就好像在同一个 LAN 上一样,很容易互相访问、交流信息,同时,所有的广播包也都限制在该 VLAN,而不影响到 VLAN 内的用户。如果一个用户从一个办公地点换到了另外一个办公地点,而他仍然在该部门,那么,他的配置无须改变。而如果一个用户虽然办公地点没有变,但他换了一个部门,只需网络管理员配置相应的 VLAN 参数即可。当然,要实现这些变化,还需要包括数据管理服务器等方面的支持。

4. 减少移动和改变的代价

动态管理网络可以减少移动和改变网络的代价。也就是说,当一个用户从一个位置移动到另一个位置时,他的网络属性不需要重新配置,而是动态地完成网络管理,这种动态管理网络的方法给网络管理员和使用者都带来了极大的好处。一个用户,无论他在哪里,都能不做任何修改地接入网络,这种前景是非常美好的。当然,并不是所有的 VLAN 定义方法都能做到这一点。

目前,绝大多数以太网交换机都能够支持 VLAN。使用 VLAN 来构建局域网,组网方案灵活,配置管理简单,降低了管理维护的成本。同时,VLAN 可以减小广播域的范围,减少 LAN 内的广播流量,是高效率、低成本的方案。

3.2   VLAN 的划分方法

VLAN 的主要目的就是划分广播域,那么在建设网络时,如何划分这些广播域呢?目前,划分 VLAN 的方法有很多种,常见的包括:

- 基于接口的 VLAN
- 基于 MAC 地址的 VLAN
- 基于网络层的 VLAN
- 基于 IP 组播的 VLAN

不同的 VLAN 划分方法适用于不同的场合,下面我们一一介绍。

3.2.1   基于接口的 VLAN

基于接口的 VLAN 是划分虚拟局域网最简单也是最有效的方法。这种划分 VLAN 的方法是根据以太网交换机的接口来划分,实际上就是交换机上某些接口的集合。网络管理员只需要管理和配置交换机上的接口,而不用管这些接口连接什么设备。如图 3-5 所示,交换机的 4、6、8、10 接口划入 VLAN10,而交换机的 17、19~22 接口划入 VLAN20。这些属于同一 VLAN 的接口可以不连续,并且同属于一个 VLAN 的接口也可以跨越数个以太网交换机。

根据接口划分是目前划分 VLAN 的最广泛的方法,IEEE 802.1Q 规定了依据以太网交换机的接口来划分 VLAN 的国际标准。这种划分方法的优点是定义 VLAN 成员时非常简单,只要将所有的接口都定义一次就可以了。它的缺点是如果某 VLAN 的用户离开了原来的接

口，在移到一个新的交换机的接口时，就必须重新定义。

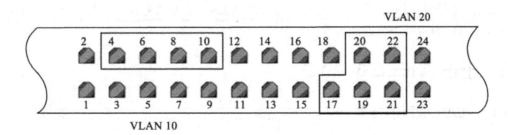

图 3-5   基于接口的 VLAN

由于在这种划分 VLAN 的方法中，接口属于哪一个 VLAN 是固定不变的（除非手工修改了接口的划分），也被称为静态 VLAN。后面我们将要介绍的三种划分 VLAN 的方法，则属于动态 VLAN，此时接口属于哪一个 VLAN 要根据所连接主机的配置来决定。

3.2.2   基于 MAC 地址的 VLAN

这种划分 VLAN 的方法是根据每个主机网卡的 MAC 地址来划分的，即每个 MAC 地址的主机都被固定地配置属于一个 VLAN。这种划分 VLAN 的方法的最大优点是当用户物理位置移动时，即从一个交换机换到其他的交换机时，VLAN 不用重新配置。所以，可以认为这种根据 MAC 地址的划分方法是基于用户的 VLAN。这种方法的缺点是初始化时，所有主机的 MAC 地址都必须进行记录，然后划分 VLAN。如果有几百个甚至上千个用户，配置工作量是非常巨大的。而且这种划分方法也导致了交换机执行效率的降低，因为在每一个接口都可能存在很多个 VLAN 组的成员，这样就无法限制广播包了。另外，对于使用笔记本电脑的用户来说，他们的网卡可能经常更换，这样，VLAN 就必须不停地配置。

3.2.3   基于网络层的 VLAN

VLAN 按网络层协议来划分，可分为 IP、IPX、DECnet、AppleTalk、Banyan 等 VLAN 网络。这种按网络层协议来组织的 VLAN，可使广播域跨越多个 VLAN 交换机。这对于希望针对具体应用和服务来组织用户的网络管理员来说是非常具有吸引力的。而且，用户可以在网络内部自由移动，但其 VLAN 成员身份仍然保留不变。

这种方法的优点是用户的物理位置改变时，不需要重新配置他所属的 VLAN，而且可以根据协议类型来划分 VLAN，这对于网络管理者来说很重要，另外，这种方法不需要附加的帧标签来识别 VLAN，这样可以减少网络的通信量。

这种方法的缺点是效率低，因为检查每一个数据包的网络层地址是很费时的（相对于前面两种方法），一般的交换机芯片都可以自动检查网络上数据包的以太网帧头，但要芯片能检查 IP 包头，需要更高的技术，同时也更费时。当然，这也跟各个厂商的实现方法有关。

3.2.4   基于 IP 组播的 VLAN

IP 组播实际上也是一种 VLAN 的定义，即认为一个组播组就是一个 VLAN，这种划分的方法将 VLAN 扩大到了广域网，因此这种方法具有更大的灵活性，而且也很容易通过路由器进行扩展，这种方法不适合局域网，主要原因是效率不高，对于局域网的组播，有二层组播协议 GMRP（GARP Multicast Registration Protocol，GARP 组播注册协议）。

通过上面的介绍可以看出，各种不同的划分 VLAN 的方法有各自的优缺点，网络管理者可以根据自己的实际需要进行选择。

3.3　干道和 IEEE 802.1Q

3.3.1　VLAN 链路的类型

处理 VLAN 时，交换机支持两种链路类型：接入链路（Access Link）和干道链路（Trunk Link）。

1. 接入链路

接入链路是指用于连接主机和交换机的链路，该链路只能与单个 VLAN 相关。也就是说，在交换机上，接入端口（同接入链路相连的端口）只能属于某一个 VLAN，它只能承载某一个 VLAN 的数据流量。

对于接入链路，可以将它称为"端口已经配置好的 VLAN"。任何连接到接入链路的主机并不知道自己属于哪个 VLAN，也不需要知道 VLAN 的存在。主机发出的报文都是不带 VLAN 标记的，交换机接收到这样的报文之后，根据接收端口的 VLAN 配置信息来判断报文所属的 VLAN 并进行处理。

2. 干道链路

在早先的电话电信技术里，我们在两个局端使用一条单一的线缆承载多路信道或者无线电信号，这样的线路叫做干道。这一原理被移植过来作为交换机之间相同 VLAN 通信的技术，如图 3-6 所示。

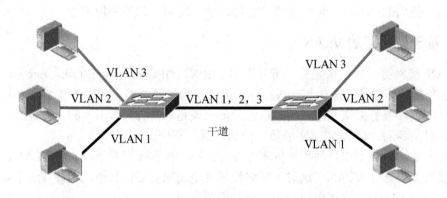

图 3-6　在干道上可以传递多个 VLAN 的数据帧

干道链路通常是两台交换机之间的 100Mbps 或 1000Mbps 的点对点链路，也可以是交换机与路由器之间的这种链路，它能够同时承载多个 VLAN 的通信量。

和接入链路不同，干道用来在不同的设备之间（如交换机与交换机之间、交换机与路由器之间）为多个 VLAN 传送流量，因此干道接口不属于任何一个具体的 VLAN，而是属于多个不同的 VLAN。通过配置，干道链路可以承载所有的 VLAN 流量，也可以只传输指定的

VLAN 流量。

3.3.2 干道的原理

如果一个 VLAN 的成员分布在不同的交换机上，他们之间通信时，若不使用干道技术，只能在每个 VLAN 内连接一条链路，如图 3-7 所示。

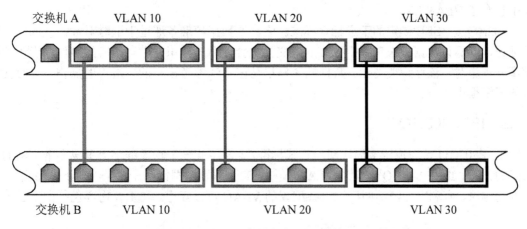

图 3-7 交换机之间不使用干道技术实现相同的 VLAN 的主机通信

在图 3-7 中，交换机之间没有使用干道技术。两台交换机所连接的属于 VLAN 10 的主机如果想要通信，交换机之间就必须有一条专门的线路传递 VLAN 10 的信息。该线路两端分别连接两台交换机的端口，都必须属于 VLAN 10。同样，VLAN 20、VLAN 30 也分别需要这样一条线路。那么，在网络中有几个 VLAN，就应该有几条这样的线路，必然后造成交换机接口的极大消耗。干道技术的出现，很好地解决了这个问题。

干道技术可以绑定多条虚拟链路在一条实际的物理线路上，以允许交换机之间的多个 VLAN 可以传递数据流量，如图 3-8 所示。所以，我们引入干道技术实现交换机之间或者交换机和路由器之间的连接。

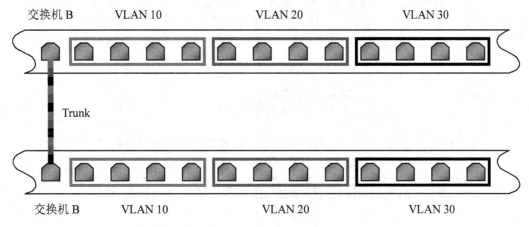

图 3-8 干道可以让多个 VLAN 的流量从一条物理链路上通过

为了实现在一条单一的物理线路上传递多个 VLAN 的数据帧，每一个通过干道传输的数据帧都要被标记上 VLAN ID，以使接收这个数据帧的交换机知道这个数据帧是属于哪个 VLAN 的主机发送的。

在以太线为介质的干道上，有两种主要的干道标记技术：802.1Q 和 ISL（Inter-Switch Link）。

ISL 封装技术是由 Cisco 公司开发的私有技术。它是在帧的前面和后面添加封装信息，其中包含了 VLAN ID。

802.1Q 是 IEEE 制定的干道标记标准。它会在数据帧准备通过干道时对数据帧的帧头进行标记，以标识数据帧来自哪个 VLAN。交换机会读懂该标识并做出相应的操作。当该数据帧离开干道时，该标识被去除。数据帧的标记是在 OSI 参考模型的二层上的操作，它对交换机的开销很小。

3.3.3　IEEE802.1Q

IEEE802.1Q 是虚拟桥接局域网的正式标准，定义了同一个物理链路上承载多个子网的数据流的方法。IEEE 802.1Q 定义了 VLAN 帧格式，为识别数据帧属于哪个 VLAN 提供了一个标准的方法，有利于保证不同厂家设备配置的 VLAN 可以互通。其主要内容包括如下 3 个部分：

- VLAN 的架构
- VLAN 中所提供的服务
- VLAN 实施中涉及的协议和算法

IEEE802.1Q 协议不仅规定 VLAN 中的 MAC 帧的格式，而且还制定了诸如数据帧发送及校验、回路检测，对业务质量（QOS）参数的支持以及对网管系统的支持等方面的标准。

1. VLAN 的帧格式

802.1Q 协议作为帧标记的标准方法，实际上是在以太网帧中插入一个 4 字节的 802.1Q 标签，使其成为带有 VLAN 标签的帧，如图 3-9 所示。

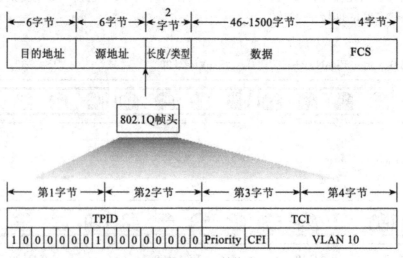

图 3-9　VLAN 帧格式

这 4 个字节的 802.1Q 标签头包含了 2 字节的标签协议标识 TPID（Tag Protocol Identifier，它的值是 0x8100）和 2 字节的标签控制信息 TCI（Tag Control Information）。

- TPID 是 IEEE 定义的新类型，表明这是一个加了 802.1Q 标签的数据帧。TPID 字段具有固定值 0x8100。
- TCI 是标记控制信息字段，包括用户优先级（user Priority）、规范格式指示器（Canonical Format Indicator）和 VLAN ID。
- Priority：这 3 位表示帧的优先级。一共有 8 种优先级，主要用于当交换机发生拥塞时，优先发送哪个数据包。
- Canonical Format Indicator（CFI）：这一位主要用于总线型的以太网与 FDDI、令牌环网交换数据时的帧格式。在以太网交换机中，规范格式指示器被设置为 0。由于兼容性，CFI 常用于以太网类网络和令牌环类网络之间。
- VLAN Identified（VLAN ID）：这是一个 12 位的域，表示 VLAN 的 ID，每个支持 802.1Q 协议的主机发出来的数据包都会包含这个域，以指明自己属于哪一个 VLAN。该字段为 12 位，理论上支持 4096 个 VLAN 的识别。不过在 4096 个可能的 VLAN ID 中，VLAN ID 值为 0 的用于识别帧的优先级，4095 作为预留值，所以，VLAN 配置的最大可能值是 4094。

802.1Q 标签中的 4 字节是由支持 802.1Q 协议的设备新增加的，由于我们目前使用的计算机网卡多数并不支持 802.1Q，所以计算机发送出去的数据包的以太网帧头一般不包含这 4 字节，同时也无法识别这 4 个字节。

2. 干道的工作过程

在干道上，802.1Q 协议使用帧标记机制为数据帧标记上 VLAN ID 来标识数据帧的 VLAN，以达到更容易地管理数据流量和实现快速传递数据帧的目的。

我们之所以在干道上为数据帧做标记，是因为干道并不独立属于哪一个 VLAN，而交换机是依靠自己的桥接地址表来识别 VLAN 的。虽然交换机之间可以共享地址表信息，但是当收到其他交换机通过干道发来的数据帧时，如果没有 VLAN ID 作为标识，交换机将不得不查询其他交换机共享的地址表来确定该数据帧是由哪个 VLAN 的主机发送来的，这样就大大减慢了交换机处理数据帧的速度。如果在干道上为数据帧标记上 VLAN ID，收到该数据帧的交换机就知道了数据帧是由哪个 VLAN 内的主机发送的，这样交换机就不用再去查询共享的地址表信息，从而可以直接为该数据帧进行交换操作了，具体过程如图 3-10 所示。

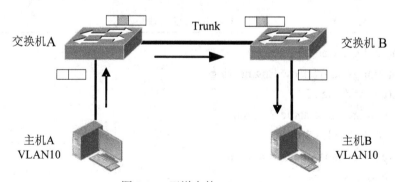

图 3-10　干道上的 VLAN ID

在图 3-10 中，当主机 A 向同一个 VLAN 的主机 B 传递数据的时候，数据帧会通过交换机 A 和交换机 B 之间的干道。主机 A 的数据帧在到达交换机 A 时是没有被标记上 VLAN ID 的。只有当数据帧到达交换机 A 的干道端口，才会在数据帧上面进行 802.1Q 标签头的封装，该封装中有 VLAN ID。当数据帧到达交换机 B 的干道端口时，交换机 B 在读取了封装中的 VLAN ID 之后，该封装被拆掉，同时 VLAN ID 也一同被拆掉。交换机 B 把数据帧发送给主机 B。

3.4 VLAN 和 Trunk 的配置

本节描述配置基于接口的 VLAN 所需要的交换机命令，默认情况下，所有交换机的接口都被分配到 VLAN 1，VLAN 类型被设置为以太网，最大传输单元（MTU）为 1500 字节。

3.4.1 VLAN 的配置

1. 创建 VLAN

首先，如果 VLAN 不存在，必须在交换机上创建它。然后，将交换机端口分配给 VLAN。在交换机上，可以创建的 VLAN 号是 2～4094，实际上可以创建的 VLAN 号只能到 1005，而且 VLAN 1，以及 VLAN 1002～1005 是交换机自动创建的，不可被删除。超过这些数字的 VLAN 号被称为"扩展 VLAN"，它们不会被保存在数据库中，除非交换机设置为 VTP 透明模式。在实际中，通常不会看到这些 VLAN 号在使用。

要配置 VLAN，首先要在全局配置模式下使用如下命令来创建 VLAN：

Switch(config)# **vlan** *vlan-id*

Switch(config-vlan)# **name** *vlan-name*

这将创建编号为 vlan-id 的 VLAN，并将其同描述字符串 vlan-name（最多可包含 32 个字符，但不能有空格）一起存储到数据库中。命令 name 是可选的，如果没有使用，默认的 VLAN 名称为 VLANXXX，其中 XXX 是 VLAN 号。如果需要将 VLAN 名称中的单词隔开，可使用下划线。

要从交换机配置中删除 VLAN，可以使用命令 no vlan vlan-id。

示例 3-1 是一个具体的例子，我们先在一台 2950 系列交换机上创建 VLAN 10、VLAN20 和 VLAN 30，并分别命名为 Engineering、Personnel 和 Marketing，然后再删除 VLAN 30。

示例 3-1　VLAN 的创建与删除

```
Switch(config)# vlan 10
Switch(config-vlan)# name Engineering
Switch(config)# vlan 20
Switch(config-vlan)# name Personnel
Switch(config)# vlan 30
Switch(config-vlan)# name Marketing
Switch(config)#no vlan 30
```

2. 将交换机端口分配到 VLAN 中

创建 VLAN 后，接下来需要将一个或多个交换机端口分配给 VLAN，为此可使用如下配置命令：

Switch(config)# **interface** *type mod/num*

Switch(config-if)# **switchport mode access**

Switch(config-if)# **switchport access vlan** *vlan-id*

命令 switchport mode access 指定端口只能分配给一个 VLAN，以提供到接入层或终端用户的 VLAN 连接性。命令 switchport access vlan 给端口指定 VLAN 成员资格，其中 vlan-id 用于指定逻辑 VLAN。

如果有大量接口要加入同一个 VLAN，可以使用这个命令来批量设置接口：

Switch(config)# **interface range** *type port-range*

其中，port-range 指定若干接口范围段，每个接口范围段包括一定范围的接口。每个接口范围段用逗号（,）隔开，范围段内的连续接口用（-）连接的起止编号表示。可以使用该命令同时配置多个接口。配置的属性和配置单个接口完全相同。

示例 3-2 演示了如何向 VLAN 内添加接口，将接口 F0/5 和接口 F0/7 加入刚才建立的 VLAN 10，接口 F0/8 和接口 F0/10～F0/15 加入 VLAN 20。

示例 3-2　向 VLAN 内添加接口

```
Switch(config)#interface fastEthernet 0/5
Switch(config-if)#switchport mode access
Switch(config-if)#switchport access vlan 10
Switch(config-if)#exit
Switch(config)#interface fastEthernet 0/7
Switch(config-if)#switchport mode access
Switch(config-if)#switchport access vlan 10
Switch(config-if)#exit
Switch(config)#interface range fastEthernet 0/8 ,0/10 -15
Switch(config-if-range)#switchport mode access
Switch(config-if-range)#switchport access vlan 20
Switch(config-if-range)#end
```

要查看 VLAN 配置，可使用命令 show vlan，它列出交换机中定义的所有 VLAN 以及分配给每个 VLAN 的端口。示例 3-3 是命令 show vlan 的输出。

示例 3-3　使用命令 show vlan 查看 VLAN 配置

```
Switch# show vlan
VLAN Name                              Status     Ports
---- ------------------------------- ---------  -------------------------------------
```

1	default	active	Fa0/1, Fa0/2, Fa0/3, Fa0/4
			Fa0/6, Fa0/9, Fa0/16, Fa0/17
			Fa0/18, Fa0/19, Fa0/20, Fa0/21
			Fa0/22, Fa0/23, Fa0/24
10	Engineering	active	Fa0/5, Fa0/7
20	Personnel	active	Fa0/8, Fa0/10, Fa0/11, Fa0/12
			Fa0/13, Fa0/14, Fa0/15
1002	fddi-default	act/unsup	
1003	token-ring-default	act/unsup	
1004	fddinet-default	act/unsup	
1005	trnet-default	act/unsup	

3.4.2　配置 VLAN Trunk

1. 配置 Trunk 端口

2900 交换机只运行 IEEE802.1Q 封装方法。在交换机快速以太网端口的接口模式下声明该端口为干道模式的命令如下：

Switch(config-if)#**switchport mode trunk**

2. 配置 Trunk 端口的许可 VLAN 列表

一个 Trunk 端口默认可以传输本交换机支持的所有 VLAN（1～4094）的流量。但是，也可以通过设置 Trunk 端口的许可 VLAN 列表来限制某些 VLAN 的流量不能通过这个 Trunk 端口。

利用如下命令可以修改一个 Trunk 端口的许可 VLAN 列表：

Switch(config-if)# **switchport trunk allowed vlan** { **all** | [**add**| **remove** | **except**]} *vlan-list*

其中，参数 vlan-list 可以是一个 VLAN ID，也可以是一系列 VLAN ID，以较小的 VLAN ID 开头，以较大的 VLAN ID 结尾，中间用 "-" 号连接。

- **all** 的含义是许可列表包含所有支持的 VLAN。
- **add** 表示将指定的 VLAN 列表加入许可 VLAN 列表。
- **Remove** 表示将指定的 VLAN 列表从许可 VLAN 列表中删除。
- **Except** 表示将除列出的 VLAN 列表外的所有 VLAN 加入许可 VLAN 列表中。

示例 3-4 演示了如何定义 Trunk 端口的许可 VLAN 列表。我们在刚才创建的 Trunk 端口里将 VLAN 20 从许可列表中删除。

示例 3-4　定义 Trunk 端口的许可 VLAN 列表

Switch(config)#interface fastEthernet 0/1
Switch(config-if)#switchport trunk allowed vlan remove 20

3. 配置 Trunk 端口的 native VLAN

Trunk 端口可以允许多个 VLAN 的数据帧通过，它发出的数据帧一般是带有 VLAN 标签的，所以可以接收和发送多个 VLAN 的数据流。一个 Trunk 端口有一个 native VLAN，默认情况下，native VLAN 为 VLAN1，802.1Q 不为 native VLAN 的数据帧打标签，如图 3-11 所示。

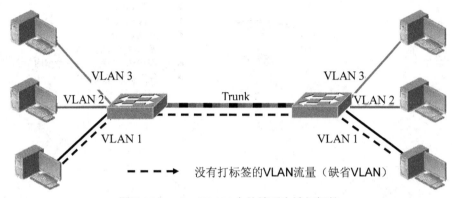

图 3-11　native VLAN 中的帧不会被打标签

要想改变 Trunk 端口的 native VLAN，可在接口模式下使用如下命令：

Switch(config-if)# **switchport trunk native vlan** *vlan-id*

注意，干道链路两端的 Trunk 端口的 native VLAN 一定要保持一致，否则可能会造成干道链路不能正常通信。

3.5　VLAN 中继协议（VTP）

VLAN 中继协议（VLAN Trunk Protocol，VTP）也被称为虚拟局域网干道协议，是专有的 Cisco 协议，用于在 Cisco 交换机之间的中继连接上共享 VLAN 配置信息。VTP 允许交换机共享并同步它们的 VLAN 信息，确保网络具有一致的 VLAN 配置。

当网络规模很大的时候，采用 VTP 可以简化我们的操作。例如，有一个具有两台交换机的网络并需要添加一个新的 VLAN，通过在两台交换机上手动添加 VLAN，这是很容易完成的。但是，如果网络中有 30 台交换机，该过程就会变得繁琐和沉闷。通过 VTP，我们可以在一台交换机上添加 VLAN，并且让该交换机通过 VTP 消息向第二层网络中的所有其他交换机传播该信息，使它们也添加新的 VLAN。同样，有关 VLAN 的修改、删除配置均可通过 VTP 消息传播到其他交换机，从而保证 VLAN 信息在所有交换机上是一致的。

VTP 消息只会通过干道传播。因此，需要在交换机之间设置干道以通过 VTP 来共享 VLAN 信息。VTP 消息作为第二层组播帧传播，如果路由器将两台交换机分隔开，路由器不会从它的一个接口转发 VTP 消息到另一个接口。

为了让 VTP 正常工作，必须将交换机关联到一个 VTP 域。域是一组具有相同 VLAN 信息应用在其上的交换机。域要赋予名称，只有 VTP 域名相同的交换机之间才会互相转发 VLAN 信息。

3.5.1　VTP 模式

在设置 VTP 时，可为交换机配置选择 3 种不同模式：服务器（Server）、客户机（Client）

和透明（Transparent）。VTP 模式决定着交换机能不能建立 VLAN 及共享 VLAN 信息，图 3-12 显示了这 3 种模式。

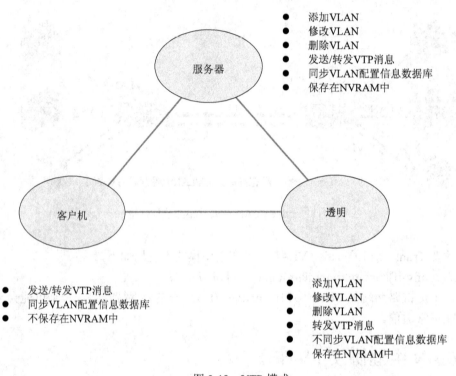

图 3-12　VTP 模式

1. 服务器

对所有 Catalyst 交换机来说，服务器模式是默认模式。在 VTP 域中，至少需要一台服务器，以便在整个域中传播 VLAN 信息。交换机必须在服务器模式下，才能在 VTP 域中添加、修改和删除 VLAN。改动 VTP 信息也必须在服务器模式下进行。在 VTP 服务器模式下，交换机的 VLAN 配置保存在 NVRAM 中，并且对交换机所做的任何改动都将通告到整个 VTP 域。

2. 客户机

客户机模式的交换机不能添加、修改和删除 VLAN，它只能从 VTP 服务器交换机接收 VLAN 信息，同时客户交换机也转发从服务器交换机接收到的 VLAN 信息，但不对这些信息做任何改动。另外，在 VTP 服务器通知客户交换机有关新的 VLAN 信息之前，在客户交换机上的任何端口都不能被添加到新的 VLAN 中。客户交换机不会在 NVRAM 中存储它的 VLAN 配置信息，而是每次启动时从服务器交换机学习该信息。

3. 透明

透明模式的交换机可以添加、修改和删除 VLAN，但它不会把这些信息向 VTP 域中的其他交换机发送。

透明模式的交换机可以转发从别的交换机发来的 VTP 消息，使得整个 VTP 域的 VLAN 信息可以经过它向其他交换机传递，但是透明模式的交换机本身不会学习整个 VTP 域的

VLAN 信息，它不会使自己维护的 VLAN 信息与整个 VTP 域的 VLAN 信息同步。

VTP 只能学习通常范围的 VLAN，即 VLAN ID 为 1～1005。VLAN ID 大于 1005 的 VLAN 称为扩展范围 VLAN，这些 VLAN 不会保存在 VLAN 数据库中。当所创建的 VLAN ID 为 1006～4094 时，交换机必须处于 VTP 透明模式下，因此，我们几乎不会使用到这些 VLAN。

3.5.2　VTP 消息

VTP 域里的交换机依靠互相传递 VTP 消息来保持自己的 VLAN 信息与 VTP 域里其他交换机的一致性。配置了 VTP 客户机/服务器模式的交换机可以生成以下 3 种 VTP 消息类型。

1. 通告请求（Advertisement request）

通告请求消息是客户交换机产生的 VTP 消息。由于客户交换机在 NVRAM 中不存储 VLAN 配置信息，而是每次启动时学习该信息，因此，当交换机启动时，它产生一个通告请求 VTP 消息，服务器交换机会回应该消息。

2. 子集通告（Subset advertisement）

当服务器交换机回应客户交换机的请求时，它产生子集通告。子集通告包含详细的 VLAN 配置信息，包括 VLAN ID、名称、类型以及配置修订号等信息。客户交换机随后会适当地配置自身。

3. 汇总通告（Summary advertisement）

汇总通告也是由交换机在 VTP 服务器模式下产生的。汇总通告默认每 5 秒钟生成一次，或者当服务器交换机上配置更改时产生。与子集通告不同，汇总通告只包含汇总的 VLAN 信息。

3.5.3　VTP 修剪

VTP 修剪(VTPpruning)是 VTP 的一个功能，它能减少在干道端口不必要的信息量，创建一个更高效的交换网络。默认情况下，任何 VLAN 中的设备产生广播、组播或未知单播时，交换机都会将该帧从与源 VLAN 相关的端口泛洪出去，包括干道端口。在许多情况下，该泛洪是必要的，因为 VLAN 会跨越多台交换机。然而，如果邻居交换机中没有任何源 VLAN 中的相关端口，向该交换机泛洪该帧是没有意义的。

如图 3-13 所示的是一个没有启用 VTP 修剪的实例。在该实例中，主机 A、主机 B、主机 E 和主机 F 在 VLAN 10 中，主机 C 和主机 D 在 VLAN20 中。如果主机 A 产生一个广播，交换机 A 会将其转发到与交换机 B 相连的干道上（干道默认是所有 VLAN 的成员）。由于连接到交换机 B 的主机 E 和主机 F 与主机 A 在相同的 VLAN 中，这种转发是有意义的。同样，如果主机 C 产生本地广播，交换机 A 也会将其从干道端口转发到交换机 B。在交换机 B 上没有任何设备在 VLAN 20 中，当交换机 A 从其干道端口泛洪 VLAN 20 中的主机产生的广播到达交换机 B 时，这显然浪费了带宽与资源，是没有意义的。

VTP 修剪可以解决这样的问题，它允许交换机从干道连接中动态修剪非活动 VLAN，共享活动 VLAN。如图 3-14 所示，这是一个启用了 VTP 修剪的实例。在该实例中，交换机 A 告诉交换机 B 它有两个活动的 VLAN（VLAN 10 和 VLAN 20），交换机 B 告诉交换机 A 它只有一个活动的 VLAN（VLAN 10），根据共享消息，交换机 A 与交换机 B 得知通过它们的干道，VLAN 20 是非活动的，因此应当从干道配置中动态地移除。

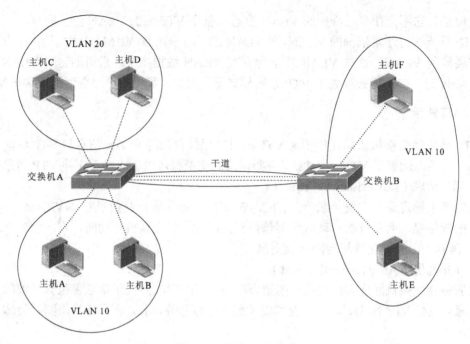

图 3-13　没有 VTP 修剪

如果有新的设备连接到交换机 B 的端口，并将该端口分配到 VLAN 20，交换机 B 会向交换机 A 通知最近活动的 VLAN，两台交换机会将该 VLAN 动态地添加到干道配置，如图 3-15 所示，这将允许主机 C、主机 D 和新设备互相通信。

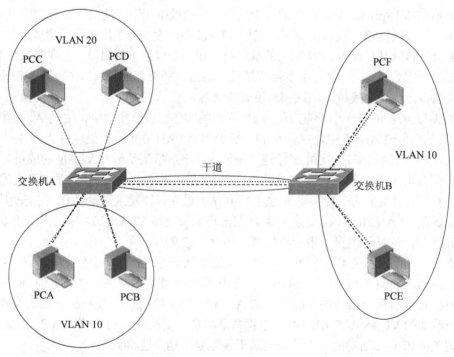

图 3-14　启用了 VTP 修剪

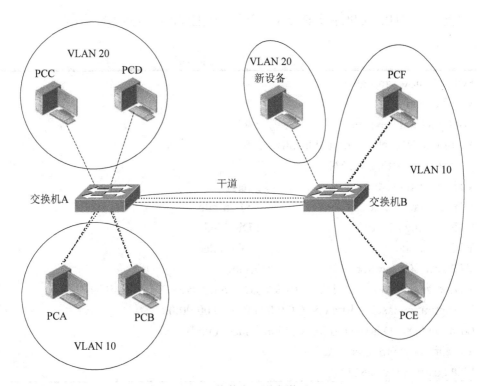

图 3-15 VTP 修剪在干道上激活 VLAN

VTP 修剪的缺点是它需要 VTP 域中的所有交换机都配置成服务器模式。服务器模式下的交换机能修改 VLAN，也可以接受 VLAN 修改信息，如果多个管理员在多台服务器交换机上同时修改 VLAN 会造成网络无法正常工作。

3.5.4 配置 VTP

默认情况下，所有的 Cisco 交换机都配置为 VTP 服务器。要配置 VTP，首先必须配置要使用的 VTP 域名。在创建 VTP 域时，有一些可选项，包括设置口令、VTP 模式和交换机的修剪功能等。

1900 系列交换机上的 VTP 配置是在全局配置模式下完成的。下面是配置 VTP 使用的命令：

Switch(config)# **vtp domain** *VTP_domain_name*

Switch(config)# **vtp {server| client | transparent}**

Switch(config)# **vtp password** *VTP_password*

Switch(config)# **vtp pruning {enable | disable}**

第一条 vtp 命令定义了交换机的域名。为了让交换机共享 VTP 信息，它们必须在相同域中，从其他域接收的消息被忽略。

其他的命令是可选的。第二条命令定义了交换机的 VTP 模式。可以为交换机配置 VTP MD5 口令，在域中每台交换机上配置的口令必须匹配。交换机会使用口令来验证其他交换机的 VTP 消息，如果散列值不匹配，交换机忽略 VTP 消息。在 1900 系列交换机上，默认启用修剪，但可以使用 vtp pruning 命令禁用或启用它。

一旦配置完 VTP，可以通过 show vtp 命令验证配置，如示例 3-5 所示。

示例 3-5　VTP 配置验证

```
Switch# show vtp status
VTP Version                           : 2
Configuration Revision                : 0
Maximum VLANs supported locally : 255
Number of existing VLANs              : 5
VTP Operating Mode               : Server
VTP Domain Name                   : Lammle
VTP Pruning Mode                 : Disabled
VTP V2 Mode                      : Disabled
VTP Traps Generation             : Disabled
MD5 digest            : 0xF8 0xBA 0x60 0xB0 0x58 0xE6 0x4F 0xF7
Configuration last modified by 0.0.0.0 at 0-0-00 00:00:00
Local updater ID is 0.0.0.0 (no valid interface found)
Switch# show vtp password
VTP Password: cisco123
```

从该示例可以看到，域名是 Lammle，VTP 口令是 cisco123。注意，在相同的 VTP 域中，所有交换机的这两项配置要相同。

3.6　VLAN 间路由

3.6.1　VLAN 间路由概述

VLAN 是位于一台或多台交换机内的第二层网络，VLAN 之间是彼此孤立的，每个 VLAN 对应一个 IP 网段。VLAN 隔离广播域，不同的 VLAN 之间是二层隔离，即不同 VLAN 的主机发出的数据帧不能进入另外一个 VLAN。

但是，组建网络的最终目的是要实现网络的互连互通，划分 VLAN 的目的是隔离广播，并非要不同 VLAN 内的主机彻底不能相互通信，所以，要有相应的解决方案来使不同 VLAN 之间能够通信。

VLAN 在 OSI 模型的第二层创建网络分段，并隔离数据流。VLAN 内的主机处在相同的广播域中，并且可以自由通信。如果想让主机在不同的 VLAN 之间通信，必须使用第三层的网络设备，传统上，这是路由器的功能。

如果有少量的 VLAN，可以使用独立的物理连接将交换机上的每个 VLAN 同路由器连接起来，如图 3-16（a）所示。这种方式的 VLAN 间路由实现对路由器的接口数量要求较高，有多少个 VLAN 就需要路由器上有多少个接口，接口与 VLAN 之间一一对应。显然，如果交换机上 VLAN 数量较多时，路由器的接口数量较难满足要求。

为了避免物理端口的浪费，简化连接方式，可以使用 802.1Q 封装和子接口，通过一条物理链路实现 VLAN 间路由，如图 3-16（b）所示，这通常被称为"单臂路由"，因为路由器需要一个接口便可完成这种任务。采用"单臂路由"方式进行 VLAN 间路由时，数据帧要在干道上往返发送，从而引入了一定的转发延迟；同时，路由器是软件转发 IP 报文的，如果 VLAN 间路由数据量较大，会消耗路由器大量的 CPU 和内存资源，造成转发性能的瓶颈。

三层交换机通过内置的三层路由转发引擎在 VLAN 间进行路由转发，从而解决上述问题，如图 3-16（c）所示。

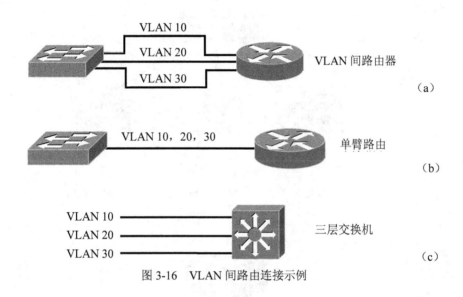

图 3-16　VLAN 间路由连接示例

三层交换机将路由选择和交换功能放到一台设备中，在这种情况下，不需要外部路由器。为实现 VLAN 间路由，三层交换机为每个 VLAN 创建一个被称为交换虚拟接口（Switch virtual interface，SVI）的逻辑接口，这个接口像路由接口一样接收和转发 IP 报文。

在适当的情况下，三层交换机可执行第二层交换和第三层 VLAN 间路由选择。第二层交换在被分配给第二层 VLAN 的接口之间进行。第三层交换可在任何接口之间进行，条件是给接口指定第三层地址。三层交换机可给物理接口分配第三层地址，也可给代表整个 VLAN 的 SVI 分配第三层地址。

3.6.2　利用 802.1Q 和子接口实现 VLAN 间路由

将路由器和交换机相连，使用 IEEE802.1Q 来启动一个路由器的子接口，使其成为干道模式，就可以利用路由器来实现 VLAN 之间的通信，一般称这种方式为单臂路由，如图 3-17 所示。

路由器可以从某一个 VLAN 接收数据包，并且将这个数据包转发到另一个 VLAN，要实现 VLAN 间的路由，必须在路由器的一个物理接口上启用子接口，也就是将以太网物理接口划分为多个逻辑的、可编址的接口，并配置为干道模式，每个 VLAN 对应一个子接口。

图 3-18 显示了单臂路由中干道在路由器一端的子接口，FastEhernet 0/0 接口被划分为 3 个子接口，FastEhernet 0/0.1、FastEhernet 0/0.2、FastEhernet 0/0.3，每个子接口为一个单独的 VLAN 服务。

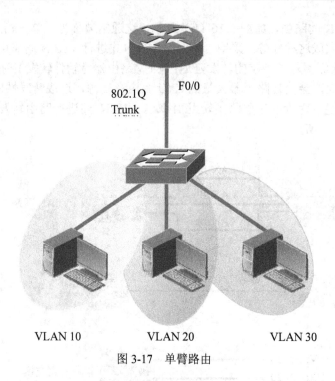

图 3-17　单臂路由

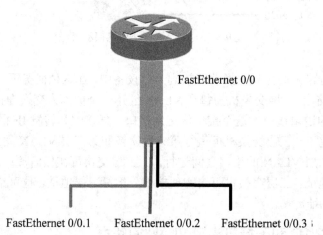

FastEthernet 0/0

FastEthernet 0/0.1　　FastEthernet 0/0.2　　FastEthernet 0/0.3

图 3-18　单臂路由中路由器的子接口

配置路由器子接口的命令及步骤如下：

Router(config)# **interface** *type mod/num*

Router(config-if)#**no ip address**

Router(config-if)#exit

Router(config)#**interface** *type mod/num .subinterface-number*

Router (config-subif)#**encapsulation dot1Q** *vlan-id*

Router(config-subif)#**ip address** *ip-address mask*

第四条命令中，mod/num 为模块号 / 物理接口序号，subinterface-number 为子接口在该物理接口上的序号，注意二者之间由标号 "." 连接。

第五条命令用来配置 VLAN 封装标识，封装 802.1Q 标准并指定 VLAN ID 号。VLAN ID 必须与交换设备中的 VLAN ID 一致，指示了子接口承载哪个 VLAN 的流量。

　　最后一条命令用来配置子接口的 IP 地址。完成封装 VLAN 标识任务以后，必须为封装 VLAN 标识的以太网子接口指定 IP 地址。封装 802.1Q 的以太网子接口 IP 地址一般是一个 VLAN 内主机连接其他 VLAN 主机的网关。并且，这些子接口所在的网段也会作为直连路由 出现在路由器的路由表中。

　　示例 3-6 演示了如何配置单臂路由，在一台路由器的物理接口上划分子接口，封装 802.1Q 协议并配置 IP 地址，以实现 VLAN 间的路由。在这个示例中，和路由器相连的交换机上已 经配置好了 VLAN 10、VLAN 20 和 VLAN 30，向 VLAN 内添加了接口，并将和路由器相连 的 F0/0 接口设置成为了 Trunk 接口。

示例 3-6　配置单臂路由

```
Router(config)# interface fastethernet   0/0
Router(config-if)# no ip address
Router(config-if)# no shutdown
Router(config-if)# interface fastethernet 0/0.1
Router(config-subif)#encapsulation dot1q 10
Router(config-if)#ip address 192.168.1.1 255.255.255.0
Router(config-if)# interface fastethernet 0/0.2
Router(config-subif)#encapsulation dot1q 20
Router(config-if)#ip address 192.168.2.1 255.255.255.0
Router(config-if)# interface fastethernet 0/0.3
Router(config-subif)#encapsulation dot1q 30
Router(config-if)#ip address 192.168.3.1 255.255.255.0
```

3.6.3　利用三层交换机实现 VLAN 间路由

　　采用单臂路由的方式实现 VLAN 间的路由具有速度慢（受到接口带宽限制）、转发速率 低（路由器采用软件转发，转发速率比采用硬件转发方式的交换机慢）的缺点，容易产生瓶 颈，所以现在的网络中，一般都采用三层交换机，以三层交换的方式来实现 VLAN 间的路由。

　　三层交换机将二层交换机和路由器两者的优势有机而智能化地结合起来，它可以在各个 层次提供线速转发性能。在一台三层交换机内，分别设置了交换机模块和路由器模块；而内 置的路由模块与交换模块类似，也使用 ASIC 硬件处理路由。因此，与传统的路由器相比， 三层交换机可以实现高速路由，并且路由与交换模块是汇聚链接的，由于是内部连接，可以 确保相当大的带宽。

1. 三层交换机的物理端口

　　三层交换机的物理端口要么处于第二层模式，要么处于第三层模式。要显示端口当前模 式，可使用下面的命令：

Switch# **show interface** *type mod/num* **switchport**

如果在该命令的输出中，"switchport："行指出被启用，则端口处于第二层模式；如果该行指出被禁用，则端口处于第三层模式，如示例 3-7 所示。

示例 3-7　显示三层交换机端口层次

Switch# show interfaces fastEthernet 0/1 switchport
Name: Fa0/1
Switchport: **Enabled**
Administrative Mode: dynamic auto
Operational Mode: down

Switch# show interfaces fastEthernet 0/3 switchport
Switchport: **Disabled**

示例 3-7 显示，三层交换机上的 F0/1 端口处于第二层模式，而 F0/3 端口处于第三层模式。如果需要重新配置端口的第二层功能，可使用下面的命令序列：

Switch(config)# **interface** *type mod/num*

Switch(config-if)# **switchport**

命令 switchport 将端口设置为第二层模式。然后，可以使用 switchport 命令的其他关键字来配置中继、接入 VLAN 等。

三层交换机的物理端口也可以在第三层模式下运行，这种端口分配了第三层网络地址，能够进行路由选择。要支持第三层功能，必须使用下面的命令序列显示地配置交换机端口：

Switch(config)# **interface** *type mod/num*

Switch(config-if)# **no switchport**

Switch(config-if)# **ip address** *ip-address mask*

no switchport 命令禁用第二层模式。然后，便可以给端口分配网络地址，就像给路由器接口分配地址一样。

2. 三层交换机的 SVI

在三层交换机中，还可以为整个 VLAN 启用第三层功能。这使得可以将网络地址分配给 SVI 接口。当交换机将很多端口分配给同一个 VLAN，并需要对该 VLAN 的数据流进行路由时，这种方法很有用，如图 3-19 所示。

如图 3-19 所示的拓扑结构中，在交换机上分别划分 VLAN10 和 VLAN 20，VLAN 10 的工作站的 IP 地址为 192.168.1.10；VLAN 20 的工作站的 IP 地址为 192.168.2.10。通过在三层交换机上创建各个 VLAN 的 SVI 并配置 IP 地址就可以实现不同 VLAN 间的通信了。

图 3-19 说明了如何将 IP 地址分配给名为 VLAN 10 的 SVI。注意，SVI 本身没有到外部的物理连接；为能够到达外部，VLAN 10 必须通过第二层接口或者干道链路。

配置 SVI 接口时，需要使用更直观的接口名 vlan vlan-id，就像 VLAN 本身是一个物理接口一样。首先，指定 VLAN 接口，然后为接口配置第三层地址。具体配置命令如下：

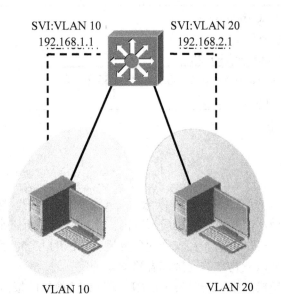

SVI:VLAN 10　　　　　SVI:VLAN 20
192.168.1.1　　　　　192.168.2.1

VLAN 10　　　　　　　VLAN 20
IP:192.168.1.10　　　　IP:192.168.2.10

图 3-19　利用三层交换机实现 VLAN 间路由

Switch(config)# **interface vlan** *vlan-id*

Switch(config-if)# **ip address** *ip-address mask*

使用 SVI 前，VLAN 必须在交换机上定义且处于活动状态。

示例 3-8 演示了如何在一台三层交换机上配置 VLAN 10、VLAN 20，将接口 F0/6～F0/10、F0/11～F0/16 划分到这两个 VLAN 中，并分别为这两个 VLAN 的 SVI 接口配置 IP 地址，实现 VLAN 间的路由。

示例 3-8　配置三层交换机实现 VLAN 间路由

```
Switch(config)#vlan 10
Switch(config)#vlan 20

Switch(config)#interface range fastEthernet 0/6 -10
Switch(config-if-range)#switchport mode access
Switch(config-if-range)#switchport access vlan 10
Switch(config-if-range)#exit
Switch(config)#interface range fastEthernet 0/11 -16
Switch(config-if-range)#switchport mode access
Switch(config-if-range)#switchport access vlan 20
Switch(config-if-range)#exit

Switch(config)#int vlan 10
Switch(config-if)#ip address 192.168.1.1 255.255.255.0
```

计算机系列教材

```
Switch(config-if)#no shutdown
Switch(config-if)#exit
Switch(config)#interface vlan 20
Switch(config-if)#ip address 192.168.2.1 255.255.255.0
Switch(config-if)#no shutdown
```

3.7 本章小结

本章主要介绍了有关 VLAN 的相关概念。VLAN 是不受物理区域和交换机限制的逻辑网络，它构成一个广播域，因此可以解决局域网内由于广播过多所带来的带宽利用率下降、安全性低等问题。VLAN 提供灵活并且安全的划分逻辑子网的方法，我们可以通过软件设置来修改 VLAN，而不需要改变物理的连接或者移动设备。

我们可以依据交换机的接口来定义 VLAN，手工将交换机的接口划分到不同的 VLAN 中去，这些接口将保持在被分配的 VLAN 中，直至人工改变它。而动态 VLAN 则不同，接口属于哪一个 VLAN 不是管理员指定的，而是依据接口所连接主机的 MAC 地址、网络层协议或者组播组来决定。

在交换机上配置静态 VLAN 的关键命令是在全局配置模式下使用命令 vlan vlan-id。在接口配置模式下，使用命令 switchport mode access 和命令 switchport access vlan vlan-id 可以将接口划分到 VLAN 中，而使用命令 switchport mode trunk 可以设置一个干道接口。

通过 VTP 域，使在一台交换机上对整个网络的 VLAN 的添加、修改、删除操作，能够被其他交换机学习到，而不用我们手动地把相同的操作在每台交换机上都重复一次。这样，网络管理工作量就大大减少了。

由于 VLAN 隔离了广播域，所以要实现 VLAN 之间的通信需要三层设备的支持，例如通过路由器以单臂路由的方式实现，或者通过三层交换机以 SVI 接口的方式实现。

3.8 习题

1. **选择题**

（1）VLAN 是下列哪一项？

    A．冲突域

    B．生成树域

    C．广播域

    D．VTP 域

（2）交换机在 OSI 模型的哪一层提供 VLAN 连接？

    A．第 1 层

    B．第 2 层

    C．第 3 层

    D．第 4 层

（3）要在两个连接到不同 VLAN 的 PC 之间传递数据需要下列哪些项？

    A．第 2 交换机

    B．第 3 交换机

    C．中继

    D．隧道

（4）下列哪条交换机命令用于将端口加入到 VLAN 中？

    A．access vlan vlan-id

    B．swithport access vlan vlan-id

    C．vlan vlan-id

    D．set port vlan vlan-id

（5）802.1Q 中继最多可以支持多少个 VLAN？

    A．256

    B．1024

    C．4096

    D．32768

    E．65536

（6）默认情况下，中继链路支持哪些 VLAN？

    A．无

    B．本征 VLAN

    C．所有活动 VLAN

    D．协商的 VLAN

（7）IEEE802.1Q 协议是如何给以太网帧打上 VLAN 标签的？

    A．在以太网帧的前面插入 4 字节的 Tag

    B．在以太网帧的尾部插入 4 字节的 Tag

    C．在以太网帧的源地址和类型字段之间插入 4 字节的 Tag

    D．在以太网帧的外部插入 4 字节的 Tag

（8）关于 SVI 接口的描述以下哪项是错误的？

    A．SVI 接口是虚拟的逻辑接口

    B．SVI 接口可以配置 IP 地址作为 VLAN 的网关

    C．SVI 接口的数量不能修改

    D．SVI 接口的数量是由管理员设定的

2．**问答题**

（1）什么是 VLAN？在什么情况下使用它？

（2）VLAN 有哪些定义方法？

（3）什么是中继链路？

（4）目前有哪些方法能够实现 VLAN 间的通信？

（5）在局域网内使用 VLAN 所带来的好处是什么？

第4章 生成树协议和链路聚合

当我们进行网络拓扑结构的设计和规划时,冗余常常是我们考虑的重要因素之一。冗余的重要性体现在它可以帮助我们避免网络出现单点故障,能够自动进行灾难恢复,最大限度地减少由于网络故障所带来的损失,提高网络的稳定性。然而,在交换网络中,我们在实现冗余的同时,几乎一定会出现环路,交换环路很容易引起广播风暴、多帧复制和 MAC 地址表不稳定等问题,这些问题同样可能导致网络不可用。

为了解决交换环路带来的问题,生成树协议可以逻辑地阻塞一些交换机的端口,使具有环路的网络在逻辑上变成树形的网络结构;而链路聚合技术是将交换机的多个端口捆绑成一条高带宽链路,同时通过几个端口进行链路负载均衡,既实现了网络的高速性,也保证了链路的冗余性。

学习完本章,要达到以下目标:
- 了解在网络中实现冗余的重要性
- 理解交换环路对网络的影响
- 掌握生成树协议的工作原理
- 掌握快速生成树协议和多生成树协议的基本原理
- 掌握生成树协议的配置
- 了解链路聚合的作用
- 理解链路聚合的工作原理
- 掌握链路聚合的配置

4.1 冗余和交换环路问题

4.1.1 冗余对于网络的重要意义

如今的企业,越来越依赖于计算机网络来组织和实施企业的生产活动。一旦网络出现故障,企业就会面临生产无法协调、不能按合同交付产品、客户满意度下降等损失。所以企业对网络的可靠性要求非常高。他们希望网络能不间断地运转,如果一旦网络出现故障,也希望故障时间在一年内不超过几分钟。如此高可靠性要求,质量再好的网络产品也难以保证,所以既能容忍网络故障,又能够从故障中快速恢复的网络设计是必要的。冗余正好可以最大限度地满足这个要求。

冗余的目的是减少网络因单点故障引起的停机损耗,如图 4-1 所示。

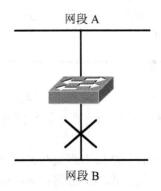

图 4-1 单点故障：网段 A 和网段 B 之间无法互相访问

在图 4-1 中，网段 A 和网段 B 之间只有一条链路连接，一旦线路出现问题，比如断路或者接头损坏，网段 A 和网段 B 之间就无法互相访问了，这种故障就是单点故障。

如图 4-2 所示，我们可以在网段 A 和网段 B 之间再添加一条链路和一台交换机，单点故障就可以被有效地避免，这就是冗余设计。

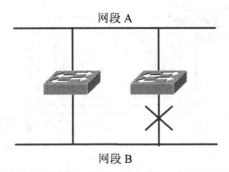

图 4-2 单点故障避免：网段 A 和网段 B 之间可以互相访问

实际上，要在网络设计中实现冗余，主要的手段就是添加备份的链路和备份的设备。这会导致网络投入的成本偏高。但网络设备的故障率要远远低于线路的故障率，因此我们可以使用如图 4-3 所示的设计减少成本。不过该设计只能够避免线路故障问题，并不能够有效解决网络设备的单点故障问题。

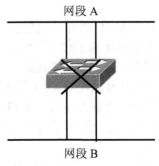

图 4-3 单点故障：交换机故障使网段 A 和网段 B 之间无法互相访问

综上所述，由于可以避免单点故障，使网络可以快速地实现灾难恢复，具有冗余性的设计对于网络的可靠性是极其重要的。

4.1.2 交换环路所带来的危害

在交换网络中，我们在实现冗余的同时，几乎一定会出现环路，交换环路很容易引起广播风暴、多帧复制和 MAC 地址表不稳定等问题，这些问题同样可能导致网络不可用。

1. 广播风暴

广播风暴是网络设计者和管理者所要极力避免的灾难之一。它可以在短时间内无情地摧毁整个交换网络，使所有的交换机处于极端忙碌的状态。而交换机所做的工作，只是在转发广播，所有的正常的网络流量都将被堵塞。在用户的终端上，由于网卡在被迫不断处理大量的广播帧，终端会呈现网络传输速度极为缓慢或者根本不能连通的现象。

广播风暴的成因，除了个别网络终端发生故障，不断发送广播包这样的原因之外，交换环路的出现也是一个主要的原因。

图 4-4 显示了一个广播风暴，从这个拓扑图可以看到广播风暴是如何形成的。

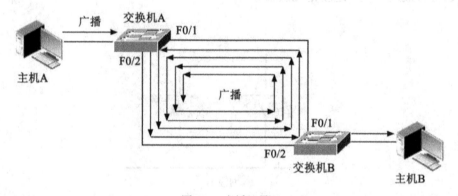

图 4-4　广播风暴

在交换网络里，不是所有的广播都是不正常的，有一些应用必须使用广播，如 ARP 解析，这是正常的广播。但是由于出现了交换环路，即使是正常的广播，也会威胁到整个网络。因为交换机处理广播的方式，是向交换机自己的所有端口（除了收到该广播帧的端口）发送该广播。在出现交换环路时，这种对广播帧的处理方式会导致广播风暴。

比如，在图 4-4 中，主机 A 发出 ARP 广播解析主机 B 的 MAC 地址，这个广播会被交换机 A 收到。

交换机 A 收到这个帧，查看目的 MAC 地址发现是一个广播帧，会向除了接收端口之外的所有端口进行转发，也就是向端口 F0/1 和 F0/2 进行转发。交换机 B 则会分别从端口 F0/1 和 F0/2 接收到这个广播帧的两个拷贝，它也会发现这是一个广播帧，需要向除了接收端口之外的所有端口进行转发。因此，交换机 B 从端口 F0/1 接收到的广播帧会转发给端口 F0/2 和主机 B；而从端口 F0/2 接收到的广播帧会转发给端口 F0/1 和主机 B。

这时，我们可以看到，虽然主机 B 已经收到了两个这个帧的拷贝，但广播的过程并没有停止。

交换机 B 从端口 F0/1 和 F0/2 转发出去的广播帧会再次被交换机 A 所收到，交换机 A 同样会把从端口 F0/1 接收到的广播帧会转发给端口 F0/2 和主机 A，而从端口 F0/2 接收到的广播帧会转发给端口 F0/1 和主机 A。

结果就是交换机 B 再次收到了两个这个广播帧的拷贝，再次进行转发。这个过程将在交换机 A 和交换机 B 之间循环往复、永不停止。

2. 多帧复制

广播风暴不仅仅在交换机之间旋转，它还会向交换机的所有端口"泛洪"。也就是说，像主机 B 等所有这些接入网络的终端，在广播风暴每转到自己接入的网段时，就会收到一次广播包。随着广播风暴的旋转，主机会不断地收到相同的广播帧，如图 4-5 所示。

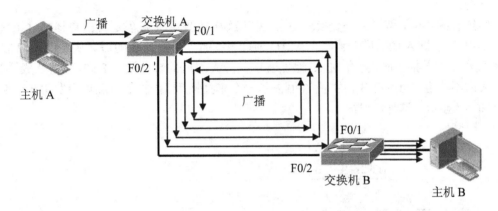

图 4-5 多帧复制情况 1

图 4-5 就是多帧复制情况中的一种。这种复制时发生在广播风暴不断旋转时。同一个广播帧被反复在网段上传递，交换机就要拿出更多的时间处理这个不断复制的帧，从而使整个网络的性能急剧下降，甚至瘫痪。而主机也忙于处理这些相同的广播帧，因为它们在不断地被发送到主机的网络接口卡上，影响了主机的正常工作，在严重时甚至使主机死机。

多帧复制还有另外一种情况，如图 4-6 所示。

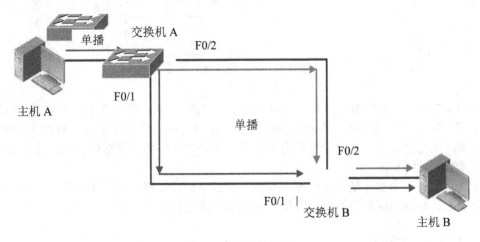

图 4-6 多帧复制情况 2

当主机 A 发送一个单播帧给主机 B 时，此时若交换机 A 的 MAC 地址表中没有主机 B

的条目，则会把这个单播帧从端口 F0/1 和 F0/2 泛洪出去。因此，交换机 B 就会从端口 F0/1 和 F0/2 分别收到两个发给主机 B 的单播帧。如果交换机 B 的 MAC 地址表中已经有了主机 B 的路由条目，它就会将这两个帧分别转发给主机 B，这样主机 B 就收到了同一个帧的两份拷贝，于是形成了多帧复制。

3. MAC 地址表不稳定

在前面的章节里，我们已经知道，交换机之所以比集线器速度快，就是因为交换机的内存里有一个 MAC 地址表。但是在发生广播风暴或多帧复制的时候，相同帧的拷贝会在交换机的不同端口上被接收，这样就会影响到 MAC 地址表的正常工作，从而削弱交换机的数据转发功能。

继续看图 4-6 的例子。当交换机 B 从端口 F0/1 收到主机 A 发送出的单播帧时，它会将端口 F0/1 与主机 A 的对应关系写入 MAC 地址表；而当交换机 B 随后又从端口 F0/2 收到主机 A 发送出的单播帧时，会将 MAC 地址表中主机 A 对应的端口改为 F0/2，这就造成了 MAC 地址表的不稳定。当主机 B 向主机 A 回复了一个单播帧后，同样的情况也会发生在交换机 A 中。图 4-7 显示了这种情况。

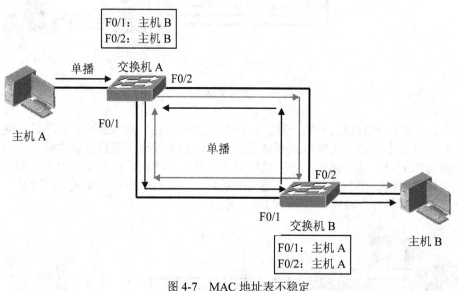

图 4-7　MAC 地址表不稳定

在图 4-7 中，交换机 B 的 MAC 地址表中关于主机 A 的条目会在端口 F0/1 和 F0/2 之间不断跳变；交换机 A 的 MAC 地址表中关于主机 B 的条目同样也会在端口 F0/1 和 F0/2 之间不断跳变，无法稳定下来。交换机不得不消耗更多的系统资源处理这些变化，从而影响了交换机交换数据帧的速度。

虽然冗余会带来如此复杂而严重的问题，但是我们可以通过在交换网络里使用生成树协议的办法来达到既实现网络的冗余设计，又避免环路的目的。

4.2　生成树协议

为了解决冗余链路引起的问题，IEEE 通过了 IEEE 802.1D 协议，即生成树协议

（Spanning-Tree Protocol，STP）。IEEE 802.1D 协议通过在交换机上运行一套复杂的生成树算法（Spanning-Tree Algorithm，STA），把冗余端口置于"阻塞状态"，使得网络中的计算机在通信时只有一条链路生效，而当这个链路出现故障时，STP 会重新计算出网络链路，将处于"阻塞状态"的端口重新打开，从而确保网络连接稳定可靠。

4.2.1 STP 的原理

通过冗余的设计，可以尽可能地避免那些造成网络中断的故障，保证网络的可靠性。但是，实现冗余的设计也会出现交换环路，从而造成广播风暴。而且，由于交换机工作在 OSI 参考模型的数据链路层（二层），二层的帧头中没有类似 3 层（网络层）IP 包头中的 TTL 值（生存时间），所以广播帧将在环路中无休止地旋转下去，直到耗尽带宽和交换机资源，使网络瘫痪。

在交换网络中，环路往往并不是独立存在的，而是多个环路同时存在，如图 4-8 所示的情况。

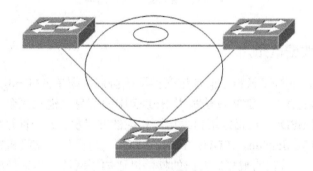

图 4-8 交换网络中的多个环路

从图 4-8 我们可以看到，交换网络中的交换设备越多，网络的拓扑结构越复杂，产生的环路也越多，环路之间的关系也越复杂。

STP 的主要思想就是当网络中存在环路时，逻辑地阻塞一些交换机的端口，使具有环路的网络在逻辑上变成树形的网络结构，如图 4-9 和图 4-10 所示。

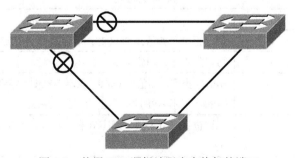

图 4-9 使用 STP 逻辑地阻塞交换机的端口

注意，在图 4-9 中，交换机的端口被逻辑地阻塞，所谓逻辑地阻塞是在交换机的操作系统软件里不允许数据帧从该端口收发，该端口在物理上并没有被关闭，还是处于 up 状态，以备在出现物理故障时，该端口能够快速地切换为正常收发数据的端口，从而在保证了冗余的同时，又切断了环路。在逻辑地阻塞了交换机的端口之后，有环路的网络在逻辑上变成了如图 4-10 所示的网络结构。

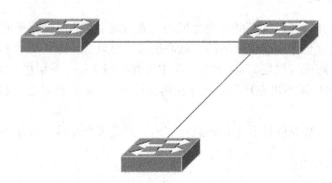

图 4-10　无环路的树形结构

4.2.2　网桥协议数据单元

在 STP 的工作过程中，交换机之间通过交换网桥协议数据单元（Bridge Protocol Data Unit，BPDU）来了解彼此的存在。STP 算法利用 BPDU 中的信息来消除冗余链路。BPDU 具有两种格式：一种是配置 BPDU，从指定端口发送到相应的交换机；另一种是拓扑改变通知 BPDU（Topology Change Notifications BPDU，TCN BPDU），是由任意交换机在发现拓扑改变或者被通知有拓扑改变时，从它的根端口发出的帧，以通知根网桥。当交换机接收到 BPDU 时，利用接收到的信息计算自己的 BPDU，然后再转发。

交换机通过端口发送 BPDU，使用该端口的 MAC 地址作为源地址。交换机并不知道它周围的其他交换机，因此 BPDU 的目标地址是众所周知的 STP 组播地址 04-80-c2-00-00-00。

在 BPDU 中主要包括了 STP 版本、BPDU 的类型、根网桥 ID、路径开销、网桥 ID 和端口 ID 等内容。如表 4-1 所示为 BPDU 的格式。

表 4-1　　　　　　　　　　　　　　　　　　BPDU 的格式

字段	字节数	描　　述
协议标识符	2	协议标准。如值为 0x0000，表示协议为 IEEE802.D 标准
STP 版本	1	协议版本号，恒定为 0
BPDU 类型	1	BPDU 类型。如值为 0x00，表示 BPDU 的类型为配置 BPDU；如值为 0x80，表示 BPDU 的类型为 TCN BPDU
标识	1	标识位只有 0 和 7 使用。0 表示拓扑改变标记；7 为拓扑改变确认标记
根网桥 ID	8	根网桥的网桥 ID
路径开销	4	交换机到达根网桥的路径开销

续表

字段	字节数	描 述
网桥 ID	8	网桥的标识符，由优先级加 MAC 地址组成
端口 ID	2	交换机发送 BPDU 的端口标识符
报文老化时间	2	从根网桥产生本 BPDU 起，该信息的生存时间
最大老化时间	2	保存 BPDU 的最长时间，默认为 20 秒
HELLO 时间	2	交换机发送 BPDU 的间隔时间，默认是 2 秒
转发延时	2	监听和学习状态的持续时间，默认是 15 秒

BPDU 中包括了 STP 的算法中使用的参数，主要有网桥 ID（Bridge ID）、路径开销（Path Cost）和端口 ID（Port ID）。

1. 网桥 ID

网桥 ID 共 8 个字节，有 2 字节的优先级和 6 字节网桥的 MAC 地址组成，如图 4-11 所示。

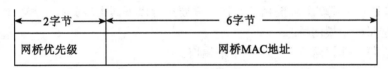

图 4-11　网桥 ID

网桥优先级是 0～65535 范围内的值，默认值是 32768（0x8000）。网桥优先级值最小的交换机将成为根网桥。如果网络中所有交换机的网桥优先级相同，则比较网桥 MAC 地址，具有最小 MAC 地址的交换机将成为根网桥。由于 MAC 地址的世界唯一性，在网桥 ID 中加入 MAC 地址就可以确保网桥 ID 的唯一性，也就意味着必然能够选举出根网桥。

2. 路径开销

STP 依赖于路径开销的概念，最短路径是建立在累计路径开销的基础之上的。要理解路径开销，我们要先了解什么是端口开销。

交换机上的每个端口都有端口开销，它的大小与端口的带宽成反比，如表 4-2 所示。

表 4-2　　　　　　　　　　　　　　STP 端口开销

链路带宽	STP 开销
10Gbps	2
1000Mbps	4
100Mbps	19
10Mbps	100

路径开销就是两台交换机之间路径上一系列端口开销的和，它是对交换机之间接近程度的度量。

3. 端口 ID

网桥 ID 共 2 个字节，由 1 字节的端口优先级和 1 字节的端口编号组成组成，如图 4-12 所示。

图 4-12　端口 ID

端口优先级是 0～255 范围内的值，默认值是 128（0x80）。端口编号则是按照端口在交换机上的顺序排列的，例如，1/1 端口的 ID 是 0x8001，1/2 端口的 ID 是 0x8002。

端口优先级值越小，则优先级越高。如果端口优先级的值相同，则编号越小，优先级越高。

4.2.3　STP 的算法

STP 要构造一个逻辑无环的拓扑结构，需要执行以下四个步骤：

步骤 1 选举一个根网桥。

步骤 2 在每个非根网桥上选举一个根端口。

步骤 3 在每个网段上选举一个指定端口。

步骤 4 阻塞非根、非指定端口。

1. 选举一个根网桥

在树形结构中，一定是有一个根的。在 STP 里，也要确定一个根，即一台交换机作为根交换机，我们称为根网桥。根网桥的作用就是作为一个生成树形结构的参考点，以决定在环路中哪个端口应该是转发状态，哪个端口应该是阻塞状态。

STP 算法的第一步，就是要确定哪台交换机是根网桥。确定根网桥的算法，是比较交换机之间的网桥 ID，具有最小网桥 ID 的交换机成为根网桥。网桥 ID 是由优先级加 MAC 地址组成。交换机的优先级可以是 0～65535 范围内的值。由于交换机默认的优先级是 32768，如果不使用命令改变优先级的话，所有交换机的优先级都是一样的。结果，在确定根网桥时，往往是比较交换机的 MAC 地址，MAC 地址最小的交换机就成为根网桥。在图 4-13 中，交换机 A 就是根网桥，因为它的 MAC 地址最小。如果想要人为地让某台交换机成为根网桥，那么需要改变交换机的优先级，优先级最小的交换机成为根网桥。

2. 选举根端口

每一台非根交换机上，都有一个端口成为根端口。根端口是该交换机到达根网桥路径开销最小的端口。

在图 4-13 中，所有的链路都是 100Mbps 以太网线，那么交换机 C 的端口 F0/1 和端口 F0/2 的端口开销都是 19，但是端口 F0/1 到达根网桥的路径开销是 38，而端口 F0/2 到达根网桥的开销是 19，所以端口 F0/2 是根端口。同理，交换机 B 的 F0/1 端口是根端口，而 F0/2 端口不是，如图 4-14 所示。

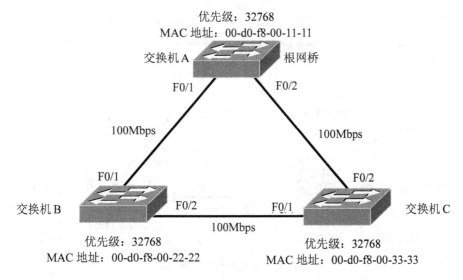

图 4-13　STP 选举根网桥

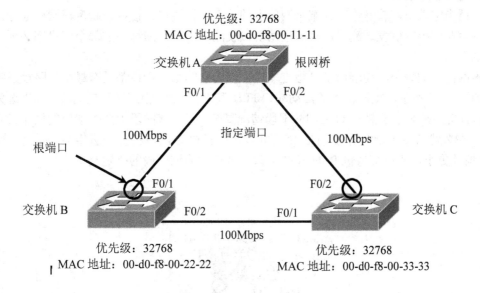

图 4-14　STP 选举根端口 1

如果我们将这个拓扑结构稍作变化，如图 4-15 所示，将交换机 A 与交换机 C 之间的以太网线换成 10Mbps 的，那么根端口就不同了。交换机 C 的 F0/2 端口路径开销变成了 100，而 F0/1 端口的路径开销还是 38，端口 F0/1 变成了根端口。

如果一台非根交换机到达根网桥的多条路径开销相同，则比较从不同的根路径所收到 BPDU 的发送网桥 ID，哪个端口收到的 BPDU 中发送网桥 ID 较小，则哪个端口为根端口；如果发送网桥 ID 也相同，则比较这些 BPDU 中的端口 ID，哪个端口收到的 BPDU 中端口 ID 较小，则哪个端口为根端口。

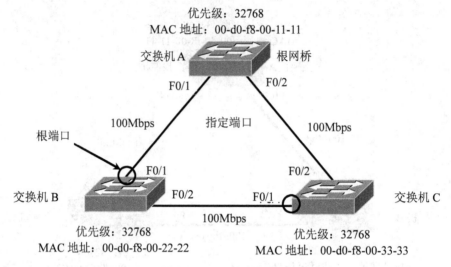

图 4-15　STP 选举根端口 2

3. 选举指定端口

所谓指定端口，就是连接在某个网段上的一个桥接端口，该端口距离根网桥最近，它通过该网段既向根网桥发送流量，也从根网桥接收流量。桥接网络中的每个网段都必须有一个指定端口。

根网桥上的每个活动端口都是指定端口，因为它的每个端口都具有最小的路径开销。

如图 4-16 所示，根网桥上的活动端口 F0/1 和 F0/2 由于根路径开销为 0，都当选为指定端口；而交换机 B 和交换机 C 之间的网段情况复杂一些，该网段上两个端口的根路径开销都是 38，那么就需要比较网桥 ID 了。交换机 B 和交换机 C 的网桥优先级相同，但交换机 B 的 MAC 地址更小，所以交换机 B 的 F0/2 端口会被选举为该网段的指定端口。

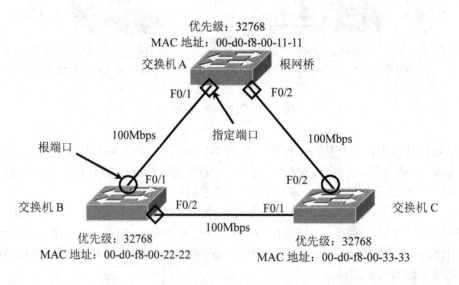

图 4-16　STP 选举指定端口

STP 的计算过程到这里就结束了。这时，只有交换机 C 上的 F0/1 端口既不是根端口，也不是指定端口。

4. 阻塞非根、非指定端口

在网桥已经确定了根端口、指定端口和非根非指定端口之后，STP 就开始创建一个无环拓扑了。

为创建一个无环拓扑，STP 配置根端口和指定端口转发流量，然后阻塞非根和非指定端口，形成逻辑上无环路的拓扑结构，最终的结果如图 4-17 所示。

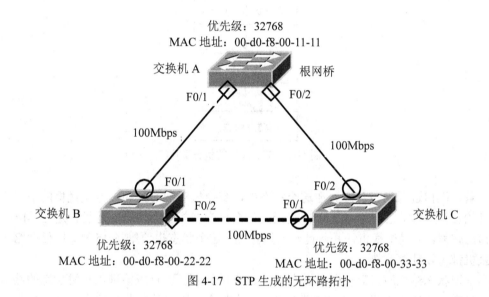

图 4-17   STP 生成的无环路拓扑

此时，交换机 B 和交换机 C 之间的链路为备份链路，当交换机 A 和交换机 B、交换机 A 和交换机 C 之间的主链路正常时，这条链路处于逻辑断开状态，这样就将交换环路变成了逻辑上的无环拓扑。只有当主链路出现故障时，才会启用备份链路，以保证网络的连通性。

4.2.4   STP 的端口状态

当运行 STP 的交换机启动后，其所有的端口都要经过一定的端口状态变化过程。在这个过程中，STP 要通过交换机间互相传递 BPDU 决定网桥的角色（根网桥、非根网桥）、端口的角色（根端口、指定端口、非指定端口）以及端口的状态。

STP 的端口可能处于阻塞、监听、学习和转发四种状态之一，如图 4-18 所示。

阻塞的状态并不是物理地使端口关闭，而是逻辑地使端口处于不收发数据帧的状态。但是，有一种数据帧即使是阻塞状态的端口也是允许通过的，那就是 BPDU。交换机依靠 BPDU 互相学习信息，阻塞的端口必须允许这种数据帧通过，所以可以看出阻塞的端口实际上还是激活的。

当网络中的交换机刚刚启动的时候，所有的端口都处于阻塞状态，这种状态要维持 20 秒钟的时间，这是为了防止在启动过程中产生交换环路。

然后，端口会由阻塞状态变为监听状态，交换机开始互相学习 BPDU 里的信息。这个状态要维持 15 秒钟，以便交换机可以学习到网络里所有其他交换机的信息。在这个状态中，交换机不能转发数据帧，也不能进行 MAC 地址与端口的映射，MAC 地址的学习是不可能的。

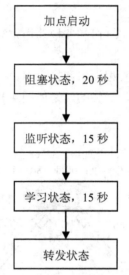

图 4-18　STP 端口的状态变化

接着，端口进入学习状态。在这个状态中，交换机对学习到的其他交换机的信息进行处理，开始计算 STP。在这个状态中，已经开始允许交换机学习 MAC 地址，进行 MAC 地址与端口的映射，但是交换机还是不能转发数据帧。这个状态也要维持 15 秒，以便网络中所有的交换机都可以计算完毕。

当学习状态结束时，交换机已经完成了 STP 的计算，所有应该进入转发状态的端口转变为转发状态，应该进入阻塞状态的端口进入阻塞状态，网络达到收敛状态，交换机开始正常工作。STP 的 BPDU 仍然会定时（默认每隔 2 秒）从各个交换机的指定端口发出，以维护链路的状态。

综上所述我们可以看出，阻塞状态和转发状态是 STP 的一般状态，监听状态和学习状态是 STP 的过渡状态。并且，STP 的总延时在 50 秒左右，当网络出现故障时，发现该故障的交换机会向根交换机发送 BPDU，根交换机会向其他交换机发出 BPDU 通告该故障，所有收到该 BPDU 的交换机会把自己的端口全部设置为阻塞状态，然后重复上面叙述的过程，直到收敛。

4.2.5　STP 拓扑变更

如果一个交换网络中的所有交换机端口都处于阻塞状态或者转发状态时，这个交换网络就达到了收敛。转发端口发送并且接收通信数据和 BPDU，阻塞端口仅接收 BPDU。

当网络拓扑变更时，交换机必须重新计算 STP，端口的状态会发生改变，这样会中断用户通信，直至计算出一个重新收敛的 STP 拓扑。

发生变化的交换机会在它的根端口上每隔 hello time 时间就发送 TCN BPDU，直到生成树上游的指定网桥邻居确认了该 TCN 为止。当根网桥收到该 TCN BPDU 后，会发送设置了 TC 位的 BPDU，通知整个生成树拓扑结构发生了变化，图 4-19 展现了这个过程。下游交换机发现了拓扑变更后，会逐级向上汇报直至根网桥收到这个消息，然后根网桥再向全网内所有交换机通知拓扑的变更，图中的编号标识了各类消息发送的顺序。

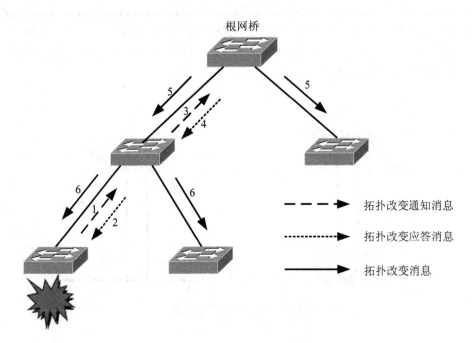

图 4-19 STP 拓扑变更

所有的下游交换机得到拓扑改变的通知后，会把它们的地址表老化计时器从默认值（300秒）降为转发延时（默认为 15 秒），从而让不活动的 MAC 地址比正常情况下更快地从地址表中更新掉。

当拓扑发生变化时，新的配置消息要经过一定的时延才能传播到整个网络，这个时延就是 15 秒的转发延时。在所有网桥收到这个变化的消息之前，若旧拓扑结构中处于转发的端口还没有发现自己应该在新的拓扑中停止转发，则可能存在临时环路。为了解决临时环路的问题，生成树采用的是定时器策略，即在端口从阻塞状态到转发状态中间加上一个只学习 MAC地址但不参与转发的中间状态——学习状态，两次状态切换的时间长度都是转发延时，这样就可以保证在拓扑变更的时候不会产生临时环路。但是，这个看似良好的解决方案实际上带来的却是至少两倍转发延时的收敛时间。

4.3 快速生成树协议

为了解决 STP 收敛速度慢的缺陷，IEEE 推出了 802.1w 标准，作为对 802.1d 标准的补充。在 IEEE 802.1w 标准里定义了快速生成树协议（Rapid Spanning Tree Protocol，RSTP）。

RSTP 是对 STP 的改进和补充，它保留了 STP 大部分的术语和参数，只是针对交换机的端口角色、端口状态和收敛性做了一些修订。

4.3.1 RSTP 的端口角色和端口状态

RSTP 在物理拓扑变化或者配置参数发生变化时，显著地减少了网络拓扑的重新收敛时间。除了根端口和指定端口外，RSTP 定义了两种新增加的端口角色——替代（alternate）和备份（backup），这两种新增的端口用于取代阻塞端口。替代端口为当前的根端口到根网桥的连接提供了替代路径，而备份端口则提供了到达同段网络的备份路径，是对一个网段的冗余连接。当根端口或指定端口失效的情况下，替换端口或备份端口就会无时延地进入转发状态，如图 4-20 所示是各个端口的角色示意图。

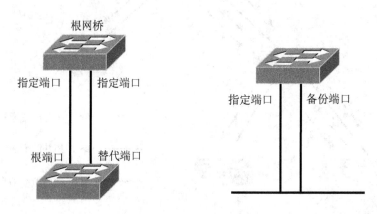

图 4-20　RSTP 中的端口角色

虽然增加了这些新端口角色，但 RSTP 计算最终生成树拓扑的方式与 STP 还是相同的，生成树算法仍然是依据 BPDU 决定端口角色。和 802.1d 中对根端口的定义一样，到达根网桥最近的端口即为根端口。同样地，每个桥接网段上，通过比较 BPDU，将选举出谁是指定端口。一个桥接网络上只能有一个指定端口。

RSTP 只有三种端口状态——丢弃（Discarding）、学习（Learning）和转发（Forwarding）。STP 中的禁用、阻塞和监听状态就对应了 RSTP 的丢弃状态。表 4-3 为 STP 和 RSTP 的端口状态的比较。通过缩减交换机的端口状态，RSTP 也可以加快生成树收敛的时间。

表 4-3　　　　　　　　　　RSTP 端口状态

STP 端口状态	RSTP 端口状态	在活动的拓扑中是否包含此状态
禁用	丢弃	否
阻塞		否
监听		否
学习	学习	否
转发	转发	是

在稳定的网络中，根端口和指定端口处于转发状态，而替代端口和备份端口则处于丢弃状态。

4.3.2　RSTP 中的 BPDU

RSTP 使用 802.1D 的 BPDU 格式，以向后兼容。然而，RSTP 使用了消息类型字段中一些以前未使用的位。发送交换机端口通过其 RSTP 角色和状态标识自己。

在 802.1D 中，BPDU 基本上都来自根网桥，其他交换机沿生成树向下中继。而在 RSTP 中，无论是否收到根网桥的 BPDU，交换机所有端口都每隔 Hello 时间发送一条 BPDU。这样，网络中的任何交换机都主动地维护网络拓扑。交换机还期望从邻居那里定期地收到 BPDU，如果连续 3 次没有收到 BPDU，将认为邻居交换机出现了故障，所有与前往该邻居的端口相关的信息都将被删除。这意味着交换机能够在 3 个 Hello 时间间隔内检测到邻居故障（默认 6 秒），而 802.1D 为最长寿命定时器（默认为 20 秒）。

RSTP 能够区分自己的 BPDU 和 802.1D BPDU，因此可以与使用 802.1D 的交换机共存。每个端口都根据收到的 STP BPDU 运行，例如收到 802.1D BPDU 后，端口将根据 802.1D 的规则运行。

4.3.3 RSTP 的收敛特性

RSTP 可以主动地将端口立即转变为转发状态，而无须通过调整计时器的方式去缩短收敛时间。为了能够达到这种目的，就出现了两个新的变量：边缘端口（edge port）和链路类型（link type）。

边缘端口是指连接终端的端口。由于连接端工作站（而不是另一台交换机）是不可能导致交换环路的，因此这类端口就没有必要经过监听和学习状态，从而可以直接转变为转发状态。一旦边缘端口收到了 BPDU，它将立刻失去边缘端口状态，变为普通的 RSTP 端口。

链路类型是根据端口的双工模式来确定的。全双工端口被认为是点到点类型的链路，而半双工端口被认为是共享型链路。在点到点链路上，不采用定时器过期的策略，而是通过与邻接交换机快速握手来确定端口的状态。以提议和同意的方式在两台交换机之间交换 BPDU。一台交换机提议自己的端口成为指定端口；如果另一台交换机同意，它将使用同意消息进行响应。

RSTP 处理网络收敛时，通过点到点链路传播握手消息。交换机需要做出 STP 决策时，将与最近的邻居握手，该握手成功后，下一台交换机再进行握手，这种过程不断重复，直到到达网络边缘。

在 RSTP 中，仅在非边缘端口进入转发状态时才检测拓扑变更。802.1W 中拓扑变更通知与 802.1D 中的不同，它可以大大减少数据通信中断。在 802.1D 中，交换机检测到端口状态发生变化时，它通过发送拓扑变更通知（TCN）BPDU 来告诉根网桥，然后根网桥发送 TCN 消息给其他交换机，而在 RSTP 中，当检测到拓扑变更后，交换机向网络中的其他交换机传播变更消息，让它们也能更正桥接表，这大大减少了在拓扑变更中丢失的 MAC 地址。

4.4 Cisco 的 PVST/PVST+和 MSTP

STP 使用生成树算法，能够在交换网络中避免环路造成的故障，并实现冗余备份的功能。RSTP 则进一步提高了交换网络拓扑变化时的收敛速度。然而当前的交换网络往往工作在多 VLAN 的环境下。在干道链路上，同时存在多个 VLAN，每个 VLAN 实质上是一个独立的二层交换网络。为了给所有的 VLAN 提供环路避免和冗余备份功能，就必须为所有的 VLAN 都提供生成树计算。

STP 和 RSTP 使用统一的生成树，也就是在网络中只会产生一棵用于消除环路的生成树，所有的 VLAN 共享一棵生成树，其拓扑结构也是一致的。因此在一条干道链路上，所有的

VLAN 要么全部处于转发状态，要么全部处于阻塞状态，如图 4-21 所示。

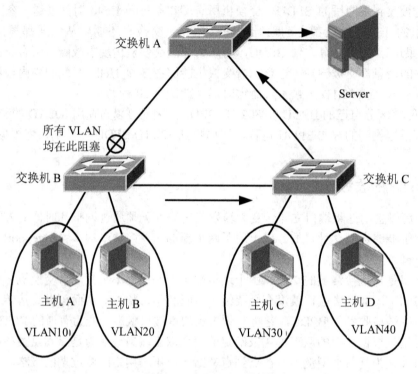

图 4-21　STP/RSTP 的不足

在图 4-21 所示的情况下，交换机 B 到交换机 A 的端口被阻塞，则从主机 A 或主机 B 到 Server 的所有数据都要经过交换机 B 至交换机 C 至交换机 A 的路径传递。交换机 A 和交换机 B 的带宽完全浪费了。

为了克服单生成树协议的缺陷，支持 VLAN 的多生成树协议出现了。

4.4.1　Cisco 的 PVST/PVST+

PVST(Per VLAN Spanning Tree，每 VLAN 生成树)是 Cisco 特有的协议，它为每个 VLAN 运行单独的生成树实例。由于 PVST 的 BPDU 格式和 STP/RSTP 的 BPDU 格式不一样，因此 PVST 协议不兼容 STP/RSTP。Cisco 针对这个问题推出了经过改进的 PVST+，并成为 Cisco 公司交换机产品的默认生成树协议。

在 PVST/PVST+中，每个 VLAN 独自运行自己的生成树协议，独自地选举根网桥、根端口、指定端口等。不同 VLAN 对于根网桥、根端口等的定义可能不同，而交换机的某个端口对于不同的 VLAN 生成树可能会处于不同的工作状态。

在图 4-22 中，交换机 A 是 VLAN 10 的根网桥，而交换机 B 是 VLAN 20 的根网桥。

对交换机 C 来说，它的端口 F0/1 对于 VLAN 10 是根端口，可以收发数据；对于 VLAN 20 来说是非指定端口，处于阻塞状态，不能收发用户数据。

对于交换机 B 来说，它的端口 F0/2 对于 VLAN 20 是指定端口，可以收发数据；对于 VLAN10 来说是非指定端口，处于阻塞状态，不能收发用户数据。

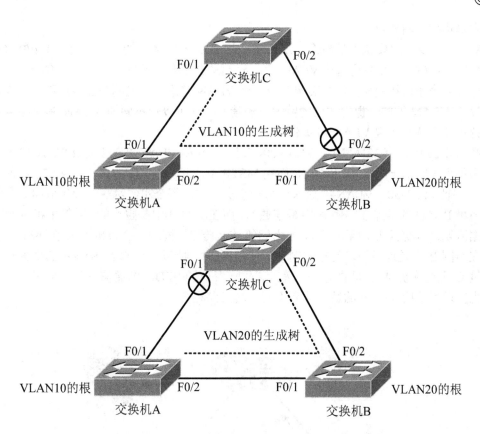

图 4-22 PVST/PVST+为每个 VLAN 运行单独的生成树实例

这样一来,不同的 VLAN 有着不同的数据通路,这为实现网络中的负载均衡和链路冗余提供了基础,这在单生成树的情况下是无法实现的。

PVST/PVST+协议实现了 VLAN 认知能力和负载均衡能力,但是也存在如下缺陷:

- 由于每个 VLAN 都需要生成一棵树,PVST/PVST+的 BPDU 通信量将正比于 Trunk 的 VLAN 个数,也就是说 VLAN 的数量越多,PVST/PVST+的 BPDU 通信量越大。
- 在 VLAN 个数比较多的时候,维护多棵生成树的计算量和资源占用量将急剧增长,特别是当 VLAN 的 Trunk 端口状态变化的时候,所有生成树的状态都要重新计算,交换机的 CPU 将不堪重负。
- 由于协议的私有性,CISCO 公司的 PVST/PVST+不能像 IEEE 的 STP、RSTP 一样得到广泛的支持,不同厂家的设备不能在这种模式下直接互通,只能通过一些变通的方式实现。

一般情况下,在网络拓扑结构不会频繁变化的情况下,PVST/PVST+的这些缺点并不会很致命。但是,Trunk 端口中大量 VLAN 数据量的需求还是存在的,而且不同厂商生成树协议标准统一的问题也必须解决,于是 IEEE 在 PVST+的基础上又做了新的改进,推出了多实例化的 MSTP 协议。

4.4.2 MSTP 概述

多生成树协议(Multiple Spanning Tree Protocol,MSTP)是 IEEE802.1s 中定义的一种新

型多实例化生成树协议。

MSTP 定义了"实例"的概念，所谓实例就是多个 VLAN 的一个集合。STP/RSTP 是基于端口的，PVST/PVST+是基于 VLAN 的，而 MSTP 是基于实例的。通过 MSTP，可以在网络中定义多个生成树实例，每个实例对应多个 VLAN 并维护自己的独立生成树。这样既避免了为每个 VLAN 维护一棵生成树的巨大资源消耗，又可以使不同的 VLAN 具有完全不同的生成树拓扑，从而实现 VLAN 级负载均衡。

在图 4-23 中，有 VLAN10、VLAN20、VLAN30 和 VLAN40，若采用 PVST/PVST+，则必须为每个 VLAN 产生一棵生成树，而在 MSTP 中，可以将 VLAN10、VLAN20 放入到一个实例中，把 VLAN30、VLAN40 放入到另一个实例中，每个实例对应一棵生成树。交换机 A 和交换机 B 之间的链路在实例 A 中是连通的，而在实例 B 中是阻塞的，所以主机 A 到 Server 的数据流就经过交换机 B 至交换机 A 之间的链路传递。同理，交换机 C 和交换机 A 之间的链路在实例 B 中是连通的，而在实例 A 中是阻塞的，所以主机 C 到 Server 的数据流就经过交换机 C 至交换机 A 之间的链路传递。这样既减少了 BPDU 的通信量和交换机上的资源消耗，也实现了不同 VLAN 的数据流有不同的转发路径。

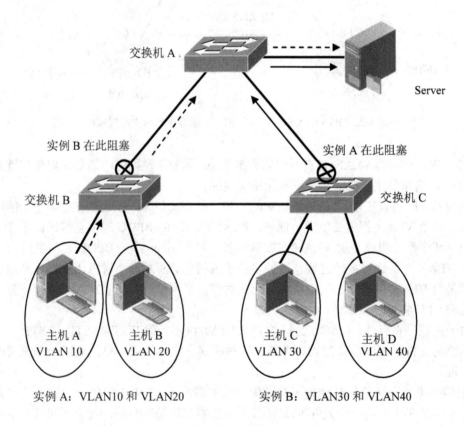

图 4-23 MSTP 实现负载均衡

相对于之前介绍的各种生成树协议，MSTP 的优势非常明显。它具有 VLAN 认知能力，可以实现负载均衡，可以实现类似于 RSTP 的端口状态快速切换，可以捆绑多个 VLAN 到一个实例中以降低资源占用率。MSTP 可以很好地向下兼容 STP/RSTP 协议，并且 MSTP 是 IEEE

标准协议，现在基本上各个网络厂商的交换机产品均能够支持 MSTP。

4.4.3 MST 区域

虽然 MST 能够与 802.1Q 和 PVST+互操作，但 MST 与它们不同。如果交换机被配置为使用 MST，它必须以某种方式确定每个邻居使用的 STP 类型。这是通过将交换机加入到同一个 MST 区域实现的，区域中的每台交换机都使用可兼容的参数运行 MST。

在大多数网络中，单个 MST 区域就足够了，虽然可以配置多个区域。在区域内，所有交换机都必须运行由下列属性定义的 MST 实例：

- MST 配置名（32 个字符）；
- MST 配置修订号（0~65 535）；
- MST 实例到 VLAN 的映射表（4096 项）。

如果两台交换机的属性相同，它们属于同一个 MST 区域；如果两个交换机的属性不同，它们属于两个独立的 MST 区域。

4.5 生成树协议配置

4.5.1 配置 STP 和 RSTP

1. 启用和关闭 STP

默认情况下，Cisco 交换机运行在 PVST+模式下，使用传统的 802.1D STP。可以使用如下命令启用 STP：

Switch(config)#**spanning-tree vlan** *vlan-id*

如果要关闭 STP，可用 **no spanning-tree vlan** *vlan-id* 全局配置命令进行设置。

2. 启用 RSTP

可以对交换机进行配置，使其使用 RSTP，以提高每个 STP 实例的效率。这意味着每个 VLAN 都有独立的 RSTP 实例，这种模式被称为快速 PVST+（RPVST+）。RSTP 只是一种底层机制，生成树模式可以使用该机制来检测拓扑变更和生成无环路的网络拓扑。

要修改 STP 模式以便使用 RPVST+，使用如下全局配置命令：

Switch(config)#**spanning-tree mode rapid-pvst**

3. 配置交换机的优先级

配置交换机的优先级关系着到底哪个交换机成为整个网络的根网桥，同时也关系到整个网络的拓扑结构。通常情况下应当把核心交换机的优先级设置的高些（数值小），使核心交换机成为根网桥，这样有利于整个网络的稳定。

手工设置网桥优先级，使某台交换机的网桥 ID 比默认值低，以便赢得根网桥选举。要选择最低的值，必须知道 VLAN 中其他所有交换机的网桥优先级。为此，可使用如下命令：

Switch(config)#**spanning-tree vlan** *vlan-list* **priority** *bridge-priority*

bridge-priority 默认为 32 768，但可以将其指定为 0~65 535 的任何值。如果启用了扩展系统 ID，则 bridge-priority 默认为 32 768 加上 VLAN 号，在这种情况下，bridge-priority 的取值范围为 0~61 440，但只能是 4096 的倍数。

Catalyst 交换机为每个 VLAN（PVST+）运行 1 个 STP 实例，因此必须指定 VLAN ID。

应为每个 VLAN 指定合适的根网桥。例如，可以使用如下命令将 VLAN 5 和 VLAN100~200 的网桥优先级设置为 4 096：

Switch(config)#spanning-tree vlan 5,100-200 priority 4096

4. 配置交换机端口的路径成本

交换机的每个活动端口的根路径成本为 BPDU 沿途经过的累加成本。交换机收到 BPDU 后，将接收端口的端口成本加到 BPDU 中的根路径成本中。端口路径成本与端口的带宽成反比。

要配置交换机端口的路径成本，可使用下面接口配置命令：

Switch(config-if)#**spanning-tree [vlan** *vlan-id* **] cost** *cost*

如果指定 **vlan** 参数，将只修改指定 VLAN 的端口成本。否则，将修改所有活动 VLAN 的端口成本。Cost 的取值为 1~65 535。标准或默认值取决于端口的带宽。

5. 调整端口 ID

交换机使用的端口 ID 值实际上是一个 16 位数：8 位表示优先级；8 位表示端口号。端口优先级的取值为 0~255，所有端口的默认优先级值为 128。端口号的取值范围为 0~255，表示端口的实际物理映射。

显然，交换机端口的端口号是固定的，因为它是基于硬件位置的。然而，通过使用端口优先级修改端口 ID，可影响 STP 决策。可使用下面的接口配置命令来配置端口优先级：

Switch(config-if)#**spanning-tree [vlan** *vlan-id* **] port-priority** *port-priority*

可使用 **vlan** 参数来修改特定 VLAN 的端口优先级。如果没有 **vlan** 参数，将修改所有活动 VLAN 的端口优先级。Port-priority 的取值范围为 0~255，默认值为 128。端口优先级越小，表明其前往根网桥的路径的优先级越高。

6. 配置边缘端口和链路类型

与 RSTP 相关的配置还有边缘端口或链路类型。链路类型用于确定交换机如何与邻居协商拓扑信息。

使用下面的接口配置命令，可以将端口配置为 RSTP 边缘端口：

Switch(config-if)#**spanning-tree portfast**

默认情况下，如果端口运行在全双工模式下，RSTP 自动将端口配置为点到点链路。与其他交换机相连的端口通常是全双工的，因为链路上只有两台交换机。然而，可以根据需要修改默认配置。例如，与另一台交换机相连的端口可能由于某种原因运行在半双工模式下。可以使用下面的接口配置命令，将端口配置为点到点链路：

Switch(config-if)#**spanning-tree link-type point-to-point**

7. 配置 Hello Time、Forwand-delay Time 和 Max-age Time

可以使用下面的一个或多个全局命令来修改 STP 定时器：

Switch(config)#**spanning-tree [vlan** *vlan-id* **] hello-time** *seconds*

Switch(config)#**spanning-tree [vlan** *vlan-id* **] forward-time** *seconds*

Switch(config)#**spanning-tree [vlan** *vlan-id* **] max-age** *seconds*

8. 查看生成树配置

配置完成后可以使用以下命令查看交换机上运行的生成树实例状态，以检查配置是否正确：

Switch#**show spanning-tree**

也可以用下面的命令显示交换机某个具体端口的生成树信息。

Switch#**show spanning-tree interface** *type mode/num*

4.5.2 生成树配置实例

下面是一个生成树的配置实例。在如图 4-24 所示的拓扑图中配置 RSTP，每台交换机的默认优先级和 MAC 地址已经标注在图中，且只有一个 VLAN 1。

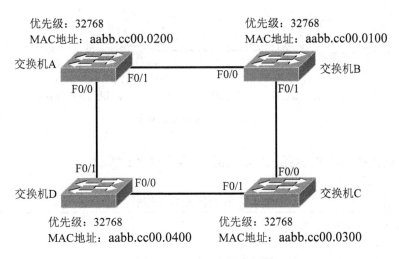

图 4-24 RSTP 配置实例图

如果只启用 RSTP，交换机 B 将成为根网桥，而交换机 D 的端口 F0/1 就成了根端口。现在要将交换机 A 设为根网桥，交换机 C 的端口 F0/1 设为根端口，需要进行以下配置，如示例 4-1 所示。

示例 4-1 交换机 A、交换机 B、交换机 C 和交换机 D 的配置

```
SwitchA(config)#spanning-tree mode rapid-pvst
SwitchA(config)#spanning-tree vlan 1 priority 4096
SwitchB(config)#spanning-tree mode rapid-pvst
SwitchC(config)#spanning-tree mode rapid-pvst
SwitchD(config)#spanning-tree mode rapid-pvst
SwitchD(config)#spanning-tree vlan 1 priority 8192
```

为了不改变交换机 C 的端口路径成本，所以在这里采取的方法是将交换机 D 的网桥优先级改小，减少交换机 D 的网桥 ID，然后根据路径成本相同时，比较发送网桥 ID 的原则，交换机 C 就会选举连接交换机 D 的端口 F0/1 为根端口。

配置完成后，生成树协议的收敛结果如图 4-25 所示。

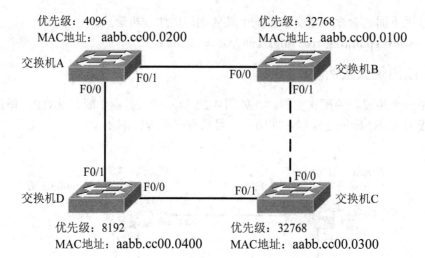

优先级：4096
MAC地址：aabb.cc00.0200

优先级：32768
MAC地址：aabb.cc00.0100

交换机A

F0/1   F0/0   交换机B

F0/0   F0/1

F0/1   F0/0

交换机D   F0/0   F0/1   交换机C

优先级：8192
MAC地址：aabb.cc00.0400

优先级：32768
MAC地址：aabb.cc00.0300

图 4-25　生成树收敛结果

查看交换机中生成树的运行状态如示例 4-2 至示例 4-5 所示。

示例 4-2　交换机 A 的生成树状态

```
SwitchA #show spanning-tree

VLAN0001
  Spanning tree enabled protocol rstp
  Root ID     Priority     4097
              Address      aabb.cc00.0200
              This bridge is the root
              Hello Time    2 sec   Max Age 20 sec   Forward Delay 15 sec
  Bridge ID   Priority     4097    (priority 4096 sys-id-ext 1)
              Address      aabb.cc00.0200
              Hello Time    2 sec   Max Age 20 sec   Forward Delay 15 sec
              Aging Time 300


Interface             Role Sts Cost       Prio.Nbr Type
-------------------   ---- --- ---------  -------- -----------------------------------
Fa0/0                 Desg FWD 100        128.1    Shr
Fa0/1                 Desg FWD 100        128.2    Shr
```

示例 4-3　交换机 B 的生成树状态

```
SwitchB#show spanning-tree

VLAN0001
```

```
Spanning tree enabled protocol rstp
Root ID      Priority      4097
             Address       aabb.cc00.0200
             Cost          100
             Port          1 (FastEthernet0/0)
             Hello Time    2 sec   Max Age 20 sec   Forward Delay 15 sec

Bridge ID    Priority      32769   (priority 32768 sys-id-ext 1)
             Address       aabb.cc00.0100
             Hello Time    2 sec   Max Age 20 sec   Forward Delay 15 sec
             Aging Time 300


Interface              Role Sts Cost       Prio.Nbr Type
------------------- ---- --- --------- -------- --------------------------------
Fa0/0                  Root FWD 100        128.1      Shr
Fa0/1                  Desg FWD 100        128.2      Shr
```

示例 4-4   交换机 C 的生成树状态

```
SwitchC#show spanning-tree


VLAN0001
  Spanning tree enabled protocol rstp
  Root ID      Priority      4097
               Address       aabb.cc00.0200
               Cost          200
               Port          2 (FastEthernet0/1)
               Hello Time    2 sec   Max Age 20 sec   Forward Delay 15 sec

  Bridge ID    Priority      32769   (priority 32768 sys-id-ext 1)
               Address       aabb.cc00.0300
               Hello Time    2 sec   Max Age 20 sec   Forward Delay 15 sec
               Aging Time 300


Interface              Role Sts Cost       Prio.Nbr Type
------------------- ---- --- --------- -------- --------------------------------
Fa0/0                  Altn BLK 100        128.1      Shr
Fa0/1                  Root FWD 100        128.2      Shr
```

示例 4-5   交换机 D 的生成树状态

```
SwitchD#show spanning-tree

VLAN0001
  Spanning tree enabled protocol rstp
  Root ID      Priority      4097
               Address       aabb.cc00.0200
               Cost          100
               Port          2 (FastEthernet0/1)
               Hello Time    2 sec   Max Age 20 sec   Forward Delay 15 sec

  Bridge ID    Priority      8193     (priority 8192 sys-id-ext 1)
               Address       aabb.cc00.0400
               Hello Time    2 sec   Max Age 20 sec   Forward Delay 15 sec
               Aging Time 300


Interface               Role Sts Cost        Prio.Nbr Type
-------------------- ---- --- --------- -------- ----------------------------
Fa0/0                   Desg FWD 100         128.1      Shr
Fa0/1                   Root FWD 100         128.2      Shr
```

4.5.3 MSTP 配置

在使用了 MST 协议的网络中，必须在区域中的每台交换机上手工配置 MST 属性。目前，还不能像 VLAN 中继协议（VTP）那样，将这些信息从一台交换机传播到另一台交换机。定义 MST 区域的配置命令依次如下：

第 1 步 在交换机上启用 MST

Switch(config)#**spanning-tree mode mst**

第 2 步 进入 MST 配置模式

Switch(config)#**spanning-tree mst configuration**

第 3 步 指定区域配置名

Switch(config-mst)#**name** *name*

第 4 步 指定区域配置修订号

Switch(config-mst)#**revision** *version*

可以使用配置修订号来跟踪 MST 区域配置的变更。每次修改配置时，应将配置修订号加 1。在同一个区域中，所有交换机的区域配置（包括修订号）必须相同。因此，还需要更新其他交换机上的修订号以便匹配。

第 5 步 将 VLAN 映射到 MST 实例

Switch(config-mst)#**instance** *instance-id* **vlan** *vlan-list* vlan-list 中列出的 VLAN 被加入到 instance-id（0~15）中。该列表可包含一个或多个用逗号隔开的 VLAN。可以在该列表中指定 VLAN 范围，并使用连字符将下限和上限分开。默认情况下，所有 VLAN 都被映射到实例 0。

第 6 步 显示还未提交的修改

Switch(config-mst)#**show pendin**

第 7 步 退出 MST 配置模式，向活动 MST 区域配置提交修改

Switch(config-mst)#**exit**

启用并配置 MST 后，PVST+ 停止运行，交换机切换到 RSTP。交换机不能同时使用 MST 和 PVST+。

还可以调整 MST 与 CST 或传统 802.1D 交互时使用的参数，表 4-4 总结了各个命令。注意，定时器配置应用于整个 MST，而不是某个 MST 实例。

表 4-4 MST 配置命令

任务	命 令
设置网桥优先级	Switch(config)#**spanning-tree mst** *instance-id* **priority** *bridge-priority*
设置端口成本	Switch(config)#**spanning-tree mst** *instance-id* **cost** *cost*
设置端口优先级	Switch(config)#**spanning-tree mst** *instance-id* **port-priority** *port-priority*
设置 STP 定时器	Switch(config)#**spanning-tree mst hello-time** *seconds* Switch(config)#**spanning-tree mst forward-time** *seconds* Switch(config)#**spanning-tree mst max-age** *seconds*

4.5.4 MSTP 生成树配置实例

下面以图 4-26 为例介绍 MSTP 的配置，交换机 C 作为一台汇聚层的交换机，汇聚了 VLAN10、VLAN20、VLAN30、和 VLAN40 的流量，现在需要将 VLAN 的流量进行分流后进入冗余的核心层，以达到负载均衡和冗余链路的作用。

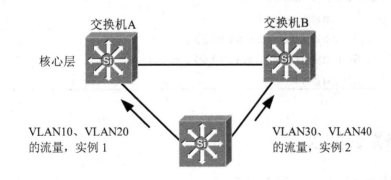

图 4-26 MSTP 配置实例图

在交换机 A、交换机 B 和交换机 C 上有关 MSTP 的配置内容如示例 4-6 至示例 4-8 所示，其中创建 VLAN 并配置 trunk 端口的步骤省略。

示例 4-6　在交换机 A 上配置 MSTP

```
SwitchA (config)# spanning-tree mode mst
SwitchA (config)#spanning-tree mst configuration
SwitchA (config-mst)#name region1
SwitchA (config-mst)#revision 1
SwitchA (config-mst)#instance 1 vlan 10,20
SwitchA (config-mst)#instance 2 vlan 30,40
SwitchA (config-mst)#exit
SwitchA(config)#spanning-tree mst 1 priority 4096
SwitchA(config)#spanning-tree mst 2 priority 8192
```

示例 4-7　在交换机 B 上配置 MSTP

```
SwitchB (config)# spanning-tree mode mst
SwitchB (config)#spanning-tree mst configuration
SwitchB (config-mst)#name region1
SwitchB (config-mst)#revision 1
SwitchB (config-mst)#instance 1 vlan 10,20
SwitchB (config-mst)#instance 2 vlan 30,40
SwitchB (config-mst)#exit
SwitchB (config)# spanning-tree mst 1 priority 8192
SwitchB (config)#spanning-tree mst 2 priority 4096
```

示例 4-8　在交换机 C 上配置 MSTP

```
SwitchC (config)# spanning-tree mode mst
SwitchC (config)#spanning-tree mst configuration
SwitchC (config-mst)#name region1
SwitchC (config-mst)#revision 1
SwitchC (config-mst)#instance 1 vlan 10,20
SwitchC (config-mst)#instance 2 vlan 30,40
SwitchC (config-mst)#exit
```

4.6　链路聚合技术

4.6.1　链路聚合技术和 IEEE802.3ad

链路聚合技术又称为端口聚合技术，是以太网交换机所实现的一种非常重要的高可靠性技术。其功能是将交换机的多个端口捆绑成一条高带宽链路，同时通过几个端口进行链路负载均衡，避免链路出现拥塞现象，也可以防止由于单条链路转发速率过低而出现的丢帧现象。在网络建设不增加更多成本的前提下，既实现了网络的高速性，也保证了链路的冗余性。链路聚合具有下述优点。

1. 增加链路带宽

如图 4-27 所示，将 4 条 100Mbps 的快速以太网链路聚合成一条高速链路，这条链路在全双工模式下可以达到 800Mbps 的带宽，这样就可以保证两台交换机之间不会出现带宽的瓶颈。另外，由于服务器的数据流量较大，可以将两条 100Mbps 的链路聚合成为一条高速链路。

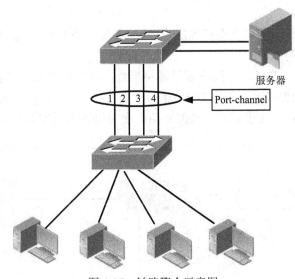

图 4-27　链路聚合示意图

2. 提供链路可靠性

在聚合链路中，只要还存在正常工作的成员链路，整个传输链路就不会失效。例如在图 4-27 中，如果链路 1 和链路 2 先后出现故障，它们的数据流量会被迅速转移到另外两条链路上，并继续保持负载均衡，因而两台交换机之间的连接不会中断。

链路聚合技术与生成树协议并不冲突，生成树协议会把链路聚合后的高速链路当做单个逻辑链路进行生成树的建立，例如在图 4-27 中，链路 1、2、3、4 聚合之后，就产生了一个端口通道 port-channel，这个端口通道在生成树协议的工作中，是作为单条链路进行生成树计算的。

在实际应用中，并非捆绑的链路越多越好，Cisco 换机最多允许 8 个端口进行聚合，这是由于捆绑端口的数目越多，其消耗掉的交换机端口数目就越多。另外，捆绑过多的链路容易给服务器带来难以承担的重荷。

现在主要的链路聚合技术的标准有 Cisco 公司的端口汇聚协议（Port Aggregation Protocol，PAGP）和 IEEE802.3ad 的链路汇聚控制协议（Link Aggregation Control Protocol，LACP），其中 PAGP 只支持在 Cisco 公司的产品上，而大部分厂家均支持 LACP，因此在本书中主要介绍 LACP 的配置技术。

在链路聚合的过程中需要交换机之间通过 LACP 协议进行相互协商，LACP 协议通过链

计算机系列教材

路汇聚控制协议数据单元（Link Aggregation Control Protocol Data Unit，LACPDU）与对端交互信息。当某端口的 LACP 协议启动后，该端口将通过发送 LACPDU 向对端通告自己的系统优先级、系统 MAC 地址、端口优先级、端口号和操作密钥等信息。对端接收到这些信息后，将这些信息与其他端口所保存的信息比较以选择能够汇聚的端口，从而双方可以对端口加入或退出某个汇聚组达成一致。

4.6.2　链路聚合的流量平衡

链路聚合会根据报文中的 MAC 地址或 IP 地址进行流量平衡，即把流量平均分配到端口通道的成员链路中去。流量平衡可以根据源 MAC 地址、目的 MAC 地址或源 IP 地址、目的 IP 地址进行设置。

根据不同的网络环境应设置合适的流量分配方式，以便能把流量均匀地分配到各个链路上，充分利用网络的带宽。

在图 4-28 中，两台交换机之间设置了链路聚合，服务器的 MAC 地址只有一个。为了让客户主机与服务器的通信流量能被多条链路分担，连接服务的交换机应当设置为根据目的 MAC 进行负流量平衡，而连接客户主机的交换机应当设置为根据源 MAC 地址进行流量平衡。

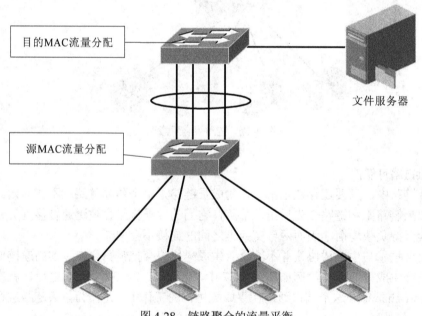

图 4-28　链路聚合的流量平衡

需要注意的是，不同型号的交换机支持的流量平衡算法类型也不尽相同，配置前需要查看该型号交换机的配置手册。

4.6.3　配置链路聚合

1. 链路聚合配置

如果使用 LACP 进行链路聚合的配置，需要加入通道组的交换机端口成员必须具备以下相同的属性：

- 端口均为全双工模式；
- 端口速率相同；
- 端口的类型必须一样，比如同为以太网口或同为光纤口；
- 端口同为 Access 端口并且属于同一个 VLAN，或者同为 Trunk 端口。

要配置交换机端口使其利用 LACP 进行聚合，可使用下列命令：

Switch(config)#**lacp system-priority** *priority*

Switch(config)#**interface** *type mod/num*

Switch(config-if)#**channel-protocol lacp**

Switch(config-if)#**channel-group** *number* **mode** {**on** | **passive** | **active**}

Switch(config-if)#**lacp port-priority** *priority*

首先，应该给交换机定义 LACP 系统优先级（1~65 535，默认为 32 768）。如果希望使用某台交换机，应给它定义一个较小的系统优先级，这样才能由它来决定端口通道的组成。否则，两台交换机的系统优先级将相同，由 MAC 地址较小的交换机充当决策者。

同一个端口通道中的所有接口通道组号必须相同。通道的协商模式必须设置为 on（无条件通道，不进行 LACP 协商）、passive（被动监听，等待被请求）或 active（主动请求）。

在通道组中，配置的接口数量可以超过可同时处于活动状态的接口数量。这样可提供备用接口，以替换出现故障的活动接口。为必须活动的接口配置较小的端口优先级（1~65 535，默认为 32 768）；为备用接口配置较大的端口优先级。否则，使用默认值，所有端口的默认优先级都是 32 768，这样端口号较小的端口将被选做活动端口。

假设要配置一台交换机，使其使用接口 F0/1~3 来协商一条端口通道。接口 F0/4~6 用来做备份端口，以替换端口通道中出现故障的链路。该交换机主动地协商通道，并充当相关通道操作的决策者，具体配置如示例 4-9 所示。

示例 4-9 在交换机上配置链路聚合

```
Switch(config)#lacp system-priority 100
Switch(config)#int range fastEthernet 0/1 - 3
Switch(config-if-range)#channel-protocol lacp
Switch(config-if-range)#channel-group 1 mode active
Switch(config-if-range)#lacp port-priority 100
Switch(config-if-range)#exit
Switch(config)#int range fastEthernet 0/4 - 6
Switch(config-if-range)#channel-protocol lacp
Switch(config-if-range)#channel-group 1 mode active
```

注意到将接口 F0/4~6 的优先级保留为默认值 32 768，这比端口通道中其他接口的优先级（被配置为 100）大，因此它们将充当备用接口。

2. 配置流量平衡

要指定在聚合链路之间分配数据报文的方法，可以使用下述命令：

Switch(config)#**port-channel load-balance** *method*

注意，链路聚合的流量平衡方法是使用一个全局配置命令配置的，method 变量的取值如下：

- **dst-mac**：根据输入报文的目的 MAC 地址进行流量分配。在端口通道的各条链路中，目的 MAC 地址相同的报文被送到相同的成员链路，目的 MAC 地址不同的报文被分配到不同的成员链路。
- **src-mac**：根据输入报文的源 MAC 地址进行流量分配。在端口通道的各条链路中，来自不同 MAC 地址的报文被分配到不同的成员链路，来自相同的 MAC 地址的报文使用相同的成员链路。
- **src-dst-mac**：根据输入报文中的源 MAC 地址和目的 MAC 地址进行流量分配。不同的源 MAC/目的 MAC 对的流量通过不同的成员链路转发，同一源 MAC/目的 MAC 对通过相同的成员链路转发。
- **dst-ip**：根据输入报文的目的 IP 地址进行流量分配。在端口通道的各条链路中，目的 IP 地址相同的报文被送到相同的成员链路，目的 IP 地址不同的报文被分配到不同的成员链路。
- **src-ip**：根据输入报文的源 IP 地址进行流量分配。在端口通道的各条链路中，来自不同 IP 地址的报文被分配到不同的成员链路，来自相同的 IP 地址的报文使用相同的成员链路。
- **src-dst-ip**：根据输入报文中的源 IP 地址和目的 IP 地址进行流量分配。不同的源 IP/目的 IP 对的流量通过不同的成员链路转发，同一源 IP/目的 IP 对通过相同的成员链路转发。

3. 链路聚合故障排除

首先，使用命令 **show etherchannel summary** 查看链路聚合的状态。这将显示端口通道中的每个端口以及指出端口状态的标记，如示例 4-10 所示。

示例 4-10　命令 show etherchannel summary 的输出

```
Switch#show etherchannel summary
Flags:   D - down           P - in port-channel
         I - stand-alone s - suspended
         H - Hot-standby (LACP only)
         R - Layer3         S - Layer2
         U - in use         f - failed to allocate aggregator
         u - unsuitable for bundling
         w - waiting to be aggregated
         d - default port


Number of channel-groups in use: 1
Number of aggregators:            1


Group  Port-channel  Protocol    Ports
------+-------------+-----------+------------------------------------------


1      Po1(SU)        LACP       Fa0/1(P) Fa0/2(P) Fa0/3(P)
```

端口-通道的状态是整个端口通道逻辑接口的状态。如果通道正常，应为 SU。还可以检查通道中的每个接口状态。端口通道中的活动端口都有标记(P)，若一个端口的标记显示(D)，是因为他没有连接上或处于 down 状态。如果端口连接上了，但没有捆绑到通道中，将有（I）来标记，表示它是独立的。

可以使用命令 **show etherchannel port** 查看信道的协商模式，如示例 4-11 所示。

示例 4-11　命令 show etherchannel port 的输出

```
Switch#show etherchannel port
                    Channel-group listing:
                    ----------------------


Group: 1
----------
                    Port-channels in the group:
                    ----------------------------


Port-channel: Po1        (Primary Aggregator)
------------


Age of the Port-channel     = 00d:00h:27m:36s
Logical slot/port     = 2/1          Number of ports = 3
GC                          = 0x00000000          HotStandBy port = null
Port state               = Port-channel
Protocol               =    LACP
Port Security          = Disabled


Ports in the Port-channel:

Index    Load    Port     EC state           No of bits
------+------+------+-----------------+-----------
   0      00     Fa0/1    Active                0
   0      00     Fa0/3    Active                0
   0      00     Fa0/2    Active                0
Time since last port bundled:       00d:00h:00m:28s      Fa0/2
```

最后，可以使用命令 **show etherchannel load-balance** 来查看端口通道的流量平衡方法。注意，在端口通道两端的交换机上可以使用不同的流量平衡方法。

4.7　本章小结

　　本章主要介绍了在交换网络中环路存在带来的危害，例如会产生广播风暴、多帧复制和MAC 地址表抖动等问题，但为了增加网络的可靠性和容错性能，冗余链路又是必需的，此时可以采用生成树协议来解决这个矛盾。

　　生成树协议通过逻辑上阻塞一些冗余端口来消除环路，将物理环路改变为逻辑上无环路的拓扑，而一旦活动链路故障，被阻塞的端口能够立即启用，以达到冗余备份的目的。

　　IEEE802.1d 生成树标准中，一个交换网络达到 STP 收敛需要 50 秒的时间，这在很多情况下是不能忍受的，因此 IEEE 又制订了 802.1w 快速生成树协议，将收敛速度缩短到 1 秒。

　　STP 和 RSTP 使用统一的生成树，也就是在网络中只会产生一棵用于消除环路的生成树，所有的 VLAN 共享一棵生成树，为了克服单生成树协议的缺陷，Cisco 推出了 PVST/PVST+，IEEE802.1s 定义了 MSTP。PVST/PVST+是基于 VLAN 的，而 MSTP 是基于实例的，所谓实例就是多个 VLAN 的一个集合。

　　生成树协议消除了环路，但也使得备份链路处于阻塞的状态，带宽不能被利用。在网络的骨干链路上，很多情况下不仅仅需要备份链路，也需要更大的带宽和传输能力。此时，就需要使用链路聚合技术，将多条物理链路捆绑在一起，形成一条逻辑链路，不仅避免了环路，也增加了链路带宽。

　　本章还详细介绍了各种生成树协议的配置方法和链路聚合的配置方法。

4.8　习题

1. **选择题**

　　（1）下面哪项最好地描述了桥接环路？

　　　　A．在交换机之间为实现冗余而形成的环路

　　　　B．由生成树协议生成的环路

　　　　C．在交换机之间形成的环路，帧沿环路无休止地传输下去

　　　　D．帧在源和目的地之间的往返路径

　　（2）以下哪种技术不可以用来避免交换网络中的环路？

　　　　A．STP

　　　　B．RSTP

　　　　C．MSTP

　　　　D．ACL

　　（3）下面哪个参数用于选举根网桥？

　　　　A．根路径成本

　　　　B．路径成本

　　　　C．网桥优先级

　　　　D．BPDU 修订号

　　（4）RSTP 基于下面哪种标准？

A．802.1Q

B．802.1D

C．802.1W

D．802.1S

（5）如果网络中所有交换机都使用默认的 STP 值，下面哪项是正确的？

A．根网桥将为 MAC 地址最低的交换机

B．根网桥将为 MAC 地址最高的交换机

C．一台或多台交换机的网桥优先级为 4096

D．网络中没有辅助根网桥

（6）下面哪项导致 RSTP 认为端口是点到点的？

A．端口速度

B．端口介质

C．端口双工

D．端口优先级

（7）Cisco 的 MST 实现支持多少个 STP 实例？

A．1

B．16

C．256

D．4096

（8）下面哪种技术可以提供更高的带宽和链路冗余？

A．生成树协议

B．虚拟局域网

C．端口聚合

D．动态路由

（9）IEEE 制定的实现以太网端口聚合使用的标准是什么？

A．802．1D

B．802．1Q

C．802．3ad

D．802．3Z

（10）下面哪种方法不是有效的链路聚合技术的负载均衡方法？

A．源 MAC 地址

B．源和目的 MAC 地址

C．源和目的 IP 地址

D．IP 优先级

2．问答题

（1）根据下表中的信息，哪台交换机将成为根网桥？如果根网桥出现故障，哪台交换机将成为辅助根网桥？

交换机名	网桥优先级	MAC 地址	端口成本
Catalyst A	32768	00-d0-10-34-26-a0	均为 19
Catalyst B	32768	00-d0-10-34-24-a0	均为 19
Catalyst C	8192	00-d0-10-34-27-a0	均为 19
Catalyst D	32768	00-d0-10-34-24-a1	均为 19

（2）什么情况导致 STP 拓扑发生变化？这种变化对 STP 和网络有什么影响？

（3）根网桥已经在网络中选举出来。假定安装的新交换机与现有根网桥相比，有更低的网桥 ID，将发生什么情况？

（4）假设交换机从两个端口接受到配置 BPDU，这两个端口被分配给同一个 VLAN，每个 BPDU 都指出 Catalyst A 为根网桥。这台交换机可以将这两个端口都用做根端口吗？为什么？

（5）要定义 MST 区域，必须配置哪三个参数？

（6）链路聚合技术有何优点？

第5章　IP 路由技术

路由技术就是通过路由器将数据包从一个网段传递到另一个网段的技术。路由是指导路由器进行数据报文发送的路径信息。每条路由都包含有目的地址、下一跳、出接口、到目的地的代价等要素，路由器根据自己的路由表对 IP 报文进行转发操作。

每一台路由器都有路由表，路由表的来源主要有直连路由、静态路由和动态路由。直连路由无须配置，是路由器自动获得其直连网段的路由，静态路由是由管理员手动配置在路由器的路由表里的路由，动态路由则是路由器通过路由协议自动学习到的路由。在 IP 路由技术中，有很多动态路由协议，它们的原理、工作方式和适用范围各不相同。

学习完本章，应该达到以下目标：
- 掌握路由器的作用及路由转发原理
- 掌握路由表的构成及含义
- 掌握静态路由的原理及配置方法
- 能够利用浮动路由实现路由备份
- 理解路由协议的种类和特点

5.1　IP 路由技术原理

路由器提供了将异构网络互连起来的机制，实现将一个数据包从一个网络发送到另一个网络。路由就是指导 IP 数据包发送的路径信息。

在互联网中进行路由选择要使用路由器，路由器只是根据所收到的数据包头的目的地址选择一个合适的路径，将数据包传送到下一跳路由器，路径上最后的路由器负责将数据包交送给目的主机。数据包在网络上的传输是通过多台路由器一站一站地接力传送的，每台路由器只负责将数据包在本站通过最优的路径转发。当然有时候由于一些路由策略的实施，数据包通过的路径并不一定是最优的。

路由器的特点是逐跳转发。在图 5-1 所示的网络中，路由器 A 收到主机 A 发往主机 B 的数据包后，将数据包转发给路由器 B，路由器 A 并不负责指导路由器 B 如何转发数据包。所以，路由器 B 必须自己将数据包发送给路由器 C，路由器 C 再转发给路由器 D，以此类推。这就是路由逐跳性，即路由只指导本地转发行为，不会影响其他设备转发行为，设备之间的转发是相互独立的。

5.1.1　路由的基本过程

如图 5-2 所示，这是一种最简单的网络拓扑，它所表现的是连接在同一台路由器上的两个网段。下面我们以这个拓扑图为例，讲解数据包被路由的过程。

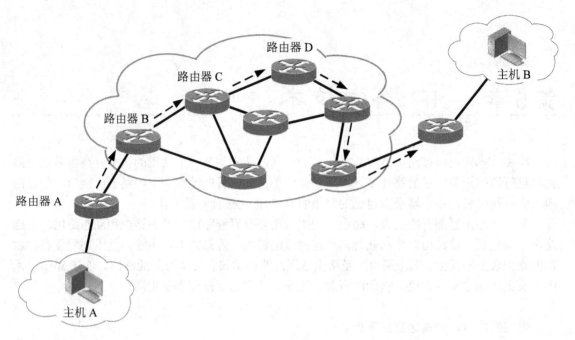

图 5-1 路由报文示意图

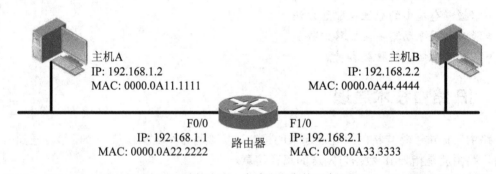

图 5-2 连接在同一台路由器上的两个网段

假设主机 A（其 IP 地址是 192.168.1.2）要发一个数据包（为了下文表述方便，我们称该数据包为数据包 A）到主机 B（其 IP 地址是 192.168.2.2）。由于这两台主机分别属于网段 192.168.1.0 和网段 192.168.2.0，它们之间的通信必须通过路由器才能实现。

以下是数据包 A 被路由的过程：

1. 在主机 A 上的封装过程

首先，在主机 A 的应用层上向主机 B 发出一个数据流，该数据流在主机 A 的传输层上被分成了数据段。然后这些数据段从传输层向下进入到网络层，准备在这里封装成为数据包。在这里，我们只描述其中一个数据包——数据包 A 的路由过程，其他数据包的路由过程与之相同。

在网络层上，将数据段封装成为数据包的一个主要工作，就是为数据段加上 IP 包头，而 IP 包头中主要的一部分，就是源 IP 地址和目的 IP 地址。数据包 A 的源 IP 地址和目的 IP 地址分别是主机 A 和主机 B 的 IP 地址。

在网络层封装完成后,主机 A 将数据包向下送到数据链路层进行数据帧的封装。在数据链路层要为数据包 A 封装上帧头和尾部的校验码,而帧头中主要的一部分就是源 MAC 地址和目的 MAC 地址。在这里,被封装后的数据包 A 变成数据帧 A。

那么,数据帧 A 的源 MAC 地址和目的 MAC 地址是什么呢?源 MAC 地址当然还是主机 A 的 MAC 地址,但是目的 MAC 地址并不是主机 B 的 MAC 地址,而是路由器的 F0/0 接口的 MAC 地址,为什么呢?

原因在于,主机 A 和主机 B 不在同一个 IP 网段,它们之间的通信必须经过路由器。当主机 A 发现数据包 A 的目的 IP 地址不在本地时,它会把该数据包发送到默认的网关,由默认网关把这个数据包转发到它的目的 IP 网段。在这里,主机 A 的默认网关就是路由器的 F0/0 接口。

在主机 A 上默认网关 IP 地址的配置如图 5-3 所示,主机 A 可以通过 ARP 地址解析得到自己的默认网关的 MAC 地址,并将它缓存起来以备使用。一旦出现数据包的目的 IP 地址不在本网段的情况,就以默认网关的 MAC 地址作为目的 MAC 地址封装数据帧,将该数据帧发往默认网关(具有路由功能的设备),由网关负责寻找目的 IP 地址所对应的 MAC 地址或可以到达目的网段的下一个网关的 MAC 地址。

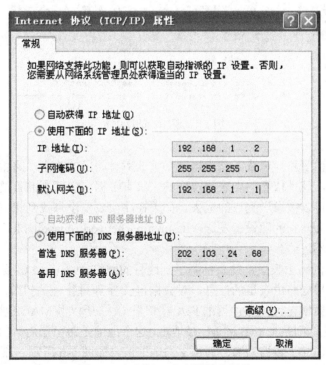

图 5-3　在主机 A 上配置默认网关

从图 5-3 我们看到,主机 A 上配置的默认网关的 IP 地址是路由器上 F0/0 接口的 IP 地址。至此,我们在主机 A 上得到一个封装完整的数据帧 A,它所携带的地址信息如图 5-4 所示。

主机 A 将这个数据帧 A 放到物理层,发送给目的 MAC 地址所标明的设备——默认网关。

2. 路由器的工作过程

当数据帧到达路由器的 F0/0 接口之后,首先被存放在接口的缓存里进行校验以确定数据帧在传输过程中没有损坏，然后路由器会把数据帧 A 的帧头和尾部校验码拆掉，取出其中的数据包 A。

目的MAC地址	源MAC地址	源IP地址	目的IP地址		
0000.0A22.2222	0000.0A11.1111	192.168.1.2	192.168.2.2	数据	校验
帧头		IP包头		上层数据	校验码

图 5-4　数据帧 A 所携带的地址信息（此图省略了帧头和 IP 包头的其他部分）

路由器将数据包 A 的包头送往路由处理器，路由处理器会读取其中的目的 IP 地址，然后在自己的路由表里查找是否存在该 IP 地址所在网段的路由，图 5-5 是路由器的路由表。

```
Router#show ip route
Codes: C - connected, S - static, I - IGRP, R - RIP, M - mobile, B - BGP
       D - EIGRP, EX - EIGRP external, O - OSPF, IA - OSPF inter area
       N1 - OSPF NSSA external type 1, N2 - OSPF NSSA external type 2
       E1 - OSPF external type 1, E2 - OSPF external type 2, E - EGP
       i - IS-IS, L1 - IS-IS level-1, L2 - IS-IS level-2, ia - IS-IS inter area
       * - candidate default, U - per-user static route, o - ODR
       P - periodic downloaded static route

Gateway of last resort is not set

C    192.168.1.0/24 is directly connected, FastEthernet0/0
C    192.168.2.0/24 is directly connected, FastEthernet1/0 ◄
```

图 5-5　路由器的路由表

在路由器的路由表里，记载了路由器所知道的所有网段的路由，路由器之所以能够把数据包传递到目的地，就是依靠路由表来实现的。只有数据包想要去的目的网段存在于路由表中，这个数据包才可以被发送到目的地去。如果在路由表里没有找到相关的路由，路由器会丢弃这个数据包，并向它的源设备发送 "destination network unavailable" 的 ICMP 消息，通知该设备目的网络不可达。

在图 5-5 所示的路由表里，箭头标明了到达目的网络 192.168.2.0 要通过路由器的 F1/0 接口，路由处理器根据路由表里的信息，对数据包 A 重新进行帧的封装。

由于这次是把数据包 A 从路由器的 F1/0 接口发出去,所以源 MAC 地址是该接口的 MAC 地址,目的 MAC 地址则是主机 B 的 MAC 地址,这个地址是路由器由 ARP 协议解析得来的。

路由器又重新建立了数据帧 B,其包含的地址信息如图 5-6 所示。路由器将数据帧 B 从 F1/0 接口发送给主机 B。

目的MAC地址	源MAC地址	源IP地址	目的IP地址		
0000.0A44.4444	0000.0A33.3333	192.168.1.2	192.168.2.2	数据	校验
帧头		IP包头		上层数据	校验码

图 5-6　数据帧 B 所携带的地址信息（此图省略了帧头和 IP 包头的其他部分）

3. 在主机 B 上的拆封过程

数据帧 B 到达主机 B 后，主机 B 首先核对帧头的目的 MAC 地址与自己的 MAC 地址是否一致，如不一致主机 B 就会把该帧丢弃。核对无误之后，主机 B 会检查帧尾的校验，看数据帧是否损坏。证明数据是完整的之后，主机 B 会拆掉帧的封装，把里面的数据包 A 拿出来，想上送给网络层处理。

网络层核对目的 IP 地址无误后会拆掉 IP 包头，将数据段向上送给传输层处理。至此，数据包 A 的路由过程结束。主机 B 会在传输层按顺序将数据段重组成数据流。

主机 B 向主机 A 发送数据包的路由过程和以上过程类似，只不过源地址和目的地址与上面的过程正好相反。

由此我们可以看出，数据在从一台主机传向另一台主机时，数据包本身没有变化，源 IP 地址和目的 IP 地址也没有变化，路由器就是依靠识别数据包中的 IP 地址来确定数据包的路由的，而 MAC 地址却在每经过一台路由器时都发生变化。

5.1.2　路由表

路由器转发数据包的关键是路由表，如表 5-1 所示。每个路由器中都保存着一张路由表，表中每条路由项都指明数据到某个网段应通过路由器的哪个物理接口发送，然后就可以到达该路径的下一跳路由器，或者不再经过别的路由器而传送到直接相连的网络中的目的主机。

表 5-1　　　　　　　　　　　　　　　　路由表的构成

目的地址/网络掩码	下一跳地址	出接口	度量值
10.0.0.0/24	10.0.0.1	F0/1	0
20.0.0.0/24	20.0.0.1	F0/2	0
30.0.0.0/24	20.0.0.1	F0/2	2
40.0.0.0/24	20.0.0.1	F0/2	3
0.0.0.0/0	50.0.0.1	S1/0	10

如果数据包是可以被路由的，那么路由器将会检查路由表获得一个正确的路径。如果数据包的目标地址不能匹配到任何一条路由表项，那么数据包将被丢弃，同时一个"目标不可达"的 ICMP 消息将会被发送给源地址。在数据库中的每个路由表项包含了下列要素。

目标地址：这是路由器可以到达的网络地址，路由器可能会有多条路径到达同一目的地址，但在路由表中只会存在到达这一地址的最佳路径。

出接口：指明 IP 包将从该路由器的哪个接口转发。

下一跳地址：更接近目的网络的下一台路由器的地址。如果只配置了出接口，下一跳地址是出接口的 IP 地址。

度量值：说明 IP 包到达目标需要花费的代价。主要作用是当网络中存在到达目的网络的多条路径时，路由器可依据度量值来选择一条最优的路径发送 IP 报文，从而保证 IP 报文能更好更快地到达目的地。

根据掩码长度的不同，可以把路由表中的路由表项分为以下几个类型：

● 主机路由：掩码长度是 32 位的路由，表明此路由匹配单一 IP 地址。

- **子网路由**：掩码长度小于 32 位但大于 0 位的路由，表明此路由匹配一个子网。
- **默认路由**：掩码长度为 0 位的路由，表明此路由匹配全部 IP 地址。

当路由表中存在多个路由表项可以同时匹配目的 IP 地址时，路由查找进程会选择其中掩码长度最长的路由项进行转发，此为最长匹配原则。

5.1.3　路由器根据路由表转发数据包

路由器是通过匹配路由表里的路由项来实现数据包的转发。如图 5-7 所示，这是一个简单的网络，图中给出了每台路由器需要的路由表项。路由表的网络栏列出了路由器可达的网络地址，指向目标网络的指针在下一跳栏中。

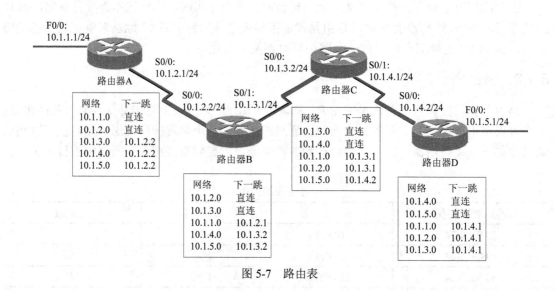

图 5-7　路由表

在图 5-7 中，如果路由器 A 收到一个源地址为 10.1.1.100、目标地址为 10.1.5.30 的数据包，路由表查询的结果是：目标地址的最优匹配是子网 10.1.5.0，可以从 S0/0 接口出站经下一跳地址 10.1.2.2 去往目的地。数据包被发送给路由器 B，路由器 B 查找自己的路由表后发现数据包应该从 S0/1 接口出站经下一跳地址 10.1.3.2 去往目标网络，此过程一直持续到数据包到达路由器 D。当路由器 D 在接口 S0/0 接收到数据包时，路由器 D 通过查找路由表，发现目的地是连接在 F0/0 接口的一个直连网络。最终结束路由选择过程，数据包被传递给以太网链路上的主机 10.1.5.30。

上面说明的路由选择过程是假设路由器可以将下一跳地址同它的接口进行匹配。例如，路由器 B 必须知道通过接口 S1/0 可以到达路由器 C 的地址 10.1.3.2。首先路由器 B 从分配给接口 S1/0 的 IP 地址和子网掩码可以知道子网 10.1.3.0 直接连接在接口 S1/0 上；那么路由器 B 就可以知道 10.1.3.2 是子网 10.1.3.0 的成员，而且一定被连接到该子网上。

为了正确地进行数据包交换，每台路由器都必须保持信息的一致性和准确性。例如，在图 5-7 中，路由器 B 的路由表中丢失了关于网络 10.1.1.0 的表项。从 10.1.1.100 到 10.1.5.30 的数据包将被传递，但是当 10.1.5.30 向 10.1.1.100 回复数据包时，数据包从路由器 D 到路由器 C 再到路由器 B。路由器 B 查找路由表后发现没有关于子网 10.1.1.0 的路由表项，因此丢弃此数据包，同时路由器 B 向主机 10.1.5.30 发送目标网络不可达的 ICMP 信息。

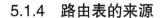

5.1.4　路由表的来源

路由表的来源主要有如下 3 种：

1. 直连路由

直连路由不需要配置，当接口配置了 IP 地址并且状态正常时，由路由进程自动生成。它的特点是开销小，配置简单，无须人工维护，但只能发现本路由器接口所属网段的路由。

2. 手工配置的静态路由

由管理员手动配置的路由称为静态路由。通过静态路由的配置可建立一个互通的网络，但这种配置的问题在于：当一个网络发生故障后，静态路由不会自动修正，必须有管理员修改配置。静态路由无开销，配置简单，适合简单拓扑结构的网络。

3. 动态路由协议发现的路由

当网络拓扑结构十分复杂时，手动配置静态路由的工作量大而且容易出现错误，这时就可以用动态路由协议（如 RIP、OSPF 等），让其自动发现和修改路由，避免人工维护。但动态路由协议开销大，配置复杂。

5.2　路由器

在互联网中进行路由选择要使用路由器，它实现了将数据包从一个网络发送到另一个网络。广义路由器是指可以在网络层进行数据包转发的任何设备；狭义路由器是指一种专用的连接多个网络或网段的网络设备，它能将不同网络或网段的数据信息进行"翻译"，以使它们能够相互"读懂"对方的数据，从而构成一个更大的网络。

简单地讲，路由器主要有以下几种功能：

- 网络互连：路由器支持各种局域网和广域网接口，主要用于互连局域网和广域网，实现不同网络互相通信。
- 数据处理：提供包括分组过滤、分组转发、优先级、复用、加密、压缩和防火墙等功能。
- 网络管理：路由器提供包括配置管理、性能管理、容错管理和流量控制等功能。

5.2.1　路由器的基本组成

路由器由以下几部分组成：

1. 中央处理器（CPU）

路由器的 CPU 用来运行路由器的操作系统以及在操作系统支撑下的各种服务。在各种服务中，最重要的是路由算法的实现，也就是路由器如何将一个数据包从一个网络经过路由器接口以最佳路径路由到另一个网络上。路由器处理数据包的速度在很大程度上取决于路由器的中央处理器。

2. 存储设备（store devices）

路由器上的存储设备用来存储路由器的引导程序、操作系统、路由器的配置文件以支持路由器操作系统的运行。因此路由器上的存储设备必定包含掉电内容就丢失的随机存储器和掉电内容不丢失的存储器，具体分类如下：

- 只读内存（ROM）：用来保存路由器的引导程序。引导程序是路由器运行的第一个软件，负责引导路由器的操作系统进入工作状态。

- 随机存取内存（RAM）：操作系统在 RAM 中运行。
- 闪存（FLASH RAM）：负责存储路由器的操作系统。路由器运行完存储在 ROM 中的引导程序后，就继续执行闪存中存放的操作系统。
- 非易失性随机存取内存（NVRAM）：保存路由器的配置。

3. 接口

路由器具有非常强大的网络连接和路由功能，它可以与不同类型的网络进行物理连接，这就决定了路由器的接口技术非常复杂。路由器的接口主要分局域网接口、广域网接口和配置接口 3 类：

- 局域网接口：用来提供局域网的接入。根据采用技术标准的不同，局域网可选择不同的局域网接口。目前，以太网技术标准是局域网的主流技术标准，因此几乎所有类型的路由器都提供以太网接口（RJ45）。
- 广域网接口：用来提供广域网的接入。根据采用技术标准的不同，广域网可选择不同的广域网接口。目前，路由器上使用最多的广域网接口是高速同异步串口，该端口既可工作在异步状态，又可工作在同步状态，在操作系统中可以根据需要进行设置。
- 配置接口：路由器的配置接口根据配置方式的不同，所采用的接口也不一样，主要有两种：一种是本地配置所采用的控制台接口（Console 接口），另一种是远程配置时采用的辅助接口（AUX 接口）。

4. 操作系统

和计算机系统的操作系统一样，路由器的操作系统也是用来管理路由器的硬件资源，为实现数据包以最优路径从一个网络路由到另外一个网络而调度 CPU、内存和网络接口。

5. 配置文件

路由器的配置文件分为两种：一种是存储在 NVRAM 中的，称为启动配置；另一种是在 RAM 中的运行时的配置，称为运行时配置。网络管理员在路由器上进行的配置工作是对运行时配置的改变，运行时配置只有经过保存操作存储到 NVRAM 中之后，才能供路由器下次运行重复使用。

5.2.2 路由器的启动过程

路由器启动时通常要经历如下五个步骤：

步骤 1 路由器在加电后首先会运行 POST（Power On Self Test，加电自检），测试它的硬件组件，包括存储器和接口。

步骤 2 加载并执行 ROM 中的引导程序。

步骤 3 引导程序找到并加载 IOS 镜像文件；IOS 镜像文件所在的可能位置包括 FLAH、TFTP 服务器或者 ROM 中的迷你 IOS。

步骤 4 一旦加载了 IOS，IOS 就试图找到并加载配置文件，配置文件通常存储在 NVRAM 中。如果 NVRAM 中没有配置文件，路由器会进入问答配置模式，在该模式下所有关于路由器的配置都可以以问答的形式进行配置。不过一般情况下我们基本不用这样的模式。

步骤 5 加载配置文件之后，就进入命令行界面（记住，进入的第一个模式是用户 EXEC 模式），完成启动过程。

5.2.3　路由器命令模式

配置路由器的命令行界面与配置交换机的界面一致，这里不再详细赘述。表 5-2 列出了路由器命令模式。

表 5-2　　　　　　　　　　　　　　路由器命令模式

<table>
<tr><th colspan="2">工作模式</th><th>提示符</th><th>启动方式</th></tr>
<tr><td colspan="2">用户模式</td><td>Router></td><td>开机自动进入</td></tr>
<tr><td colspan="2">特权模式</td><td>Router#</td><td>Router>enable</td></tr>
<tr><td rowspan="4">配
置
模
式</td><td>全局模式</td><td>Router(config)#</td><td>Router#configure terminal</td></tr>
<tr><td>路由模式</td><td>Router(config-router)#</td><td>Router(config)#router rip</td></tr>
<tr><td>接口模式</td><td>Router(config-if)#</td><td>Router(config)#interfacefastethernet 0/0</td></tr>
<tr><td>线程模式</td><td>Router(config-line)#</td><td>Router(config)#line console 0</td></tr>
</table>

5.3　直连路由

直连路由是指路由器接口直接相连的网段的路由。直连路由不需要特别地配置，只需要在路由器的接口上配置 IP 地址即可。路由器会根据接口的状态决定是否使用此路由。如果路由器接口的物理层和链路层状态均为 UP，路由器即认为接口工作正常，该接口所属网段的路由就可生效并以直连路由出现在路由表中；如果接口状态为 DOWN，路由器就认为接口工作不正常，不能通过该接口到达其地址所属网段，因此该接口所属网段的路由也就不能以直连路由出现在路由表中。

图 5-8 所示的是基本的局域网间路由。其中路由器的 3 个接口分别连接 3 个局域网网段，只需要在路由器上为其 3 个接口配置 IP 地址，即可为 10.1.1.0/24、10.1.2.0/24 和 10.1.1.0/24 网段提供路由服务。

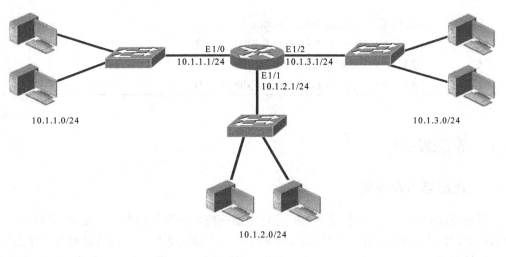

图 5-8　局域网间路由

在路由器上配置接口 IP 地址及查看路由表的过程如示例 5-1 所示。

示例 5-1　直连路由

```
Router(config)#interface ethernet 1/0
Router(config-if)#ip address 10.1.1.1 255.255.255.0
Router(config-if)#no shutdown
Router(config-if)# exit
Router(config)#interface ethernet 1/1
Router(config-if)#ip address 10.1.2.1 255.255.255.0
Router(config-if)#no shutdown
Router(config-if)#exit
Router(config)#interface ethernet 1/2
Router(config-if)#ip address 10.1.3.1 255.255.255.0
Router(config-if)#no shutdown
Router(config-if)#end


Router#show ip route
Codes: C - connected, S - static, R - RIP, M - mobile, B - BGP
        D - EIGRP, EX - EIGRP external, O - OSPF, IA - OSPF inter area
        N1 - OSPF NSSA external type 1, N2 - OSPF NSSA external type 2
        E1 - OSPF external type 1, E2 - OSPF external type 2
        i - IS-IS, su - IS-IS summary, L1 - IS-IS level-1, L2 - IS-IS level-2
        ia - IS-IS inter area, * - candidate default, U - per-user static route
        o - ODR, P - periodic downloaded static route


Gateway of last resort is not set

         10.0.0.0/24 is subnetted, 3 subnets
C        10.1.3.0 is directly connected, Ethernet1/2
C        10.1.2.0 is directly connected, Ethernet1/1
C        10.1.1.0 is directly connected, Ethernet1/0
```

5.4　静态路由

5.4.1　静态路由及配置

　　静态路由是由网络管理员手动配置在路由器的路由表里的路由。在早期的网络中，网络规模不大，路由器的数量很少，路由表也相应较小，通常采用手动的方法对每台路由器的路由表进行配置，即静态路由。这种方法适合于在规模较小、路由表也相对简单的网络中使用。

它较简单，容易实现，沿用了很长一段时间。

但随着网络规模的增长，在大规模网络中路由器的数量很多，路由表的表项较多，较为复杂。在这样的网络中对路由表进行手动配置，除了配置复杂外，还有一个更明显的问题就是不能适应网络拓扑结构的变化。对大规模网络而言，如果网络拓扑结构改变或网络链路发生故障，那么路由器上指导数据转发的路由表就应该相应变化。如果还采用静态路由，用手动的方法配置及修改路由表，对管理员会形成很大的压力。

但在小规模的网络中，静态路由也有如下一些优点：

● 手动配置，可以精确控制路由选择，改进网络的性能。

● 不需要动态路由协议参与，这将会减少路由器的开销，为重要的应用保证带宽。

配置静态路由的命令如下，具体参数如表 5-3 所示。

Router(config)#**ip route** *network network-mask* { *ip-address* | *interface-id* } [*distance*]

表 5-3　　　　　　　　　　　　　　ip route 命令参数

参　数	描　　述
network	目标网络地址
network-mask	目的 IP 地址掩码
ip-address	下一跳 IP 地址
interface-id	本路由器的出站接口号
distance	管理距离，是一种优先级度量值

实施静态路由选择的过程共有如下三个步骤：

步骤 1　为网络中的每个数据链路确定子网或网络地址。

步骤 2　为每台路由器标识所有非直连的数据链路。

步骤 3　为每台路由器写出关于每个非直连数据链路的路由语句。

下面以图 5-9 为例，具体分析静态路由的配置过程。

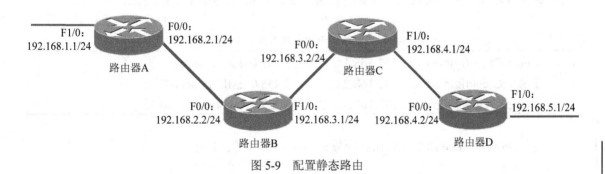

图 5-9　配置静态路由

本拓扑图共有五个网络，地址分别为：192.168.1.0/24、192.168.2.0/24、192.168.3.0/24、192.168.4.0/24 和 192.168.5.0/24。

为了在路由器 C 上配置静态路由，标识出该路由器上的非直连的网络。这些非直连的网络为：192.168.1.0/24、192.168.2.0/24、192.168.5.0/24。

在路由器 C 上配置这些非直连的网络的路由。具体命令如示例 5-2 所示。

示例 5-2　在路由器 C 上配置静态路由

```
RouterC(config)#ip route 192.168.1.0 255.255.255.0 192.168.3.1
RouterC(config)#ip route 192.168.2.0 255.255.255.0 192.168.3.1
RouterC(config)#ip route 192.168.5.0 255.255.255.0 192.168.4.2
```

对于其他路由器也采用同样步骤来配置静态路由，如示例 5-3 所示。

示例 5-3　在路由器 A、路由器 B 和路由器 D 上配置静态路由

```
RouterA(config)#ip route 192.168.3.0 255.255.255.0 192.168.2.2
RouterA(config)#ip route 192.168.4.0 255.255.255.0 192.168.2.2
RouterA(config)#ip route 192.168.5.0 255.255.255.0 192.168.2.2

RouterB(config)#ip route 192.168.1.0 255.255.255.0 192.168.2.1
RouterB(config)#ip route 192.168.4.0 255.255.255.0 192.168.3.2
RouterB(config)#ip route 192.168.5.0 255.255.255.0 192.168.3.2

RouterD(config)#ip route 192.168.1.0 255.255.255.0 192.168.4.1
RouterD(config)#ip route 192.168.2.0 255.255.255.0 192.168.4.1
RouterD(config)#ip route 192.168.3.0 255.255.255.0 192.168.4.1
```

在配置静态路由时，**ip route** 后面是将要输入到路由表中的子网地址、子网掩码及直接连接到下一跳路由器的接口地址。

配置静态路由还可以选择另一种命令，这种命令用出站接口代替下一跳路由器地址，通过出站接口可以到达目标网络，例如配置路由器 C 的路由表如示例 5-4 所示。

示例 5-4　以出站接口形式在路由器 C 上配置静态路由

```
RouterC(config)#ip route 192.168.1.0 255.255.255.0 fastEthernet 0/0
RouterC(config)#ip route 192.168.2.0 255.255.255.0 fastEthernet 0/0
RouterC(config)#ip route 192.168.5.0 255.255.255.0 fastEthernet 1/0
```

使用 show ip route 命令比较两种配置的差别，如示例 5-5 所示。

示例 5-5　两种配置的对比

```
RouterC#show ip route
Codes: C - connected, S - static, I - IGRP, R - RIP, M - mobile, B - BGP
        D - EIGRP, EX - EIGRP external, O - OSPF, IA - OSPF inter area
        N1 - OSPF NSSA external type 1, N2 - OSPF NSSA external type 2
```

E1 - OSPF external type 1, E2 - OSPF external type 2, E - EGP

i - IS-IS, L1 - IS-IS level-1, L2 - IS-IS level-2, ia - IS-IS inter area

∗ - candidate default, U - per-user static route, o - ODR

P - periodic downloaded static route

Gateway of last resort is not set

S　　192.168.1.0/24 [1/0] via 192.168.3.1
S　　192.168.2.0/24 [1/0] via 192.168.3.1
C　　192.168.3.0/24 is directly connected, FastEthernet0/0
C　　192.168.4.0/24 is directly connected, FastEthernet1/0
S　　192.168.5.0/24 [1/0] via 192.168.4.2

RouterC#show ip route
Codes: C - connected, S - static, I - IGRP, R - RIP, M - mobile, B - BGP

D - EIGRP, EX - EIGRP external, O - OSPF, IA - OSPF inter area

N1 - OSPF NSSA external type 1, N2 - OSPF NSSA external type 2

E1 - OSPF external type 1, E2 - OSPF external type 2, E - EGP

i - IS-IS, L1 - IS-IS level-1, L2 - IS-IS level-2, ia - IS-IS inter area

∗ - candidate default, U - per-user static route, o - ODR

P - periodic downloaded static route

Gateway of last resort is not set

S　　192.168.1.0/24 is directly connected, FastEthernet0/0
S　　192.168.2.0/24 is directly connected, FastEthernet0/0
C　　192.168.3.0/24 is directly connected, FastEthernet0/0
C　　192.168.4.0/24 is directly connected, FastEthernet1/0
S　　192.168.5.0/24 is directly connected, FastEthernet1/0

如果静态路由下一跳指定的是同下一跳路由器相连的接口的 IP 地址，则路由器认为该路由是一条管理距离是 1 度量值为 0 的静态路由。如果下一跳指定是本路由器出站接口，则路由器认为该路由是一条直连的路由。

5.4.2　默认路由

默认路由指的是路由表中未直接列出目标网络的路由选择项，它用于在不明确的情况下指明数据包的下一跳的方向。路由器如果配置了默认路由，则所有未明确指明目标网络的数据包都按默认路由进行转发。

默认路由一般使用在 stub 网络中（又称末端网络），stub 网络是只有一条出口路径的网络。使用默认路由来发送那些目标网络没有包含在路由表中的数据包。

默认路由可以看做静态路由的一种特殊情况。

配置默认路由使用如下命令：

Router(config)#**ip route 0.0.0.0 0.0.0.0** { *ip-address* | *interface-id* [*ip-address*] } [*distance*]

如图 5-10 所示，路由器 A 连接了一个末端网络，末端网络中的流量都通过路由器 A 到达 Internet，路由器 A 是一个边缘路由器。在路由器 A 上可以采用如下两种方法配置默认路由：

RouterA(config)# ip route 0.0.0.0 0.0.0.0 S1/2

或者

RouterA(config)# ip route 0.0.0.0 0.0.0.0 200.1.1.1

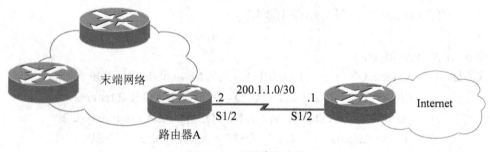

图 5-10　配置默认路由

5.4.3　浮动静态路由

浮动静态路由不同于其他路由，它仅仅会在首选路由发生故障的时候出现。浮动静态路由主要考虑链路的冗余性能。

在图 5-11 中，某企业网络使用一台出口路由器连接到不同的 ISP。如果想实现负载均衡，则可配置两条默认路由，下一跳指向两个不同的接口，配置如示例 5-6 所示。

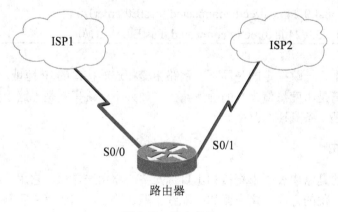

图 5-11　路由备份

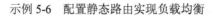

示例 5-6　配置静态路由实现负载均衡

```
Router(config)# ip route 0.0.0.0 0.0.0.0 S0/0
Router(config)# ip route 0.0.0.0 0.0.0.0 S0/1
```

配置完成后，网络内访问 ISP 的数据报文被路由器从两个接口 S0/0 和 S0/1 转发到 ISP，这样可以提高路由器到 ISP 的链路带宽利用率。

通常，负载均衡应用在几条链路带宽相同或相近的场合，但如果链路间的带宽不同，则可以使用路由备份的方式。例如，在图 5-11 所示的网络中，假设路由器通过 S0/1 接口到达 ISP 的链路是一条带宽很低的拨号链路，我们就需要让这条链路作为备份链路，只有主链路出现故障时才启用该链路。

要实现路由备份，则需要浮动静态路由。在图 5-11 所示的网络中，通过配置浮动静态路由，可以让路由器通过 S0/0 接口到达 ISP 的链路为主链路，而通过 S0/1 接口到达 ISP 的链路为备份链路，具体配置如示例 5-7 所示。

示例 5-7　配置浮动静态路由

```
Router(config)# ip route 0.0.0.0 0.0.0.0 S0/0
Router(config)# ip route 0.0.0.0 0.0.0.0 S0/1 150
```

在示例 5-6 中，从备份链路到达 ISP 的静态路由后面跟了 150 这个数字，这个数字指定了该路由的管理距离，管理距离是一种优先级度量值，当到达相同的网络存在两条路径时，路由器将会选择管理距离较低的路径。

当主链路出现故障时，路由器 S0/0 接口的状态为 down，路由器会把到达 ISP 的路由切换到管理距离为 150 的备份链路，如示例 5-8 所示。

示例 5-8　配置浮动静态路由

```
主链路正常工作时的路由表
Router#show ip route
Codes: C - connected, S - static, I - IGRP, R - RIP, M - mobile, B - BGP
       D - EIGRP, EX - EIGRP external, O - OSPF, IA - OSPF inter area
       N1 - OSPF NSSA external type 1, N2 - OSPF NSSA external type 2
       E1 - OSPF external type 1, E2 - OSPF external type 2, E - EGP
       i - IS-IS, L1 - IS-IS level-1, L2 - IS-IS level-2, ia - IS-IS inter area
       * - candidate default, U - per-user static route, o - ODR
       P - periodic downloaded static route

Gateway of last resort is 0.0.0.0 to network 0.0.0.0

C    192.168.1.0/24 is directly connected, FastEthernet0/0
C    192.168.2.0/24 is directly connected, FastEthernet1/0
```

```
C       202.200.67.0/24 is directly connected, Serial0/1
C       202.200.68.0/24 is directly connected, Serial0/0
S*      0.0.0.0/0 is directly connected, Serial0/0


主链路出现故障后的路由表
Router#show ip route
Codes: C - connected, S - static, I - IGRP, R - RIP, M - mobile, B - BGP
        D - EIGRP, EX - EIGRP external, O - OSPF, IA - OSPF inter area
        N1 - OSPF NSSA external type 1, N2 - OSPF NSSA external type 2
        E1 - OSPF external type 1, E2 - OSPF external type 2, E - EGP
        i - IS-IS, L1 - IS-IS level-1, L2 - IS-IS level-2, ia - IS-IS inter area
        * - candidate default, U - per-user static route, o - ODR
        P - periodic downloaded static route


Gateway of last resort is 0.0.0.0 to network 0.0.0.0


C       192.168.1.0/24 is directly connected, FastEthernet0/0
C       192.168.2.0/24 is directly connected, FastEthernet1/0
C       202.200.67.0/24 is directly connected, Serial0/1
S*      0.0.0.0/0 is directly connected, Serial0/1
```

5.4.4 静态黑洞路由的应用

在配置静态路由时，对应接口可以配置为 NULL 0。NULL 接口是一个特别的接口，无法在 NULL 接口上配置 IP 地址，否则路由器会提示配置非法。一个没有 IP 地址的接口能够做什么用呢？此接口单独使用没有意义，但是在一些网络中正确使用能够避免路由环路。

图 5-12 所示为一种常见的网络规划方案。路由器 D 作为汇聚层设备，下面连接有很多台接入层路由器：路由器 A、路由器 B、路由器 C 等。接入层路由器上都配置有默认路由，指向路由器 D；相应地，路由器 D 上配置有目的地址为 10.0.0.0/24、10.0.1.0/24、10.0.2.0/24 的静态路由，回指到路由器 A、路由器 B、路由器 C 等；同时为了节省路由表空间，路由器 D 上配置有一条默认路由指向路由器 E。由于这些接入层路由器所连接的网段是连续的，可以聚合成一条 10.0.0.0/16 的路由，于是在路由器 E 上配置到 10.0.0.0/16 的路由，指向路由器 D。

上述网络在正常情况下可以很好地运行，但如果出现如下意外情况，就会产生路由环路。假设路由器 C 到路由器 D 之间的链路由于故障中断，那么在路由器 D 上去往 10.0.2.0/24 的指向路由器 C 的路由就会失效。此时，如果路由器 A 所连接网络中的一个用户发送一个目的地址为 10.0.2.11 的报文，则路由器 A 将此报文发送到路由器 D，由于路由器 D 上去往 10.0.2.0/24 的路由失效，所以选择默认路由，将报文发送给路由器 E，路由器 E 查询路由表后发现该路由匹配 10.0.0.0/16，于是又将报文发送给路由器 D。同理，路由器 D 会再次将报文发送给路由器 E，此时，在路由器 D 和路由器 E 之间就会产生路由环路。

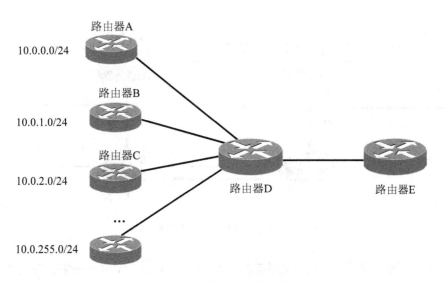

图 5-12　静态黑洞路由应用

解决上述问题的最佳方案就是在路由器 D 上配置一条黑洞路由：

Router(config)# ip route 10.0.0.0 255.255.0.0 null 0

这样，如果再发生上述情况，路由器 D 就会查找路由表，并将报文发送到 NULL 接口（实际上就是丢弃报文），从而避免环路的产生。

5.5　路由协议基础

5.5.1　路由协议概述

路由协议是用来计算、维护路由信息的协议。路由协议通常采用一定的算法来产生路由，并有一定的方法确定路由的有效性来维护路由。

使用路由协议后，各路由器间会通过相互连接的网络，动态地相互交换所知道的路由信息。通过这种机制，网络上的路由器会知道网络中其他网段的信息，动态地生成、维护相应的路由表。如果存在到目的网络有多条路径，而且其中的一个路由器由于故障而无法工作时，到远程网络的路由可以自动重新配置。

如图 5-13 所示，为了从网段 192.168.1.0 到达 192.168.2.0，可以在路由器 A 上配置静态路由指向路由器 D，通过路由器 D 最后到达 192.168.2.0。如果路由器 D 出现了故障，就必须由网络管理员手动修改路由表，由路由器 B 到达 192.168.2.0 网段，以此来保证网络畅通。如果运行了路由协议，情况就不一样了，当路由器 D 出现故障后，路由器之间会通过动态路由协议来自动发现另外一条到达目的网络的路径，并修改路由表，保证网络畅通。

使用路由协议后，路由表的维护不再是由网络管理员手动进行，而是由路由协议来自动管理。采用路由协议管理路由表在大规模的网络中是十分有效的，它可以大大减少管理员的工作量。由于每台路由器上的路由表都是由路由协议通过互相交换路由信息自动生成的，管理员就不需要去维护每台路由器上的路由表，而只需要在路由器上配置路由协议。另外，采

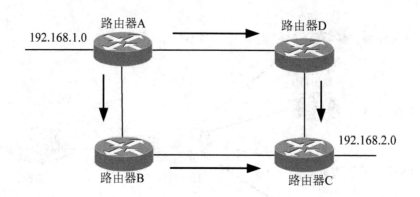

图 5-13   路由协议自动发现路径

用路由协议后,网络对拓扑结构变化的响应速度会大大提高。无论是网络正常的增减,还是异常的网络链路损坏,相邻的路由器都会检测到它的变化,会把网络拓扑的变化通知给网络中的其他路由器,使它们的路由表也产生相应的变化。这样的过程比手动对路由的修改要快得多、准确得多。

由于路由协议的这些特点,在当今的网络中,动态路由是组建网络的主要选择方案。在路由器少于 10 台的网络中,可能会采用静态路由,如果网络规模进一步增大,人们一定会采用路由协议来管理路由表。

5.5.2   自治系统、IGP 和 EGP

互联网是由世界上许多个电信运营商的网络互连起来组成的,这些电信运营商所服务的范围一般是一个国家或地区,他们各自可能使用不同的动态路由协议,或者在一个电信运营商内部的不同地区之间,也可能使用不同的动态路由协议。为了让这些使用不同路由协议的网络内部及网络之间可以正常地工作,也为了使这些分属于不同机构的网络边界不至于混乱,互联网的管理者使用了自治系统。

所谓自治系统(Autonomous System,AS)就是处在一个统一管理的域下的一组网络的集合。在一般情况下,从协议的方面来看,我们可以把运行同一种路由协议的网络看作是一个 AS;从地理区域方面来看,一个电信运营商或者具有大规模网络的企业也可以被分配一个或者多个 AS,如图 5-14 所示。

IGP(Interior Gateway Protocol),即内部网关协议,是指工作在自治系统内部的动态路由协议。我们后面要学习到的 RIP、OSPF 都属于 IGP。

EGP(Exterior Gateway Protocol),即外部网关协议,是指在自治系统之间负责路由的路由协议,如 BGP 协议。各个运行不同 IGP 协议的自治系统就是由 EGP 连接起来的。

5.5.3   邻居关系

邻居关系对于运行动态路由协议的路由器来说,是至关重要的。

如图 5-15 所示,在使用动态路由协议(比如 OSPF 路由协议或者 EIGRP 路由协议)的网络里,路由器 A 必须先同自己的邻居路由器 B 建立起邻居关系,然后路由器 A 才会把自己所知道的路由或者拓扑链路信息告诉给路由器 B。

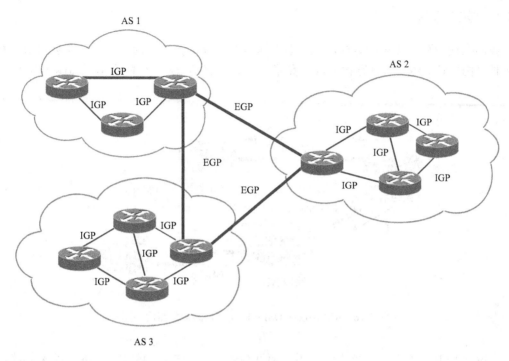

图 5-14 AS、IGP 和 EGP

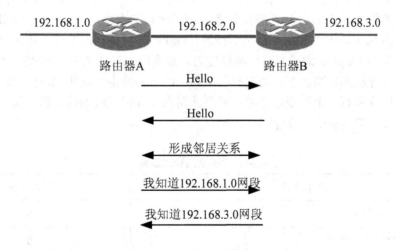

图 5-15 路由器之间的邻居关系

　　路由器之间想要建立和维持邻居关系，互相之间也需要周期性地保持联系，这就是路由器之间为什么会周期性地发送一些 Hello 包的原因。

　　一旦在路由协议所规定的时间里（这个时间一般是 Hello 包发送周期的 3 倍或 4 倍），路由器没有收到某个邻居的 Hello 包，它就会认为那个邻居已经出故障了，从而开始一个触发的路由收敛过程，并且发出消息把这一事件告诉其他的邻居路由器。

　　链路状态路由协议和混合型路由协议都使用 Hello 包维持邻居关系。

5.5.4 管理距离

我们在使用路由协议的时候，经常遇到这样的情况，一台路由器上，可能会启用两种或者多种路由协议。由于每种路由协议计算路由的算法都不一样，可能会出现如图 5-16 所示的情况。

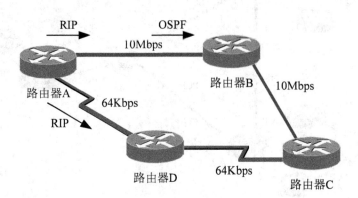

图 5-16 RIP 协议和 OSPF 协议选择的最佳路由不同

在图 5-16 中，四台路由器上都启用了两种路由协议 RIP 和 OSPF。从路由器 A 到路由器 C 有两条路径，一条是通过路由器 D 到达路由器 C 的 64Kbps 串行链路，一条是通过路由器 B 到达路由器 C 的 10Mbps 以太线。RIP 计算路由的时候使用的是到达目的网段的路径上所经过的路由器的数量，图 5-16 中两条路径各经过了一台路由器，所以它认为 64Kbps 串行链路的路径和 10Mbps 以太线的路径都是最佳的；OSPF 计算路由的时候使用路径的带宽来计算，所以它认为 10Mbps 以太线的路径是最佳的。那么路由器 A 在这个时候应该听谁的呢？我们必须有一种方法来让路由器自动选择听从其中的一种路由协议所学习到的路由。

每种路由协议都有一个被规定好的用来判断路由协议优先级的值，这个值被称为管理距离（Administrative Distance），如表 5-4 所示。

表 5-4　　　　　　　　　　各种路由协议的管理距离

路由协议	管理距离
Connected interface	0
Static route out an interface	0
Static route to a next hop	1
EIGRP summary route	5
External BGP	20
Internal EIGRP	90
IGRP	100
OSPF	110

续表

路由协议	管理距离
IS-IS	115
RIP	120
External EIGRP	170
Internal BGP	200
Unknown	255

从表 5-4 我们可以看出，RIP 协议的管理距离是 120，而 OSPF 的管理距离是 110。管理距离的值越小，这个协议的算法越优化，它的优先级就越高。当两个或两个以上的路由协议同时启用时，哪个协议的管理距离小，路由器就把哪个协议所学到的路径放进路由表，而不听信管理距离大的路由协议所学习到的路径。所以，在图 5-16 中，路由器 A 会听信 OSPF 协议，把通过路由器 B 的 10Mbps 以太线路作为通往路由器 C 的路由。

在表 5-4 中，我们还可以看到几种特殊的管理距离。

第一条是关于路由器上的直连网段的路由，它的管理距离是 0，所以直连网段的路由可以直接进入路由表，并且它的优先级最高，静态路由协议和动态路由协议都不能影响它。

第二条和第三条是关于静态路由的。在配置静态路由时，我们可以指定下一跳为下一台路由器地址或者本台路由器上连接着下一台路由器的接口。如果指定的是接口，则这条静态路由的管理距离是 0，因为路由器会把这个在远端的网段看成直连在自己的接口上的。如果指定的是下一台路由器的接口地址，则这条静态路由的管理距离是 1。如果路由器上同时运行着别的动态路由协议，这条静态路由的优先级将超过这些路由协议。

最后一条的管理距离是 255，意味着不知道、不可用。

5.5.5　路径决策、度量值、收敛和负载均衡

所有的路由协议都是围绕着一种算法来构建的。通常，一种算法是一个逐步解决问题的过程。一种路由算法至少应指明以下内容：

- 向其他路由器传送网络可达性信息的过程。
- 从其他路由器接收可达信息的过程。
- 基于现有的可达信息决策最优路由的过程以及在路由表中记录这些信息的过程。
- 响应、修正和通告网络中拓扑变化的过程。

对所有的路由选择协议来说，几个共同的问题是路径决策、度量值、收敛和负载均衡。

1. 路径决策

在网络中，如果路由器有一个接口连接到一个网络中，那么这个接口必须具有一个属于该网络的地址，这个地址就是可达信息的起始点。

图 5-17 给出了一个包含 3 台路由器的网络。路由器 A 知道有 192.168.1.0、192.168.2.0 和 192.168.3.0 这 3 个网络存在，因为路由器 A 有接口连接到这些网络上，并且配置了相应地址和子网掩码，同样，路由器 B 和路由器 C 也知道各自直连网络的存在。由于每个接口都实现了所连接网络的数据链路层和物理层协议，因此路由器也知道网络的状态（工作正常"up"或发出故障"down"）。

计算机系列教材

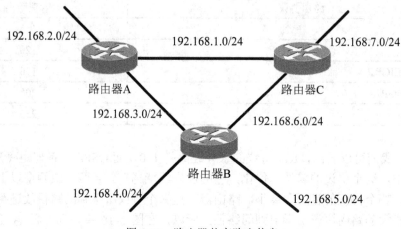

图 5-17 路由器共享路由信息

下面我们以路由器 A 为例，了解路由器之间进行信息共享的过程：

步骤 1   路由器 A 检查自己的 IP 和子网掩码，然后推导出与自身直接的网络是 192.168.1.0、192.168.2.0 和 192.168.3.0。

步骤 2   路由器 A 将这些网络连同某种标记一起保存到路由表中，其中标记指明了网络是直连网络。

步骤 3   路由器 A 向数据包中加入以下信息："我的直连网络是 192.168.1.0、192.168.2.0 和 192.168.3.0。"

步骤 4   路由器 A 向路由器 B 和路由器 C 发送这些路由信息数据包的拷贝，或者叫做路由更新报文。

路由器 B 和路由器 C 执行与路由器 A 完全相同的步骤，并且也向路由器 A 发送带有与它们直连的网络的更新报文。路由器 A 将接收到的信息连同发送路由器的源地址一起写入路由表。现在路由器 A 知道了所有的网络，而且还知道连接这些网络的路由器的地址。

这个过程看似很简单，其实通过路由协议实现起来非常复杂，具体分析如下：

- 路由器 A 将来自路由器 B 和路由器 C 的更新信息保存到路由表之后，它应该用这些信息做什么？例如，路由器 A 是否应该将路由器 C 的数据包信息传递给路由器 B？
- 如果路由器 A 没有转发这些更新消息，那么就不能完成信息共享。例如，如果路由器 B 和路由器 C 之间的链路不存在，那么这两台路由器就无法知道对方的网络。因此路由器 A 必须转发那些更新信息，但是这样做又产生了新的问题。
- 如果路由器 A 从路由器 B 和路由器 C 那里知道网络 192.168.4.0，那么为了到达该网络应该使用哪一台路由器呢？它们都是合法的吗？谁是最优路径呢？
- 什么机制可以确保所有的路由器能接收到所有的路由信息，而且这种机制还可以阻止更新数据包在网络中无休止地循环下去呢？
- 如果路由器共享某个直连网络（192.168.1.0、192.168.3.0 和 192.168.6.0），那么路由器是否仍旧应该通告这些网络呢？

正是这些问题造成了路由协议的复杂性，每种路由协议都必须解决这些问题。这在后面的章节中会变得更加清楚。

2. 度量值

在网络里面，为了保证网络的稳定性和畅通，通常会连接很多的冗余链路。这样，当一条链路出现故障时，还可以有其他路径把数据包传递到目的地。当使用路由协议来学习路由时，若有多条路径可以到达相同的目的网络，路由器需要一种机制来计算最佳路径，这就用到了度量值。

所谓度量值，就是路由协议根据自己的路由算法计算出来的一条路径的优先级。当有多条路径可以到达同一个目的网络时，度量值最小的路径是最佳路径，应该进入路由表。

当路由器学习到达同一个目的网络的多条路径时，它会先比较它们的管理距离。如果管理距离不同，则说明这些路径是由不同的路由协议学来的，路由器会认为管理距离小的路径是最佳路径；如果管理距离相同，则说明是由同一种路由协议学来的不同路径，路由器就会比较这些路径的度量值，度量值最小的路径是最佳路径。

不同的路由协议使用不同类型的度量值，例如 RIP 协议的度量值是跳数，OSPF 则使用路径的带宽来计算度量值。

3. 收敛

动态路由选择协议必须包含一系列过程，这些过程用于路由器向其他路由器通告本地直连网络，接收并处理来自其他路由器的同类信息。此外，路由选择协议还需要定义决策最优路径的度量值。

使所有路由表都达到一致状态的过程叫做收敛。全网实现信息共享以及所有路由器计算最优路径所花费的时间的总和就是收敛时间。

在任何路由协议里收敛时间都是一个重要的因素，在网络拓扑发生变化之后，一个网络收敛速度越快，说明路由选择协议越好。

4. 负载均衡

为了有效地使用带宽，负载均衡作为一种手段，将流量分配到相同目标网络的多条路径上。在图 5-17 中，所有的网络都存在两条可达路径。如果网络 192.168.2.0 上的设备向 192.168.6.0 上的设备发送一组数据流包，路由器 A 可以经过路由器 B 或路由器 C 发送这些数据包。在这两种情况下，到目的网络的距离都是 1 跳。如果在一条路径上发送所有的数据包，将不能最有效地利用可用带宽；因此应该执行负载均衡交替使用两条路径。负载均衡可以是等代价或不等代价，基于数据包或基于源/目的地址的。

5.5.6　路由协议的分类

路由协议的分类有很多的参考因素，从而就会有不同的分类标准，这里我们介绍 3 种主要的分类。

1. 按运行的区域范围分类

根据路由协议是否运行在同一个自治系统内部，我们把路由协议分为以下两类。

- IGP：内部网关协议，用来在同一个自治系统内部交换路由信息。如 RIP、OSPF 和 EIGRP 等都属于 IGP。
- EGP：外部网关协议，用来在不同的自治系统之间交换路由信息。

2. 按路由学习的算法分类

根据路由器学习路由和维护路由表的算法，我们把路由协议大体上分为以下 3 类：

- 距离矢量路由协议：根据距离矢量算法，确定网络中节点的方向与距离。属于距离矢量类型的路由协议有 RIPv1、RIPv2 等路由协议。

- 链路状态路由协议：根据链路状态算法，计算生成网络的拓扑。属于链路状态类型的路由协议有 OSPF、IS-IS 等路由协议。
- 混合型路由协议：既具有距离矢量路由协议的特点，又具有链路状态路由协议的特点。混合型路由协议的代表是 EIGRP 协议，它是 Cisco 公司自己开发的路由协议。

3. 按能否学习到子网分类

按能否学习到子网可以把路由协议分为有类路由协议和无类路由协议两种。

- 有类路由协议

有类路由协议不支持可变长子网掩码，不能从邻居那里学习到子网，所以关于子网的路由在被学到时都会被自动变成子网的主类网，如图 5-18 所示。

路由器 A 在学到自己直连的网段时可以认出子网，而在从路由器 B 和路由器 C 那里学习到 3.1.0.0/16 和 4.1.0.0/16 两个子网时就自动把它们变成了主类网 3.0.0.0 和 4.0.0.0。同样，路由器 B 和路由器 C 也把从别的路由器那里学来的子网变成了主类网。

图 5-18　有类的路由协议学习不到子网

- 无类路由协议

无类路由协议支持可变长子网掩码，能够从邻居那里学习到子网，所以关于子网的路由在被学到时不会被变成子网的主类网，而是以子网的形式进入路由表。如图 5-19 所示，所有运行无类路由协议的路由器都可以学习到子网。

图 5-19　无类的路由协议可以学习到子网

5.6　本章小结

本章讲述了 IP 路由技术的基础知识，包括：
- 路由的基本概念，路由器是如何进行路径选择的。
- 路由表的组成、来源以及路由器根据路由表转发数据包的过程。
- 路由器的相关知识，包括路由器的组成、启动过程以及路由器的基本配置。
- 静态路由、默认路由、浮动静态路由以及静态黑洞路由的原理与配置。
- 动态路由协议的基础知识。

5.7　习题

1. 选择题

（1）下列哪种路由选择协议是专用的？
    A. RIP
    B. OSPF
    C. EIGRP
    D. BGP

（2）下面哪种路由选择协议运行在自助系统之间？
    A. RIP
    B. OSPF
    C. EIGRP
    D. BGP

（3）下面哪种路由选择协议的汇聚速度比其他路由选择协议快得多？
    A. RIP
    B. OSPF
    C. EIGRP
    D. BGP

（4）下面哪种路由选择协议是无类的？
    A. RIP
    B. OSPF
    C. EIGRP
    D. BGP

（5）在路由表中 0.0.0.0 代表？
    A. 静态路由
    B. 动态路由
    C. 默认路由
    D. RIP 路由

（6）路由器是根据以下哪项来进行选路和转发数据包的？
    A. 访问控制列表

B. MAC 地址表

C. 路由表

D. ARP 缓存表

（7）下面哪个命令用来配置静态路由？

A. ip route

B. ip routing

C. show ip route

D. ip address

（8）静态路由协议默认的管理距离是？

A. 1

B. 110

C. 120

D. 140

（9）当路由器接收到的数据的 IP 地址在路由表中找不到对应路由时，会做什么操作？

A. 丢弃数据

B. 分片数据

C. 转发数据

D. 泛洪数据

2．问答题

（1）简述路由表的产生方式。

（2）静态路由和动态路由各自的特点是什么？

（3）路由表中需要保存哪些信息？

（4）什么是浮动静态路由？

（5）什么是路由选择协议？

（6）为什么路由选择协议要使用度量？

第6章 距离矢量路由协议

动态路由协议能够自动发现和计算路由，并在网络拓扑发生变化时自动更新路由表，无须人工维护。最早的动态路由协议是 RIP 协议，属于距离矢量路由协议。该协议原理简单，配置容易，但无法避免路由环路。

学习完本章，要达到以下目标：
- 理解距离矢量路由协议原理
- 理解距离矢量路由协议的路由学习过程
- 了解距离矢量路由协议的路由环路产生原因
- 了解 RIP 路由协议的特点
- 掌握 RIP 路由信息的生成和维护
- 掌握路由环路的避免方法
- 掌握 RIP 路由协议的相关配置

6.1 距离矢量路由协议原理

大多数路由选择协议都属于如下两类的其中之一：距离矢量和链路状态。这里首先对距离矢量路由协议的基础内容进行分析，在下一章中将讨论链路状态路由选择协议。

距离矢量名称的由来是因为路由是以矢量（距离，方向）的方式被通告出去的，其中距离是根据度量定义的，方向是根据下一条路由器定义的。运行距离矢量路由协议的路由器不知道整个网络的拓扑结构，每台路由器通过从邻居传递过来的路由表学习路由。因为每台路由器在信息上都依赖于邻居，而邻居又从它们的邻居那里学习路由，以此类推，所以距离矢量路由选择有时又被认为是"依照传闻进行路由选择"。

距离矢量路由协议包括：RIPv1、RIPv2 等。

6.1.1 距离矢量路由协议通用属性

典型的距离矢量路由选择协议通常会使用一个路由选择算法，算法中路由器通过广播整个路由表，定期地向所有邻居发送路由更新信息。

1. 定期更新(Periodic Updates)

定期更新意味着每经过特定时间周期就要发送更新信息。这个时间周期从 10s（AppleTalk 的 RTMP）到 90s（Cisco 的 IGRP）。这里有争议的是如果更新信息发送过于频繁可能会引起拥塞；但如果更新信息发送不频繁，收敛时间可能长得不能被接受。

2. 邻居(Neighbours)

在路由器上下文中，邻居通常意味着共享相同数据链路的路由器或某种更高层的逻辑邻接关系。距离矢量路由选择协议向邻居发送更新信息，并依靠邻居再向它的邻居传递更新信息。

3. 广播更新(Broadcast Updates)

当路由器首次在网络上被激活时，路由器怎样寻找其他路由器呢？它将如何宣布自己的存在呢？这里有几种方法可以采用。最简单的方法是向广播地址发送（在 IP 网络中，广播地址是 255.255.255.255）更新信息。使用相同路由选择协议的邻居将会接收广播数据包并采取相应的动作。不关心路由更新信息的主机和其他设备丢弃该数据包。

4. 全路由表更新

大多数距离矢量路由选择协议使用非常简单的方式告诉邻居它所知道的一切，该方式就是广播它的整个路由表，但后面我们会讨论几个特例。邻居在收到这些更新信息之后，它们会收集自己需要的信息，而丢弃其他信息。

6.1.2　距离矢量路由协议路由学习过程

为了维持所学路由的正确性及与邻居的一致性，运行距离矢量路由协议的路由器之间要周期性地向邻居传递自己的整个路由表，如图 6-1 所示，周期性传递的路由表被封装在路由更新包中。路由器就是依靠定期传递路由更新包来学习路由和维护路由的正确性。

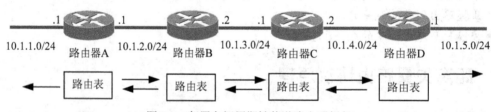

图 6-1　邻居之间周期性传递路由更新包

下面以图 6-2、图 6-3 为例，来说明运行距离矢量路由协议的路由器是如何通过交换路由更新包来学习路由的。

图 6-2　运行 RIP 协议的路由器的路由表初始状态

如图 6-2 所示，在路由协议刚刚开始运行时，路由器之间还没有开始互相发送路由更新包。这时，路由器所具有的唯一信息就是它们的直连网络。因为直连网络的管理距离是 0，所以作为绝对的最佳路由直连网络是可以直接进入路由表的。路由表标识了这些网络，并且指明它们没有经过下一跳的路由器，是直接连接到路由器上的。为简单起见，图中的路由度量值使用跳数（到达目的地所经过的路由器的数量）来计算。由于是直连的网段，所以跳数是 0。

从图 6-2 中我们还可以看出，路由表里的条目是由目的网络、到达目的网络的下一跳地址、到达目的网络的跳数这些主要部分组成的。

路由器学到了自己直连的网段之后，就会向自己的邻居发送路由更新包。在路由更新包里，包含着发送的路由信息。这样路由器就学到了邻居的路由，如图 6-3 所示。

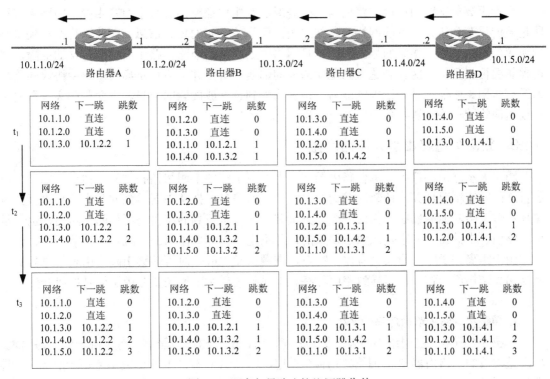

t_1 时刻

路由器 A

网络	下一跳	跳数
10.1.1.0	直连	0
10.1.2.0	直连	0
10.1.3.0	10.1.2.2	1

路由器 B

网络	下一跳	跳数
10.1.2.0	直连	0
10.1.3.0	直连	0
10.1.1.0	10.1.2.1	1
10.1.4.0	10.1.3.2	1

路由器 C

网络	下一跳	跳数
10.1.3.0	直连	0
10.1.4.0	直连	0
10.1.2.0	10.1.3.1	1
10.1.5.0	10.1.4.2	1

路由器 D

网络	下一跳	跳数
10.1.4.0	直连	0
10.1.5.0	直连	0
10.1.3.0	10.1.4.1	1

t_2 时刻

路由器 A

网络	下一跳	跳数
10.1.1.0	直连	0
10.1.2.0	直连	0
10.1.3.0	10.1.2.2	1
10.1.4.0	10.1.2.2	2

路由器 B

网络	下一跳	跳数
10.1.2.0	直连	0
10.1.3.0	直连	0
10.1.1.0	10.1.2.1	1
10.1.4.0	10.1.3.2	1
10.1.5.0	10.1.3.2	2

路由器 C

网络	下一跳	跳数
10.1.3.0	直连	0
10.1.4.0	直连	0
10.1.2.0	10.1.3.1	1
10.1.5.0	10.1.4.2	1
10.1.1.0	10.1.3.1	2

路由器 D

网络	下一跳	跳数
10.1.4.0	直连	0
10.1.5.0	直连	0
10.1.3.0	10.1.4.1	1
10.1.2.0	10.1.4.1	2

t_3 时刻

路由器 A

网络	下一跳	跳数
10.1.1.0	直连	0
10.1.2.0	直连	0
10.1.3.0	10.1.2.2	1
10.1.4.0	10.1.2.2	2
10.1.5.0	10.1.2.2	3

路由器 B

网络	下一跳	跳数
10.1.2.0	直连	0
10.1.3.0	直连	0
10.1.1.0	10.1.2.1	1
10.1.4.0	10.1.3.2	1
10.1.5.0	10.1.3.2	2

路由器 C

网络	下一跳	跳数
10.1.3.0	直连	0
10.1.4.0	直连	0
10.1.2.0	10.1.3.1	1
10.1.5.0	10.1.4.2	1
10.1.1.0	10.1.3.1	2

路由器 D

网络	下一跳	跳数
10.1.4.0	直连	0
10.1.5.0	直连	0
10.1.3.0	10.1.4.1	1
10.1.2.0	10.1.4.1	2
10.1.1.0	10.1.4.1	3

图 6-3　距离矢量路由协议逐跳收敛

在 t_1 时刻，路由器接收并处理第一个更新信息。路由器 A 从路由器 B 发送来的更新信息里发现路由 B 能够到达网络 10.1.2.0 和 10.1.3.0，由于到达这两个网段需要经过路由器 B，所以这两条路由的度量值是 1 跳。路由器 A 收到路由器 B 的更新信息后，检查自己的路由表。路由表中显示网络 10.1.2.0 已知，且跳数为 0，小于路由器 B 通告的跳数，因此路由器 A 忽略此信息。

由于网络 10.1.3.0 对路由器 A 来说是新信息，所以路由器 A 将其写入到路由表中。更新数据包的源地址是路由器 B 的接口地址（10.1.2.2），因此该地址连同跳数一起也被保存到路由表中。

注意，在 t_1 时刻，其他路由器也执行了类似的操作。例如，路由器 C 忽略了来自在路由器 B 关于 10.1.3.0 的信息以及来自路由器 D 关于 10.1.4.0 的信息，但是保存了以下信息：经过路由器 B 的接口地址 10.1.3.1 可以到达网络 10.1.2.0，以及经过路由器 D 的接口地址 10.1.4.2 可以到达网络 10.1.5.0，并且路由器 C 到达这两个网络的距离都为 1 跳。

在 t_2 时刻，随着更新周期再次到期，另一组更新消息被广播。路由器 B 发送了更新的路由表；路由器 A 再次将路由器 B 通告的路由信息与自己的路由表比较。像上次一样，路由器 A 又一次丢弃了关于 10.1.2.0 的信息。由于网络 10.1.3.0 已知且跳数没有发生变化，所以该信息也被丢弃。唯有 10.1.4.0 被作为新的信息被写入到路由表中。

在 t_3 时刻，网络已收敛。每台路由器都已经知道了每个网络以及到达每个网络的下一跳路由器的地址和距离跳数。

由以上分析可以看出，运行距离矢量路由协议的路由器是依靠和邻居之间周期性地交换路由表，从而一步一步学习到达远端的路由。

运行距离矢量路由协议的路由器之间是通过互相传递路由表来学习路由的，而路由表里所记载的只有到达某一目的网络的最佳路由，而不是全部的拓扑信息，因此运行距离矢量路由协议的不知道整个网络的拓扑图。一旦网络中出现链路断路、路由器损坏这样的故障，路由器想要再找到其他路径到达目的地就需要向邻居打听；并且运行距离矢量路由协议的路由器没有辨别路由信息是否正确的能力，很容易受到意外或故意的误导。下面是距离矢量路由协议所面临的一些问题及相应的解决方法。

6.1.3 距离矢量路由协议环路产生

距离矢量路由协议中，每台路由器实际上都不了解整个网络拓扑结构，他们只知道与自己直连的网络情况，并信任邻居发送给自己的路由信息，把从邻居得到的路由信息进行矢量叠加后转发给其他的邻居。由此，距离矢量路由协议学习到的路由是"传闻"路由，也就是说，路由表中的路由表项是从邻居得来的，并不是自己计算出来的。

由于距离矢量路由协议具有以上特点，在网络发生故障时可能会引起路由表信息与实际网络拓扑结构不一致，从而导致路由环路。下面举例说明距离矢量路由协议是如何产生环路的。

1. 单路径网络中路由环路的产生

如图 6-4 所示，在网络 10.1.4.0 发生故障之前，所有的路由器都具有正确一致的路由表，网络是收敛的。路由器 C 与网络 10.1.4.0 直连，所以路由器 C 的路由表中表项 10.1.4.0 的跳数是 0；路由器 B 通过路由器 C 学习到达 10.1.4.0 网段的路由，其跳数为 1，下一跳为 10.1.3.2。路由器 A 通过路由器 B 学习到达 10.1.4.0 网段的路由，所以跳数为 2。

图 6-4 单路径网络中路由环路产生过程 1

如图 6-5 所示，当网络 10.1.4.0 发生故障，直连路由器 C 最先收到故障信息，路由器 C

把网络 10.1.4.0 从路由表中删除，并等待更新周期到来后发送路由更新给相邻路由器。根据距离矢量路由协议的工作原理，所有路由器都要周期性发送路由更新信息。所以，在路由器 C 的更新周期到来之前，若路由器 B 的路由更新周期到来，路由器 B 会发送路由更新，更新中包含了自己的所有路由。

图 6-5　单路径网络中路由环路产生过程 2

路由器 C 收到路由器 B 发来的路由更新后，发现路由更新中有 10.1.4.0 网段的路由，而自己的路由表中没有关于 10.1.4.0 网段的路由，就把这条路由表项添加路由表中，并修改下一跳为 10.1.3.1，跳数为 2。这样，路由器 C 就记录了一条错误路由，如图 6-6 所示。

图 6-6　单路径网络中路由环路产生过程 3

这样，路由器 B 认为通过路由器 C 可以去往网络 10.1.4.0，路由器 C 认为通过路由器 B 可以去往网络 10.1.4.0。如果此时有目标地址为 10.1.4.3 的数据包到达路由器 B，路由器 B 查询路由表，将数据包转发给路由器 C。路由器 C 查询路由表又将数据包转发给路由器 B，路由器 B 再转回给路由器 C，一直无穷尽地进行下去，因而导致路由环路发生。

由于没有采取任何防止路由错误的手段，错误的路由在网络里产生了。但是灾难还远没有结束，如图 6-7 所示。

图 6-7　单路径网络中路由环路产生过程 4

当网络中的路由器下一次周期性地向邻居发送路由更新包时，路由器 B 又会看见路由器 C 发给它的路由更新包里包含着关于 10.1.4.0 网段的路由，跳数是 2。路由器 B 会把自己的这条路由的跳数改成 3，然后通过路由更新包告诉路由器 A，路由器 A 会把自己的这条路由的跳数改成 4。

由于路由器之间还在周期性地不断地互相发送路由更新包，有关错误路由的跳数还将要继续增加下去，这种情况就叫计数到无穷大，因为到达 10.1.4.0 的跳数会持续增加至无穷大，网络中关于故障网络的路由将无法收敛。

2. 多路径网络中路由环路的产生

在多路径网络环境中，环路的生成过程与单路径有所不同。如图 6-8 所示，这是一个环形网络，已经收敛，各路由器的路由表项均正确。

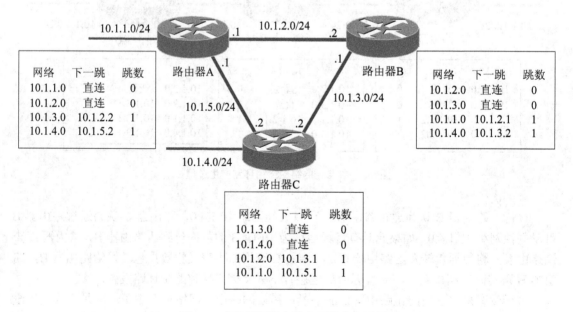

图 6-8　多路径网络中路由环路产生过程 1

若因为某种原因，网络 10.1.4.0 发生故障，路由器 C 会向邻居 A 和路由器 B 发送更新消

息，告知路由器 A 和路由器 B 网络 10.1.4.0 经由路由器 C 不再可达。但是，假设路由器 B
已经收到路由器 C 的更新，而在路由器 C 的这个路由更新到达路由器 A 之前，路由器 A 的
更新周期恰巧到来，路由器 A 会向路由器 B 发送路由更新，其中含有关于 10.1.4.0 网段的路
由，跳数是 2。路由器 B 收到路由器 C 的路由更新后已将到达 10.1.4.0 网段的路由标记为
不可达，所以收到路由器 A 的路由更新后，会向自己的路由表中加入关于 10.1.4.0 的路由表
项，下一跳指向路由器 A，跳数为 2，如图 6-9 所示。

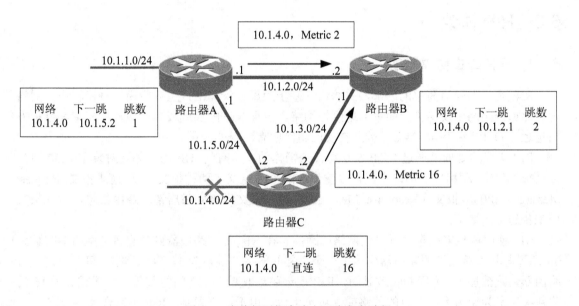

图 6-9　多路径网络中路由环路产生过程 2

　　在路由器 B 的更新周期到来后，路由器 B 会向路由器 C 发送路由更新，路由器 C 据此
更新自己的路由表，修改关于 10.1.4.0 的路由表项，下一跳指向路由器 B，跳数为 3，如图
6-10 所示。至此路由环路形成。

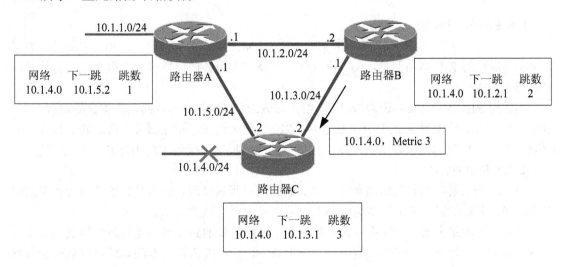

图 6-10　多路径网络中路由环路产生过程 3

同样，路由器 C 也会向路由器 A 发送路由更新，路由器 A 更新自己的路由表项 10.1.4.0，下一跳指向路由器 C，跳数为 4。如此反复，每台路由器中路由表项 10.1.4.0 的跳数不断增大，网络无法收敛。

由于协议算法的限制，距离矢量路由协议会产生路由环路。为了避免环路，具体的路由协议会有一些相应的特性来减少产生路由环路的机会。具体的环路避免措施我们将在下面进行详细介绍。

6.2　RIP 协议

6.2.1　RIP 路由协议概述

RIP 是一种较为简单的内部网关协议，基于距离矢量算法，主要应用于规模较小的网络中，比如校园网以及结构较简单的地区性网络。由于 RIP 的实现较为简单，在配置和维护方面也远比 OSPF 和 IS-IS 容易，因此在实际组网中有广泛的应用。

RIP 协议的处理是通过 UDP 520 端口来操作的。所有的 RIP 消息都被封装在 UDP 用户数据报协议中，源和目的端口字段被设置为 520。RIP 定义了两种报文类型：请求报文（Request Message）和响应报文（Response Message）。请求报文用来向邻居请求路由信息，响应报文用来传送路由更新。

RIP 使用跳数来衡量达到目的网络的距离。在 RIP 中，路由器到与它直连网络的跳数为 0，通过与其直接相连的路由器到达下一个紧邻的网络的跳数为 1，以此类推，每多经过一台路由器，跳数加 1。为限制收敛时间，RIP 规定跳数取 0~15 之间的整数，大于或等于 16 的跳数被定义为无穷大，即目的网络或主机不可达。由于这个限制，RIP 不适合大型网络。

RIP 包括两个版本：RIPv1 和 RIPv2。RIPv1 是有类路由协议，协议报文中不携带掩码信息，不支持 VLSM。RIPv1 只支持以广播方式发布协议报文。RIPv2 支持 VLSM，同时支持明文认证和 MD5 认证。

6.2.2　RIP 协议的工作工程

1. RIP 路由表初始化

在未启动 RIP 的初始状态下，路由表中仅包含本路由器的直连路由。RIP 启动后，为了尽快从邻居获得 RIP 路由信息，RIP 协议使用广播方式向各接口发送请求报文，其目的是向邻居请求路由信息。

相邻的 RIP 路由器收到请求报文后，响应该请求，回送包含本地路由表信息的响应报文。如图 6-11 所示，路由器 A 启动 RIP 协议后，RIP 进程负责发送请求报文，请求 RIP 邻居对其回应。路由器 B 收到请求报文后，以响应报文回应，报文中携带了路由器 B 的全部信息。

2. RIP 路由表更新

当 RIP 路由器收到其他路由器发出的 RIP 路由更新报文时，它将开始处理附加在更新报文中的路由更新信息，并更新本地路由表。路由表的更新原则如下。

（1）对本地路由表中不存在的路由项，路由器则将新的路由连同通告路由器的地址（作为路由的下一跳地址）一起加入到自己的路由表中，这里通告路由器的地址可以从更新数据报的源地址字段读取。

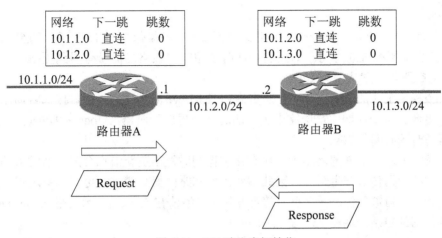

图 6-11　RIP 路由表初始化

（2）对本地路由表中已有的路由项，如果新的路由项拥有更小的跳数，则更新该路由项。

（3）对本地路由表中已有的路由项，如果新的路由项拥有相同或更大的跳数，RIP 路由器将判断这条更新与已有的路由项是否来自相同的 RIP 邻居，是则该路由将被接受，然后路由器更新自己的路由表；否则这条路由将被忽略。

图 6-12 所示的是这个过程的流程图，从中可以清晰看到 RIP 路由协议接收更新路由的判断过程。

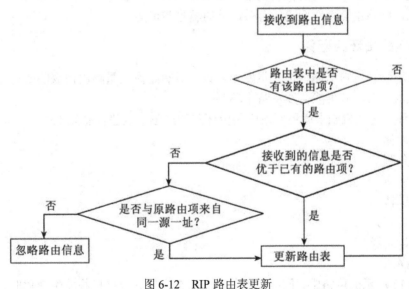

图 6-12　RIP 路由表更新

3. RIP 路由表的维护

RIP 路由信息的维护是由定时器来完成的。RIP 协议定义了以下 3 个重要的定时器：

- 更新计时器（Update Timer）：定义了发送路由更新的时间间隔。默认值为 30s。
- 无效计时器（Invalid Timer）：定义了路由失效的时间。如果在失效时间内没有收到关于某条路由的更新报文，则该条路由的度量值将会被设置为无穷大（16）。默认值为

180s。

● 刷新计时器（Flush Timer）：定义了一条路由从度量值变为 16 开始，直到它从路由表里被删除所经过的时间。如果刷新计时器超时，该路由仍没有得到更新，则该路由将被彻底删除。默认值为 120s。

在一个稳定工作的 RIP 网络中，所有启用了 RIP 路由协议的路由器接口将周期性地发送全部路由更新。这个周期性发送路由更新的时间由更新计时器（Update Timer）所控制，更新计时器超时的时间是 30s。

在比较大的基于 RIP 的网络中，所有路由器同时发出更新信息会产生非常大的流量，甚至会对正常的数据传输产生影响。因此，路由器和路由器交错进行更新会更理想一些，所以每一次更新计时器被复位，一个小的随机变量（典型值在 5s 以内）都会附加到时钟上，让不同 RIP 路由器的更新周期在 25～35s 之间变化。

路由器成功建立一条 RIP 路由条目后，将为它加上一个 180s 的无效计时器（Invalid Timer），也就是 6 倍的更新计时器时间。当路由器再次收到同一条路由信息的更新后，无效计时器将被重置为初始值 180s；如果在 180s 到期后还未收到针对该路由信息的更新，则该路由的度量将被标记为 16 跳，表示不可达。此时并不会将该路由条目从路由表中删除。

无效的路由条目在路由表中的存在时间很短。一旦一条路由被标记为不可达，RIP 路由器会立即启动另外一个计时器——刷新计时器（Flush Timer，也称为清除计时器）。RFC 1058 规定将这个计时器的时间设置为 120s，一旦路由进入无效状态，刷新计时器就开始计时，超时后处于无效状态的路由将被从路由表中删除。在此期间，即使路由条目保持在路由表中，报文也不能发送到那个条目的目的地址。如果在刷新计时器超时之前路由器收到了这条路由的更新信息，则路由会重新标记成有效，计时器也将清零。

6.2.3 RIP 路由环路避免

由于 RIP 协议是典型的距离矢量路由协议，具有距离矢量路由协议的所有特点。所以，当网络发生故障时，有可能会发生路由环路。

RIP 设计了一些机制来避免网络中路由环路的产生。这些机制如下：
● 路由毒化
● 水平分割
● 触发更新
● 毒性逆转
● 定义无穷大
● 抑制计时器

1. 路由毒化

在图 6-13 所示的网络中，网络已经收敛，那么当部分网络拓扑发生变化时，它怎样处理重新收敛问题呢？例如，路由器 C 的直连网络 10.1.4.0 发生故障，路由器 A 和路由器 B 路由表里，关于发生故障的 10.1.4.0 网段的路由依然存在。路由协议需要一种方法，使得当路由器 C 发现自己直连的网络发生故障时，可以通知自己的邻居该网段已经不可用，这就是路由毒化。

图 6-13　RIP 网络发生故障

所谓路由毒化就是路由器主动把路由表中发生故障的路由项以度量值无穷大（16）的形式通告给 RIP 邻居，以使邻居能够及时得知网络发生故障。在图 6-13 所示的网络中，当路由器 C 发现 10.1.4.0 网络出现故障时，它会首先给自己"下毒"，标记该路由的跳数为无穷大（16），即不可达。然后路由器 C 会在下一个更新周期中，向邻居路由器通告该不可达路由信息。如此网络 10.1.4.0 不可达的信息会向全网扩散，如图 6-14 所示。

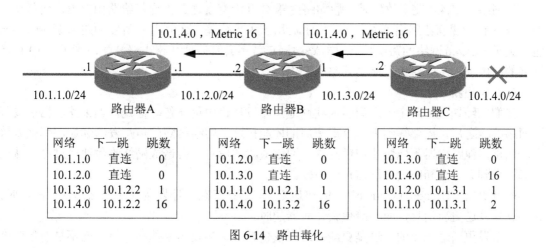

图 6-14　路由毒化

通过路由毒化机制，RIP 协议能够保证与故障网络直连的路由器产生正确的路由信息。

2. 水平分割

分析距离矢量路由协议中产生路由环路的原因，最重要的一条就是路由器将从某个邻居学习到的路由信息又告诉了这个邻居。

水平分隔是在距离矢量路由协议中最常用的避免环路发生的解决方案之一。水平分隔的思想就是 RIP 路由器从某个接口学习到的路由，不会再从该接口发回给邻居路由器。

在图 6-15 所示的网络中，路由器 C 把它的直连路由通告给路由器 B，路由器 B 从接口 S1/0 收到了路由器 C 发送过来的路由更新，并学习到了关于 10.1.4.0 网络的路由项。在接口上应用水平分隔后，路由器 B 在接口 S1/0 上发送路由更新时，就不能包含关于 10.1.4.0 网络的路由项。

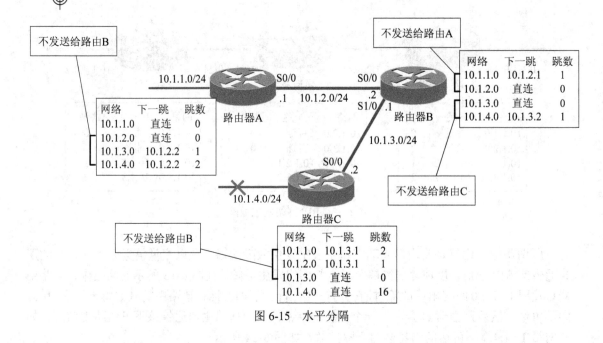

图 6-15 水平分隔

当网络 10.1.4.0 发生故障时，假如路由器 C 并没有发送路由更新给路由器 B，而是路由器 B 发送路由更新给路由器 C，此时由于启用了水平分隔，路由器 B 所发的路由更新中不会包含关于 10.1.4.0 网络的路由项。这样，路由器 C 就不会错误地从路由器 B 学习到关于 10.1.4.0 网络的路由项，从而避免了路由环路的产生。

3. 触发更新

我们已经知道，路由器之间会周期性地互相发送路由更新包。但是，如果路由器在发现了网络故障之后，还要等到下一个更新周期才能把这个网络故障的信息发给邻居，那就太慢了。由于其他路由器不能快速地学到这个网络故障的信息，会造成网络收敛速度过慢，从而引起计数到无穷大和路由黑洞这样的问题。

触发更新（Triggered Update）又叫快速更新，是指当路由器发现某个网络出现了故障时，它会立即发送更新信息，而不等更新计时器超时。

对触发更新进一步的改进是更新信息中仅包括实际触发该事件的网络，而不是包括整个路由表。触发更新技术减少了网络收敛时间和对网络带宽的影响。

4. 毒性逆转

毒性逆转是指，当路由器学习到一条毒化路由（度量值为 16）时，对这条路由忽略水平分隔的规则，并通告毒化的路由。

在图 6-16 所示的网络中，路由器 C 失去了到网段 10.1.4.0 的连接，它会立即发送一个触发的部分更新，仅包含变化的信息，也就是 10.1.4.0 的毒化路由。

路由器 B 会响应这个更新，修改自己的路由表，并立即回送包含 10.1.4.0、度量值为 16 的路由更新，这就是毒性逆转。

到了路由器 C 的下一个更新周期，它会通告所有的路由，包括 10.1.4.0 的毒化路由。同样地，在路由器 B 到达下一个更新周期时，也会通告包括 10.1.4.0 的毒性逆转路由在内的所有路由。

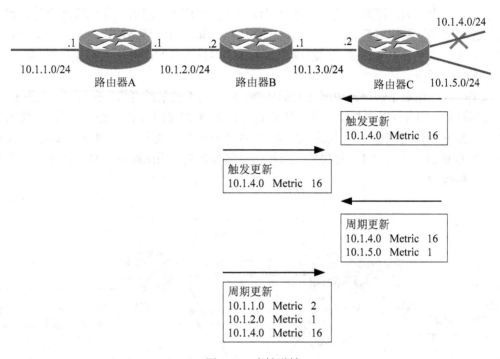

图 6-16 毒性逆转

路由器 C 通告的毒化路由不被认为是毒性逆转路由，因为它本来就应当通告这条路由，而路由器 B 通告的路由则被认为是毒性逆转路由，因为它把这条路由又通告给了路由器 C。

5. 定义无穷大

通过前面对路由环路的分析我们知道，如果网络中产生路由环路，会导致计数到无穷大的情况发生，即路由器中错误路由项的跳数持续增加到无穷大，网络无法收敛。减轻计数到无穷大影响的方法就是定义无穷大，大多数距离矢量协议定义无穷大为 16 跳。在图 6-17 中，随着更新消息在路由器中转圈，到 10.1.4.0 的跳数最终会增加到 16。那时网络 10.1.4.0 将被认为不可达。

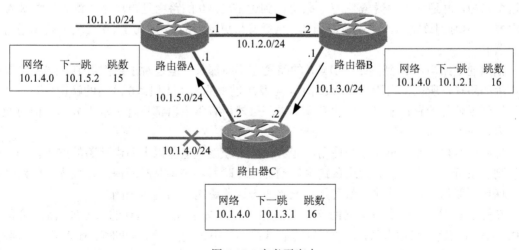

图 6-17 定义无穷大

通过定义无穷大，距离矢量路由协议可以解决发生路由环路时跳数无限增大的问题，同时也校正了错误的路由信息。但是，在最大值达到之前，路由环路还是存在的。也就是说，定义无穷大只是一种补救措施，只能减少路由环路存在的时间，并不能避免环路的产生。

6. 抑制计时器

水平分隔法切断了邻居路由器之间的环路，但是它不能割断网络中的环路，如图 6-18 所示。这里还是 10.1.4.0 发生故障。路由器 C 向路由器 A 和路由器 B 发送了相应的更新信息。于是路由器 B 将经过路由器 D 到达 10.1.4.0 网络的路由标记为不可达，而此时路由器 A 正在向路由器 B 通告到达 10.1.4.0 的次最优路径，距离为 2 跳；因此路由器 B 在路由表中记录下此路由，跳数为 2。

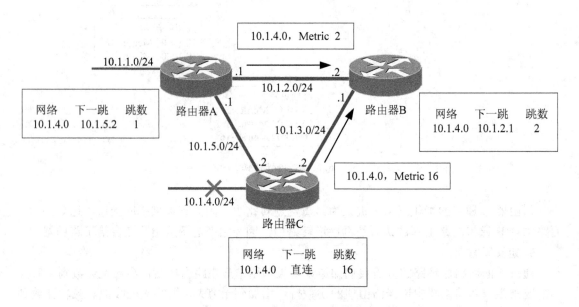

图 6-18　水平分隔无法阻止网络中的环路

路由器 B 现在又通知路由器 C 它有另一条路由可以到达 10.1.4.0。于是路由器 C 也记录下这个路由，并通知路由器 A 它有一条可以到达 10.1.4.0 的路由且距离为 3 跳。路由器 A 从路由器 C 学习到该路由，将跳数加到 4，然后又将更新后的关于 10.1.4.0 网段的路由通告给路由器 B。

虽然通过路由器 A 到网络 10.1.4.0 的路径在不断加长，但是对于路由器 B 来说，它是唯一可用的路径，所以路由器 B 接收路由器 A 发送过来的关于 10.1.4.0 网络的路由信息，并将跳数加到 5 通知给路由器 C，如此循环下去。虽然所有路由器都执行了水平分隔，但对此无能为力。

抑制计时器与路由毒化结合使用，能够在一定程度上避免以上路由环路的产生。当路由器收到一条毒化路由，就会为这条路由启动抑制计时器。在抑制时间内，这条失效的路由不接受任何更新信息，除非这条信息是从原始通告这条路由的路由器来的。

在图 6-18 所示的网络中，路由器 B 从路由器 C 得知通往 10.1.4.0 的路由失效后，立即从路由器 A 得知这个路由有效，这个有效的信息往往是不正确的，抑制计时器避免了这个问题，而且，当一条链路频繁起停时，抑制计时器减少了路由的浮动，增加了网络的稳定性。在图

6-18 所示的例子中，抑制计时器作用的过程如下。

（1）当网络 10.1.4.0 发生故障时，路由器 C 毒化自己路由表中的关于 10.1.4.0 网段的路由项，使其跳数为无穷大（16），已表明网络 10.1.4.0 不可达。同时给关于 10.1.4.0 网段的路由项设定抑制计时器。在更新周期到来后，发送路由更新给路由器 A 和路由器 B。

（2）路由器 B 收到路由器 C 发来的路由更新后，更新自己的关于 10.1.4.0 网段的路由项，使其跳数为无穷大（16），同时为该路由表项启动抑制计时器，在抑制计时器超时之前的任何时刻，如果从同一邻居（路由器 C）接收到关于 10.1.4.0 网段的可达更新信息，路由器 B 就将关于 10.1.4.0 网段的路由项标识为可达，并删除抑制计时器。

（3）在抑制计时器超时之前的任何时刻，如果路由器 B 从其他邻居（如路由器 A）接收到关于 10.1.4.0 网段的可达更新信息，就会忽略此更新信息，不更新路由表。

（4）抑制计时器超时后，路由器如果收到任何邻居发送来的有关网络 10.1.4.0 的更新信息，都会更新路由表。

7. RIP 环路避免操作示例

在实际网络中，各种防止环路机制会结合起来共同使用，从而最大可能地避免环路，加快网络收敛。图 6-19 所示为一个多种防环机制综合作用的示例。

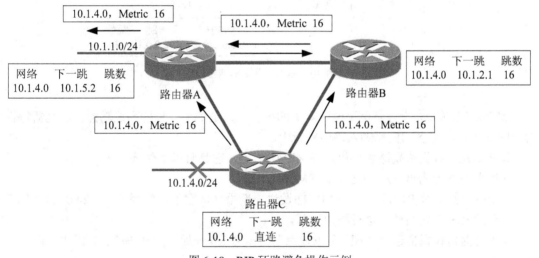

图 6-19 RIP 环路避免操作示例

在图 6-19 所示的网络中，当网络 10.1.4.0 发生故障时，会有下面的情形发生。

（1）路由毒化。当路由器 C 检测到网络 10.1.4.0 发生故障时，路由器 C 毒化路由表中路由项 10.1.4.0，使得此网络的跳数为无穷大。

（2）设定抑制时间。路由器 C 给路由项 10.1.4.0 设定一个抑制时间，其默认值为 120s。

（3）发生触发更新信息。路由器 C 向路由器 A 和路由器 B 发送触发更新信息，指出网络 10.1.4.0 发生故障。路由器 A、路由器 B 接收到触发更新信息以后，使路由项 10.1.4.0 进入抑制状态，在抑制状态下不接收来自其他路由器的相关更新。然后，路由器 A 和路由器 B 也向其他接口发送网络 10.1.4.0 故障的触发更新信息。

至此，全网所有路由器的路由表中，表项 10.1.4.0 的度量值均为无穷大，并且进入抑制状态，路由器会丢弃目的地为网络 10.1.4.0 的数据包。

网络 10.1.4.0 恢复正常后，路由器 C 解除抑制时间，同时用触发更新向路由器 A 和路由器 B 传播该网络的路由信息。路由器 A、路由器 B 也解除抑制时间，路由表恢复正常。

6.3 RIPv1 与 RIPv2

RIPv1（版本 1）是一个有类路由协议，使用广播的方式发送路由更新，而且不支持 VLSM，不支持认证。因为它的路由更新信息中不携带子网掩码，因此在交换子网路由信息时，有时会发生错误。

如图 6-20 所示，路由器 A 发送了路由 10.0.0.0 给路由器 B，因为路由无掩码信息，且 10.0.0.0 是一个 A 类地址，所以路由器 B 收到后，会给此路由器加默认掩码。也就是说，路由器 B 的路由表中路由项目的地址/掩码是 10.0.0.0/8，这样就造成了错误的路由信息。

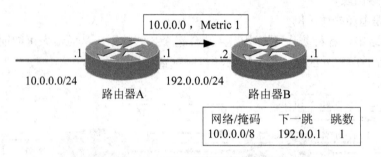

图 6-20 RIPv1 报文不携带掩码

RIPv2（版本 2）没有完全更改版本 1 的内容，只是增加了一些高级功能，这些新特性使得 RIPv2 可以将更多的信息加入路由更新中。

RIPv2 是一种无类别路由协议，与 RIPv1 相比，它具有以下优势：

- 报文中携带掩码信息，支持 VLSM 和 CIDR。
- RIPv2 并不像 RIPv1 一样使用广播发送更新报文，它使用组播地址 224.0.0.9（代表所有的 RIPv2 路由器）进行路由更新。
- 支持对协议报文进行认证，可以使用明码或者 MD5 加密的密码验证，以增加网络的安全性。

下面对 RIP 的特性做一个总结，其中也比较了版本 1 和版本 2 的一些不同之处，如表 6-1 所示。

表 6-1　　　　　　　　　　　　RIPv1 与 RIPv2 特性比较

特　性	RIPv1	RIPv2
采用跳数为度量值	是	是
15 是最大的有效度量值，16 为无穷大	是	是
默认 30s 更新周期	是	是
周期性更新时发送全部路由信息	是	是
拓扑改变时发送只针对变化的触发更新	是	是

续表

特　性	RIPv1	RIPv2
使用路由毒化、水平分割、毒性逆转	是	是
使用抑制计时器	是	是
发送更新的方式	广播	组播
使用 UDP 520 端口发送报文	是	是
更新中携带子网掩码，支持 VLSM	否	是
支持认证	否	是

6.4　RIP 协议配置

6.4.1　配置 RIP

1. 开启 RIP 进程
路由器要运行 RIP 协议，首先要创建 RIP 路由进程，配置命令如下：

Router(config)#**router rip**

2. 在 RIP 协议里定义关联网络
使用命令 router rip 创建 RIP 路由进程后，必须定义与 RIP 路由进程相关联的网络。配置命令如下：

Router(config-router)#**network** *network-number*

network 命令定义关联网络，关联网络是指 RIP 只对外通告关联网络的路由信息，并只向关联网络所属接口通告路由信息。也就是说，network 命令告诉路由器哪个接口开始使用 RIP，然后从这个接口发送路由更新，通告这个接口的直连网络，并从这个接口监听从其他路由器发来的 RIP 更新。

3. 配置 RIP 版本号
默认情况下，Cisco 路由器上启用 RIP 路由协议后就可以接收 RIPv1 和 RIPv2 的数据包，但是只发送 RIPv1 的更新数据包。如果要指定 RIP 协议的版本，只需要使用如下命令：

Router(config-router)#**version {1|2}**

4. 关闭自动汇总
RIP 路由自动汇总是指当子网路由穿越有类网络边缘时，将自动汇总成有类网络路由。RIPv1 的自动汇总功能不能关闭，RIPv2 默认情况下将进行自动汇总。不过，当网络中全部采用 VLSM 来划分子网时，可能希望学到具体的子网路由，而不愿意只看到汇总后的网络路由，这时，需要使用如下命令关闭路由自动汇总功能：

Router(config-router)#**no auto-summary**

5. 配置水平分割
在 RIP 路由协议中默认是打开水平分隔的，如果需要关闭，则可以在接口模式下使用如下命令：

Router(config-if)#**no ip split-horizon**

该命令用来关闭接口上的水平分隔功能；相应地，**ip split-horizon** 命令用于打开水平分隔。

6. 配置单播更新和被动接口
如果希望 RIP 路由器的某个接口仅仅学习 RIP 路由，而不进行 RIP 路由通告，可以配置

RIP 被动接口来实现，配置命令如下：

Router(config-router)#**passive-interface** {**default** |*type mod/num* }

被动接口接收到 RIP 更新请求后，不会进行响应；但在收到非 RIP（如路由诊断程序等）请求后，会进行响应，因为这些请求程序希望了解所有设备的路由情况。

RIP 报文通常是广播的，但有时需要限制一个接口通告广播式的路由更新报文，以实现更灵活的 RIP 工作方式。例如，在图 6-22 所示的拓扑图中想要实现路由器 A 发出的更新报文只能被路由器 B 所接收，而不能被路由器 C 所接收，那么可以在配置了被动接口的情况下，配合 RIP 报文单播更新来实现这一点。

配置单播更新的命令如下：

Router(config-router)#**neighbor** *ip-address*

6.4.2 RIP 配置实例

如图 6-21 所示，这是一个由 3 台路由器组成的简单网络，下面我们就具体分析一下在这 3 台路由器上实现 RIP 网络的过程。

图 6-21　RIP 配置实例拓扑图

1. 基本配置

在路由器 A、路由器 B 和路由器 C 上启用 RIP 的步骤如示例 6-1，其中配置主机名、接口 IP 地址等步骤省略。

示例 6-1　在路由器上启用 RIP

```
RouterA(config)#router rip
RouterA(config-router)#network 10.0.0.0
RouterB(config)#router rip
RouterB(config-router)#network 10.0.0.0
RouterC(config)#router rip
RouterC(config-router)#network 10.0.0.0
```

路由器 A、路由器 B 和路由器 C 上启用了 RIP 后就会在关联接口上发送路由更新，这些更新内容可以在特权模式下用 debug ip rip 命令查看，如示例 6-2 所示。

示例 6-2　在路由器 A 的路由更新内容

```
RouterA#debug ip rip
RIP protocol debugging is on
RouterA#RIP: sending    v1 update to 255.255.255.255 via FastEthernet0/0 (10.1.2.1)
```

```
RIP: build update entries
      network 10.1.1.0 metric 1
RIP: sending    v1 update to 255.255.255.255 via Loopback0 (10.1.1.1)
RIP: build update entries
      network 10.1.2.0 metric 1
      network 10.1.3.0 metric 2
      network 10.1.4.0 metric 3
RIP: received v1 update from 10.1.2.2 on FastEthernet0/0
      10.1.3.0 in 1 hops
      10.1.4.0 in 2 hops
```

从示例 6-2 可以看到，当更新计时器超时后，路由器就会发送 RIP 更新报文，发送方式是广播，使用端口 520，然后将更新计时器重置。每台路由器都将自己的直连路由以跳数 1，从每个 RIP 的关联接口发送了出去，而且遵循水平分隔的原则。

等到 RIP 网络收敛后，各个路由器都能够学习到正确的路由，其中路由器 A 的路由表如示例 6-3 所示。

示例 6-3　在路由器 A 路由表

```
RouterA#show ip route
Codes: C - connected, S - static, I - IGRP, R - RIP, M - mobile, B - BGP
       D - EIGRP, EX - EIGRP external, O - OSPF, IA - OSPF inter area
       N1 - OSPF NSSA external type 1, N2 - OSPF NSSA external type 2
       E1 - OSPF external type 1, E2 - OSPF external type 2, E - EGP
       i - IS-IS, L1 - IS-IS level-1, L2 - IS-IS level-2, ia - IS-IS inter area
       * - candidate default, U - per-user static route, o - ODR
       P - periodic downloaded static route


Gateway of last resort is not set


     10.0.0.0/24 is subnetted, 4 subnets
C        10.1.1.0 is directly connected, Loopback0
C        10.1.2.0 is directly connected, FastEthernet0/0
R        10.1.3.0 [120/1] via 10.1.2.2, 00:00:01, FastEthernet0/0
R        10.1.4.0 [120/2] via 10.1.2.2, 00:00:01, FastEthernet0/0
```

输出路由表项前面的字母 "R"，代表这是一条 RIP 路由，用中括号括起来的两个数字，120 代表 RIP 路由协议的管理距离，1 或者 2 则代表这条路由的度量值。

2. 水平分隔

RIP 网络收敛后，在水平分隔的作用下，路由器 B 向外广播的路由更新内容如示例 6-4

所示。如果在路由器 B 的两个接口上关闭了水平分隔，它发出的路由更新内容就会成为示例 6-5 中所示的情况。

示例 6-4　在水平分隔作用下路由器 B 的路由更新内容

```
RouterB#debug ip rip
RIP protocol debugging is on
RouterB#RIP: received v1 update from 10.1.3.2 on FastEthernet1/0
        10.1.4.0 in 1 hops
RIP: received v1 update from 10.1.2.1 on FastEthernet0/0
        10.1.1.0 in 1 hops
RIP: sending   v1 update to 255.255.255.255 via FastEthernet0/0 (10.1.2.2)
RIP: build update entries
        network 10.1.3.0 metric 1
        network 10.1.4.0 metric 2
RIP: sending   v1 update to 255.255.255.255 via FastEthernet1/0 (10.1.3.1)
RIP: build update entries
        network 10.1.1.0 metric 2
        network 10.1.2.0 metric 1
```

示例 6-5　关闭水平分隔后路由器 B 的路由更新内容

```
RouterB(config)#interface f 0/0
RouterB(config-if)#no ip split-horizon
RouterB(config-if)#exit
RouterB(config)#interface f 1/0
RouterB(config-if)#no ip split-horizon
RouterB(config-if)#end
RouterB#debug ip rip
RIP protocol debugging is on
RouterB#RIP: received v1 update from 10.1.3.2 on FastEthernet1/0
        10.1.4.0 in 1 hops
RIP: received v1 update from 10.1.2.1 on FastEthernet0/0
        10.1.1.0 in 1 hops
RIP: sending   v1 update to 255.255.255.255 via FastEthernet0/0 (10.1.2.2)
RIP: build update entries
        network 10.1.1.0 metric 2
        network 10.1.2.0 metric 1
        network 10.1.3.0 metric 1
        network 10.1.4.0 metric 2
RIP: sending   v1 update to 255.255.255.255 via FastEthernet1/0 (10.1.3.1)
```

```
RIP: build update entries
        network 10.1.1.0 metric 2
        network 10.1.2.0 metric 1
        network 10.1.3.0 metric 1
        network 10.1.4.0 metric 2
```

对比之后可以发现，关闭了水平分隔之后，路由器 B 会在接口 F0/0 和 F1/0 通告全部的
4 条路由信息，而在水平分隔的作用下，10.1.1.0/24 和 10.1.2.0/24 不会从接口 F0/0 通告出去，
而 10.1.3.0/24 和 10.1.4.0/24 不会从接口 F1/0 通告出去。

3. 路由毒化

如果在路由器 C 上将 loopback 0 接口关闭，相当于 10.1.4.0/24 网络故障，那么路由器 C
就会把这条路由从自己的路由表中删除，然后触发一条相应的毒化路由更新，如示例 6-6 所
示。路由器 B 收到这条路由后，会将自己路由表中 10.1.4.0/24 的表项更新为 "possibly down"，
如示例 6-7 所示。

示例 6-6　路由器 C 触发的毒化路由更新

```
RouterC#debug ip rip
RIP protocol debugging is on
RouterC#conf t
RouterC(config)#int loop 0
RouterC(config-if)#shutdown
*Mar   1 01:45:13.159: %LINK-5-CHANGED: Interface Loopback0, changed state to
administratively down
*Mar   1 01:45:13.167: RIP: sending v1 flash update to 255.255.255.255 via
FastEthernet1/0(10.1.3.2)
*Mar   1 01:45:13.171: RIP: build flash update entries
*Mar   1 01:45:13.171:       subnet 10.1.4.0 metric 16
*Mar   1 01:45:15.259: RIP: received v1 update from 10.1.3.1 on FastEthernet1/0
*Mar   1 01:45:15.263:       10.1.4.0 in 16 hops (inaccessible)
*Mar   1 01:45:17.923: RIP: sending v1 update to 255.255.255.255 via
FastEthernet1/0(10.1.3.2)
*Mar   1 01:45:17.927: RIP: build update entries
*Mar   1 01:45:17.927:       subnet 10.1.4.0 metric 16
*Mar   1 01:45:36.131: RIP: received v1 update from 10.1.3.1 on FastEthernet1/0
*Mar   1 01:45:36.135:       10.1.1.0 in 2 hops
*Mar   1 01:45:36.139:       10.1.2.0 in 1 hops
*Mar   1 01:45:36.139:       10.1.4.0 in 16 hops (inaccessible)
```

路由器 C 发现 Loopback 0 接口 down 以后，RIP 进程会立即行动将路由 10.1.4.0 取消，
并发送触发更新，这个更新只有一条内容，就是路由 10.1.4.0，度量值为 16。

示例 6-7　路由器 B 收到毒化路由后的路由表

```
RouterB#sh ip route
Codes: C - connected, S - static, I - IGRP, R - RIP, M - mobile, B - BGP
       D - EIGRP, EX - EIGRP external, O - OSPF, IA - OSPF inter area
       N1 - OSPF NSSA external type 1, N2 - OSPF NSSA external type 2
       E1 - OSPF external type 1, E2 - OSPF external type 2, E - EGP
       i - IS-IS, L1 - IS-IS level-1, L2 - IS-IS level-2, ia - IS-IS inter area
       * - candidate default, U - per-user static route, o - ODR
       P - periodic downloaded static route

Gateway of last resort is not set

     10.0.0.0/24 is subnetted, 4 subnets
R       10.1.1.0 [120/1] via 10.1.2.1, 00:00:14, FastEthernet0/0
C       10.1.2.0 is directly connected, FastEthernet0/0
C       10.1.3.0 is directly connected, FastEthernet1/0
R       10.1.4.0 is possibly down, routing via 10.1.3.2, FastEthernet1/0
```

4. RIPv2

如果我们指定路由器 B 上使用的 RIP 版本为版本 2，那么它将只发送和接收 RIPv2 的更新报文，路由器 A 和路由器 C 发送的 RIPv1 报文将被它忽略，如示例 6-8 所示。

因此，在刷新计时器超时后，路由器 B 的路由表中将不再存在到达网段 10.1.1.0/24 和 10.1.4.0/24 例 6-9 所示。

示例 6-8　RIPv2 只接收和发送版本 2 的更新报文

```
RouterB(config)#router rip
RouterB(config-router)#version 2
RouterB(config-router)#end
RouterB#debug ip rip
RIP protocol debugging is on
RouterB#
*Mar   1 02:12:31.155: RIP: sending v2 update to 224.0.0.9 via FastEthernet1/0
(10.1.3.1)
*Mar   1 02:12:31.159: RIP: build update entries
*Mar   1 02:12:31.159:       10.1.1.0/24 via 0.0.0.0, metric 2, tag 0
*Mar   1 02:12:31.163:       10.1.2.0/24 via 0.0.0.0, metric 1, tag 0
*Mar   1 02:12:37.143: RIP: ignored v1 packet from 10.1.3.2 (illegal version)
*Mar   1 02:12:45.255: RIP: sending v2 update to 224.0.0.9 via FastEthernet0/0 (10.1.2.2)
*Mar   1 02:12:45.259: RIP: build update entries
*Mar   1 02:12:45.259:       10.1.3.0/24 via 0.0.0.0, metric 1, tag 0
*Mar   1 02:12:45.263:       10.1.4.0/24 via 0.0.0.0, metric 2, tag 0
*Mar   1 02:12:52.763: RIP: ignored v1 packet from 10.1.2.1 (illegal version)
```

可以发现，路由器 B 配置了 RIP 版本 2 之后，发送报文的格式发生了变化，更新的方式也变成了组播，目的地址是 224.0.0.9，并且不再接收路由器 A 和路由器 C 发出的版本 1 的更新报文，原因是版本不匹配。

示例 6-9　配置 RIPv2 的路由器 B 的路由表

```
RouterB#show ip route
Codes: C - connected, S - static, R - RIP, M - mobile, B - BGP
       D - EIGRP, EX - EIGRP external, O - OSPF, IA - OSPF inter area
       N1 - OSPF NSSA external type 1, N2 - OSPF NSSA external type 2
       E1 - OSPF external type 1, E2 - OSPF external type 2
       i - IS-IS, su - IS-IS summary, L1 - IS-IS level-1, L2 - IS-IS level-2
       ia - IS-IS inter area, * - candidate default, U - per-user static route
       o - ODR, P - periodic downloaded static route


Gateway of last resort is not set


     10.0.0.0/24 is subnetted, 2 subnets
C       10.1.3.0 is directly connected, FastEthernet1/0
C       10.1.2.0 is directly connected, FastEthernet0/0
```

此时，路由器 A 和路由 C 虽然仍能接收路由器 B 发出的 RIPv2 的更新报文，但是由于路由器 B 不能再传递路由器 A 和路由器 C 的路由，所以它们的路由表最终变成示例 6-10 和示例 6-11 所显示的情况。

示例 6-10　路由器 B 为 RIPv2 时路由器 A 的路由表

```
RouterA#show ip route
Codes: C - connected, S - static, R - RIP, M - mobile, B - BGP
       D - EIGRP, EX - EIGRP external, O - OSPF, IA - OSPF inter area
       N1 - OSPF NSSA external type 1, N2 - OSPF NSSA external type 2
       E1 - OSPF external type 1, E2 - OSPF external type 2
       i - IS-IS, su - IS-IS summary, L1 - IS-IS level-1, L2 - IS-IS level-2
       ia - IS-IS inter area, * - candidate default, U - per-user static route
       o - ODR, P - periodic downloaded static route


Gateway of last resort is not set


     10.0.0.0/24 is subnetted, 3 subnets
R       10.1.3.0 [120/1] via 10.1.2.2, 00:00:15, FastEthernet0/0
C       10.1.2.0 is directly connected, FastEthernet0/0
C       10.1.1.0 is directly connected, Loopback0
```

示例 6-11　路由器 B 为 RIPv2 时路由器 C 的路由表

```
RouterC#show ip route
Codes: C - connected, S - static, R - RIP, M - mobile, B - BGP
       D - EIGRP, EX - EIGRP external, O - OSPF, IA - OSPF inter area
       N1 - OSPF NSSA external type 1, N2 - OSPF NSSA external type 2
       E1 - OSPF external type 1, E2 - OSPF external type 2
       i - IS-IS, su - IS-IS summary, L1 - IS-IS level-1, L2 - IS-IS level-2
       ia - IS-IS inter area, * - candidate default, U - per-user static route
       o - ODR, P - periodic downloaded static route


Gateway of last resort is not set

      10.0.0.0/24 is subnetted, 3 subnets
C        10.1.3.0 is directly connected, FastEthernet1/0
R        10.1.2.0 [120/1] via 10.1.3.1, 00:00:25, FastEthernet1/0
C        10.1.4.0 is directly connected, Loopback0
```

6.4.3　配置单播更新和被动接口

在如图 6-22 所示的 RIP 网络中，3 台路由器连接在一个广播网上，默认情况下，每台路由器都会发出广播的更新报文，并且这些更新报文都能够被其他的路由器所接收。现在要求实现路由器 A 发出的更新报文只能被路由器 B 所接收，而不能被路由器 C 所接收。

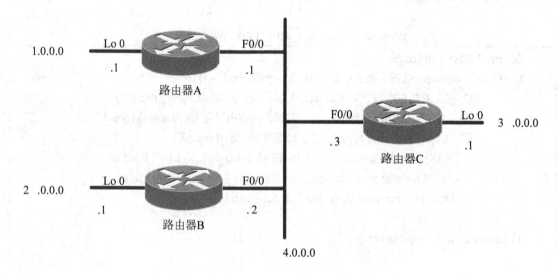

图 6-22　配置单播更新和被动接口拓扑

在图 6-22 所示的拓扑图中，在路由器 A 的 F0/0 接口上配置被动接口后，这个接口不再

发出路由更新报文,但仍可以接收路由更新报文,因此路由器 A 可以学习到全部的 RIP 路由,
而路由器 B 和路由器 C 将不能学习到 1.0.0.0/8 网段的路由。具体情况见示例 6-12～示例 6-14。

示例 6-12 在路由器 A 上配置被动接口

```
RouterA(config)#router rip
RouterA(config-router)#passive-interface fastEthernet 0/0
```

示例 6-13 配置被动接口后路由器 A 的路由表

```
RouterA#sh ip route
Codes: C - connected, S - static, R - RIP, M - mobile, B - BGP
       D - EIGRP, EX - EIGRP external, O - OSPF, IA - OSPF inter area
       N1 - OSPF NSSA external type 1, N2 - OSPF NSSA external type 2
       E1 - OSPF external type 1, E2 - OSPF external type 2
       i - IS-IS, su - IS-IS summary, L1 - IS-IS level-1, L2 - IS-IS level-2
       ia - IS-IS inter area, * - candidate default, U - per-user static route
       o - ODR, P - periodic downloaded static route

Gateway of last resort is not set

     1.0.0.0/24 is subnetted, 1 subnets
C         1.0.0.0 is directly connected, Loopback0
R      2.0.0.0/8 [120/1] via 4.0.0.2, 00:00:23, FastEthernet0/0
R      3.0.0.0/8 [120/1] via 4.0.0.3, 00:00:07, FastEthernet0/0
C      4.0.0.0/8 is directly connected, FastEthernet0/0
```

示例 6-14 配置被动接口后路由器 B 的路由表

```
RouterB#show ip route
Codes: C - connected, S - static, R - RIP, M - mobile, B - BGP
       D - EIGRP, EX - EIGRP external, O - OSPF, IA - OSPF inter area
       N1 - OSPF NSSA external type 1, N2 - OSPF NSSA external type 2
       E1 - OSPF external type 1, E2 - OSPF external type 2
       i - IS-IS, su - IS-IS summary, L1 - IS-IS level-1, L2 - IS-IS level-2
       ia - IS-IS inter area, * - candidate default, U - per-user static route
       o - ODR, P - periodic downloaded static route

Gateway of last resort is not set

C      2.0.0.0/8 is directly connected, Loopback0
R      3.0.0.0/8 [120/1] via 4.0.0.3, 00:00:20, FastEthernet0/0
C      4.0.0.0/8 is directly connected, FastEthernet0/0
```

在路由器 A 上配置了被动接口后，路由器 B 和路由 C 无法收到路由 1.0.0.0/8 的更新。此时，如果继续在路由器 A 上配置单播更新，如示例 6-15 所示，指定将路由更新发送给地址 4.0.0.2/8，那么路由器 A 虽然不再发送广播更新，但会单播给路由器 B 发送更新，因此路由器 B 将能够学习到路由 1.0.0.0/8，而路由器 C 仍然无法学习到，如示例 6-16、示例 6-17 和示例 6-18 所示。

示例 6-15　在路由器 A 上配置单播更新

```
RouterA(config)#router rip
RouterA(config-router)#neighbor 4.0.0.2
RouterA(config-router)#end
```

示例 6-16　配置单播更新后路由器 B 的路由表

```
RouterB#show ip route
Codes: C - connected, S - static, R - RIP, M - mobile, B - BGP
        D - EIGRP, EX - EIGRP external, O - OSPF, IA - OSPF inter area
        N1 - OSPF NSSA external type 1, N2 - OSPF NSSA external type 2
        E1 - OSPF external type 1, E2 - OSPF external type 2
        i - IS-IS, su - IS-IS summary, L1 - IS-IS level-1, L2 - IS-IS level-2
        ia - IS-IS inter area, * - candidate default, U - per-user static route
        o - ODR, P - periodic downloaded static route

Gateway of last resort is not set

R       1.0.0.0/8 [120/1] via 4.0.0.1, 00:00:11, FastEthernet0/0
C       2.0.0.0/8 is directly connected, Loopback0
R       3.0.0.0/8 [120/1] via 4.0.0.3, 00:00:23, FastEthernet0/0
C       4.0.0.0/8 is directly connected, FastEthernet0/0
```

示例 6-17　配置单播更新后路由器 C 的路由表

```
RouterC#show ip route
Codes: C - connected, S - static, R - RIP, M - mobile, B - BGP
        D - EIGRP, EX - EIGRP external, O - OSPF, IA - OSPF inter area
        N1 - OSPF NSSA external type 1, N2 - OSPF NSSA external type 2
        E1 - OSPF external type 1, E2 - OSPF external type 2
        i - IS-IS, su - IS-IS summary, L1 - IS-IS level-1, L2 - IS-IS level-2
        ia - IS-IS inter area, * - candidate default, U - per-user static route
        o - ODR, P - periodic downloaded static route

Gateway of last resort is not set
```

R	2.0.0.0/8 [120/1] via 4.0.0.2, 00:00:00, FastEthernet0/0
C	3.0.0.0/8 is directly connected, Loopback0
C	4.0.0.0/8 is directly connected, FastEthernet0/0

示例 6-18　配置单播更新后路由器 A 发送更新报文的情况

RouterA#
*Mar　1 01:26:27.587: RIP: received v1 update from 4.0.0.3 on FastEthernet0/0
*Mar　1 01:26:27.587:　　　3.0.0.0 in 1 hops
*Mar　1 01:26:28.167: RIP: sending v1 update to 255.255.255.255 via Loopback0
(1.0.0.1)
*Mar　1 01:26:28.171: RIP: build update entries
*Mar　1 01:26:28.171:　　network 2.0.0.0 metric 1
*Mar　1 01:26:28.171:　　network 3.0.0.0 metric 1
*Mar　1 01:26:28.171:　　network 4.0.0.0 metric 1
*Mar　1 01:26:30.487: RIP: received v1 update from 4.0.0.2 on FastEthernet0/0
*Mar　1 01:26:30.491:　　　2.0.0.0 in 1 hops
*Mar　1 01:26:37.747: RIP: sending v1 update to **4.0.0.2** via FastEthernet0/0 (4.0.0.1)
*Mar　1 01:26:37.747: RIP: build update entries
*Mar　1 01:26:37.747:　　network 1.0.0.0 metric 1

此时观察路由器 A 发出的更新报文就会发现，它不在 F0/0 接口发送广播更新了，而是使用单播给 4.0.0.2 发送更新。

6.5　RIP 的检验与排错

可以在路由器上使用一些命令进行 RIP 的检验与排错。

6.5.1　使用 show 命令检验 RIP 的配置

对一个路由协议进行排错，最重要的命令就是 show ip route。这个命令显示路由器的 IP 路由表内容，包括当前用于转发数据包的所有路由，通过查看路由表，可以知道路由协议是否正常工作。

除此之外，还可以使用 show ip protocols 命令，该命令的作用是能够看到路由器上运行的动态路由选择协议，以及该协议的一些特性，如示例 6-19 所示。

示例 6-19　show ip protocols 命令输出结果

Router#sh ip protocols
Routing Protocol is "rip"
　Outgoing update filter list for all interfaces is not set

```
Incoming update filter list for all interfaces is not set
Sending updates every 30 seconds, next due in 17 seconds
Invalid after 180 seconds, hold down 180, flushed after 240
Redistributing: rip
Default version control: send version 1, receive any version
    Interface              Send  Recv  Triggered RIP  Key-chain
    FastEhternet 0/0        1      1 2
    Loopback0               1      1 2
Automatic network summarization is in effect
Maximum path: 4
Routing for Networks:
    10.0.0.0
Routing Information Sources:
    Gateway             Distance        Last Update
    10.1.2.2                120          00:00:08
Distance: (default is 120)
```

如示例 6-19 所示,利用 show ip protocols 命令输出的信息告诉我们路由器运行的路由协议是 RIP,更新计时器为 30s,无效计时器为 180s,刷新计时器为 120s,关联网络是 10.0.0.0,启用 RIP 的接口是 FastEhternet 0/0 和 Loopback 0,默认发送 RIPv1 的更新报文,而接收 RIPv1 和 RIPv2 的更新报文。

6.5.2 使用 debug 命令进行排错

在上一节的例子中,已经看到大量 debug ip rip 的结果。debug 命令是一个调试排错命令,它具有很多选项,RIP 只是其中之一。debug 命令的作用是让路由器执行以下动作:
- 监视内部过程(例如 RIP 发送和接收的更新)。
- 当某些进程发生一些事件后,产生日志信息。
- 持续产生日志信息,直到用 no debug 命令关闭。

当发现路由协议不能正常工作时,可以用 debug 命令观察它的内部工作过程,以便发现存在的问题,例如是否正确地发送了路由更新、能否接收到路由更新等,然后找出原因。

调试排错结束后,应当关闭 debug。由于 debug 命令非常消耗路由器资源,在一个生产性网络里面要尽量少使用,并且一定要及时关闭。要关闭 debug,可以使用相同的 debug 命令和参数,前面加上 no 即可,例如要关闭 debug ip rip,可以用 no debug ip rip。或者,也可以使用 no debug all 命令关闭所有正在进行中的 debug 命令。

6.6 本章小结

本章针对距离矢量路由协议做了详细的介绍,包括距离矢量路由协议学习路由的方法和距离矢量路由协议保证路由表正确性的方法,主要讲解了 RIP 路由协议的特性、路由更新过程及配置方法，最后讲解了检查 RIP 路由协议的配置和路由表正确性的命令。

6.7　习题

1. **选择题**

（1）RIP 使用以下哪项来承载？

    A．TCP，179

    B．UDP，179

    C．TCP，520

    D．UDP，520

（2）RIP 路由协议依据什么判断最优路由？

    A．带宽

    B．跳数

    C．路径开销

    D．延迟时间

（3）RIP 网络的最大跳数是？

    A．24

    B．18

    C．15

    D．没有限制

（4）以下哪些关于 RIPv1 和 RIPv2 的描述是正确的？

    A．RIPv1 是无类路由，RIPv2 使用 VLSM

    B．RIPv2 是默认的，RIPv1 必须配置

    C．RIPv2 可以识别子网，RIPv1 是有类路由协议

    D．RIPv1 使用跳数作为度量值，RIPv2 则是使用跳数和路径开销作为度量值

（5）如果要对 RIP 进行调试排除，应该使用以下哪一个命令？

    A．Router(config)#debug ip rip

    B．Router#show ip route

    C．Router(config)#show ip interface

    D．Router# debug ip rip

（6）RIP 路由器不会把从某台邻居路由器那里学来的路由信息再发回给它，这种行为被称为什么？

    A．水平分割

    B．触发更新

    C．毒性逆转

    D．抑制

2. **问答题**

（1）RIP 协议中，更新计时器、无效计时器和刷新计时器的作用分别是什么？

（2）为什么会发生计数到无穷大的情况？

（3）总结防止路由环路的技术有哪些？

（4）RIPv1 和 RIPv2 的区别有哪些？

（5）配置 RIP 时的 network 命令作用有哪些？

（6）默认情况下，RIP 路由器是如何工作的？

第7章 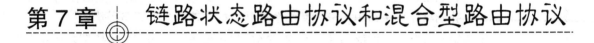 链路状态路由协议和混合型路由协议

由于距离矢量路由协议存在的无法避免的缺陷，所以在网络规划时，其多用于构建中小型网络。但随着网络规模的日益扩大，一些小型企业网的规模几乎等同于十几年前的中型企业网，并且对于网络的安全性和可靠性提出了更高的要求。RIP 协议显然已经不能完全满足这样的需求。

在这种背景下，链路状态路由协议 OSPF 以及 Cisco 自有的混合型路由协议 EIGRP 以其众多的优势脱颖而出。它们解决了很多距离矢量路由协议无法解决的问题，因而得到了广泛应用。

学习完本章，我们要达到以下目标：
- 掌握 OSPF 路由协议原理
- 掌握 OSPF 路由协议特性
- 能够配置 OSPF 路由协议
- 掌握 EIGRP 路由协议原理
- 能够配置 EIGRP 路由协议

7.1 链路状态路由协议概述

当在比较大型的网络里运行时，距离矢量路由协议就暴露出了它的缺陷。比如，运行距离矢量路由协议的路由器由于不能了解整个网络的拓扑，只能周期性地向自己的邻居路由器发送路由更新包，这种操作增加了整个网络的负担。距离矢量路由协议在处理网络故障时，其收敛速率也极其缓慢，通常要耗时 4～8 分钟甚至更长，这对于大型网络或电信级网络的骨干来说是不能忍受的。另外，距离矢量路由协议的最大度量值的限制也使该协议无法在大型网络里使用。所以，在大型网络里，我们需要使用一种比距离矢量路由协议更加高效，对网络带宽的影响更小的动态路由协议，这种协议就是链路状态路由协议。

链路状态路由协议有以下几种：
- IP 开放式最短路径优先（OSPF）；
- CLNS 或 IP ISO 的中间系统到中间系统（IS-IS）；
- DEC 的 DNA 阶段 5；
- Novell 的 NetWare 链路服务协议（NLSP）。

在本章中，我们只学习 OSPF 路由协议。

7.1.1 链路状态路由协议原理

链路状态路由协议使用由 Dijkstra 发明的、被称为最短路径优先（Shortest Path First，SPF）

的算法来寻找到达目的地的最佳路径。距离矢量路由协议依赖来自其相邻路由器的关于远端路由的传闻，而链路状态路由协议将学习网络的完整拓扑：哪些路由器连接到哪些网络。

运行链路状态路由协议的路由器，在互相学习路由之前，会首先向邻居路由器学习整个网络的拓扑结构，在自己的内存中建立一个拓扑表（或称链路状态数据库），然后使用 SPF 算法，从自己的拓扑表里计算出路由。SPF 算法会把网络拓扑转变为最短路径优先树，然后从该树型结构中找出到达每一个网段的最短路径，该路径就是路由；同时，该树型结构还保证了所计算出的路由不会存在路由环路。SPF 算法计算路由的依据是带宽，每条链路根据其带宽都有相应的开销（Cost）。开销越小该链路的带宽越大，该链路越优。

运行链路状态路由协议的路由器虽然在开始学习路由时先要学习整个网络的拓扑，学习路由的速率可能会比运行距离矢量路由协议的路由器慢一点，但是一旦路由学习完毕，路由器之间就不再需要周期性地互相传递路由表了，因为整个网络的拓扑路由器都知道，不需要使用周期性的路由更新包来维持路由表的正确性，从而节省了网络的带宽。

而当网络拓扑出现改变时（如在网络中加入了新的路由器或网络发生了故障），路由器也不需要把自己的整个路由表发送给邻居路由器，只需要发出一个包含有出现拓扑改变网段信息的触发更新包。收到这个更新包的路由器会把该信息添加进拓扑表里，并且从拓扑表里计算出新的路由。由于运行链路状态路由协议的路由器都维护一个相同的拓扑表，而路由是路由器自己从这张表中计算出来的，所有运行链路状态路由协议的路由器都能自己保证路由的正确性，不需要使用额外的措施保证它。运行链路状态路由协议的网络在出现故障时收敛是很快的。

由于链路状态路由协议不必周期性地传递路由更新包，所以它不能像距离矢量路由协议一样用路由更新包来维持邻居关系。链路状态路由协议使用专门的 Hello 包来维持邻居关系。运行链路状态路由协议的路由器周期性地向相邻的路由器发送 Hello 包，它们通过 Hello 包中的信息互相认识对方并且形成邻居关系。只有在形成邻居关系之后，路由器才可能学习网络拓扑。

7.1.2 链路状态路由协议的优缺点

链路状态路由协议与距离矢量路由协议可以从如下 3 个方面进行比较：

1. 对整个网络拓扑的了解

运行距离矢量路由协议的路由器都是从自己的邻居路由器处得到邻居的整个路由表，然后学习其中的路由信息，再把自己的路由表发给所有的邻居路由器。在这个过程中，路由器虽然可以学习到路由，但是路由器并不了解整个网络的拓扑。

运行链路状态路由协议的路由器首先会向邻居路由器学习整个网络的拓扑，建立拓扑表，然后使用 SPF 算法从该拓扑表里自己计算出路由。由于对整个网络拓扑的了解，链路状态路由协议具有很多距离矢量路由协议所不具备的优点。

2. 计算路由的算法

距离矢量路由协议的算法（也被称为 Bellman-Ford-Fulkerson 算法），只能够使路由器知道一个网段在网络里的哪个方向，有多远，而不能知道该网段的具体位置，从而使路由器无法了解网络的拓扑。

链路状态路由协议的算法需要链路状态数据库的支持。链路状态路由协议使用 SPF 算法，根据链路状态数据库来计算路由。

3. 路由更新

由于距离矢量路由协议不能了解网络拓扑，运行该协议的路由器必须周期性地向邻居路由器发送路由更新包，其中包括了自己的整个路由表。距离矢量路由协议只能以这种方式保证路由表的正确性和实时性。运行距离矢量路由协议的路由器无法告诉邻居路由器哪一条特定的链路发生的故障，因为它们都不知道整个网络的拓扑。

由于在链路状态路由协议刚刚开始工作时，所有运行链路状态路由协议的路由器都学习了整个网络的拓扑，并且从中计算出了路由，所以运行链路状态路由协议的路由器不必周期性地向邻居路由器传递路由更新包。它只需要在网络发生故障时发出触发更新包，告诉其他路由器在网络的哪个位置发生了故障即可。而网络中的路由器会依据拓扑表重新计算该链路相关的路由。链路状态路由协议的路由更新是触发更新。

通过上述链路状态路由协议与距离矢量路由协议的比较，我们可以得出链路状态路由协议具有如下优点：

快速收敛。由于链路状态路由协议对整个网络拓扑了解，当发生网络故障时，察觉到该故障的路由器将该故障向网络里其他的路由器通告。接收到链路状态通告的路由器除了继续传递该通告外，还会根据自己的拓扑表重新计算关于故障网段的路由。这个重新计算的过程相当快速，整个网络会在极短的时间里收敛。

路由更新的操作更加有效率。由于链路状态路由协议在刚刚开始工作的时候，路由器就已经学习了整个网络的拓扑，并且根据网络拓扑计算出了路由表，如果网络的拓扑不发生改变，这些路由器的路由表里的路由条目一定是正确的。所有运行链路状态路由协议的路由器之间不必周期性地传递路由更新包来保证路由表的正确性，它们只需要在网络拓扑发生改变的时候，发送触发更新包来通知其他路由器网络中具体哪里发生了变化，而不要传递整个路由表。接收到该信息的路由器会根据自己的拓扑表计算出网络中变化部分的路由。这种触发的更新，由于不必周期性地传递整个路由表，使路由更新的处理变得更加有效。

但是，链路状态路由协议也有不足之处，具体如下：

由于链路状态路由协议要求路由器首先学习拓扑表，然后从中计算出路由，所以运行链路状态路由协议的路由器被要求有更大的内存和更强计算能力的处理器。

同时，由于链路状态路由协议刚刚开始工作的时候，路由器之间要首先形成邻居关系，并且学习网络拓扑，所以路由器在网络刚开始工作的时候不能路由数据包，必须等到拓扑表建立起来并且从中计算出路由后，路由器才能进行数据包的路由操作，这个过程需要一定的时间。

另外，因为链路状态的路由协议要求在网络中划分区域，并且对每个区域的路由进行汇总，从而达到减少路由表的路由条目、减小路由操作延时的目的，所以链路状态路由协议要求在网络中进行体系化编址，对 IP 子网的分配位置和分配顺序要求极为严格。

虽然链路状态路由协议有上述这些缺点，但相对于它所带来的好处，这些不足是可以接受的。链路状态路由协议特别适合在大规模的网络或电信级网络的骨干上使用。

7.2 OSPF 路由协议基础

开放最短路径优先（Open Shortest Path First, OSPF）协议是由 Internet 工程任务组（Internet Engineering Task Force，IETF）开发的路由选择协议，用来代替存在一些问题的 RIP 协议。

现在，OSPF 协议是 IETF 组织建议使用的内部网关协议。OSPF 协议是一个链路状态协议，正如它的命名所描述的，OSPF 使用 Dijkstra 的最短路径优先（SPF）算法，而且是开放的。这里所说的开放是指它不属于任何厂商和组织所私有。

像所有的链路状态路由协议一样，OSPF 协议和距离矢量路由协议相比，一个主要的改善在于它的快速收敛，这使得 OSPF 协议可以支持更大型的网络，并且不容易受到有害路由选择信息的影响。

从概括的角度来看，OSPF 路由协议的操作过程如下：

1．宣告 OSPF 的路由器从所有启动 OSPF 协议的接口上发出 Hello 数据包。如果两台路由器共享一条公共数据链路，并且能够互相成功协商它们各自 Hello 数据包中所指定的某些参数，那么它们就成为了邻居（Neighbor）。

2．邻接关系是在一些邻居路由器之间构成的，可以看作一条点到点的虚链路。OSPF 协议定义了一些网络类型和一些路由器类型的邻接关系。邻接关系的建立是由交换 Hello 信息的路由器类型和交换 Hello 信息的网络类型决定的。

3．每一台路由器都会在所有形成邻接关系的邻居之间发送链路状态通告（Link State Advertisement，LSA）。LSA 描述了路由器所有的链路、接口、路由器的邻居以及链路状态信息。这些链路可以是一个末梢网络（stub network，是指没有和其他路由器相连的网络）的链路、到其他 OSPF 路由器的链路、到其他区域网络的链路，或是到外部网络（从其他的路由选择进程学习到的网络）的链路。由于这些链路状态信息的多样性，OSPF 协议定义了许多 LSA 类型。

4．每一台收到从邻居路由器发出的 LSA 的路由器都会把这些 LSA 记录在它的链路状态数据库当中，并且发送一份 LSA 的拷贝给该路由器的其他所有邻居。

5．通过 LSA 泛洪扩散到整个区域，所有的路由器都会形成同样的链路状态数据库（Link State DataBase，LSDB）。

6．当这些路由器的数据库完全相同时，每一台路由器都将以其自身为根，使用 SPF 算法来计算一个无环路的拓扑图，以描述它所知道的到达每一个目的地的最短路径。这个拓扑图就是 SPF 算法树。

7．每一台路由器都将从 SPF 算法树中构建出自己的路由表。

当所有的链路状态信息泛洪到区域内的所有路由器上，并且邻居检验到它们的链路状态数据库也相同，从而成功地创建了路由表时，OSPF 协议就变成了一个"安静"的协议。邻居之间交换的 Hello 数据包称为 keepalive，并且每隔 30min 重传一次 LSA。如果网络拓扑稳定，那么网络中将不会有什么活动发生。

7.2.1　OSPF 路由协议术语

在 OSPF 路由协议中有一些术语，理解这些术语有利于我们学习 OSPF 路由协议。图 7-1 描述了这些术语。

这些术语的详细介绍如下：

链路：运行 OSPF 路由协议的路由器所连接的网络线路或路由器接口称为链路。OSPF 路由器由邻居处得到关于链路的信息，并且将该信息继续向其他邻居传递。

链路状态：用来描述路由器接口及其与邻居路由器的关系，所有链路状态信息构成链路状态数据库。

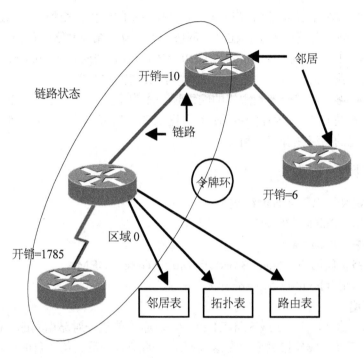

图 7-1　OSPF 术语

路由器 ID（Router ID）：路由器 ID 是一个用来标识此路由器的 IP 地址。Cisco 路由器通过使用所有被配置的环回接口中最高的 IP 地址来指定此路由器 ID。如果没有带 IP 地址的环回接口被配置，OSPF 将选择所有激活的物理接口中最高的 IP 地址为其 Router ID。

邻居：邻居可以是两台或更多的路由器，这些路由器都有某个接口连接到一个公共的网络上，如两台连接在一个点到点串行链路上的路由器，或者多台连接到一个广播型链路上的路由器。

邻接：邻接是两台 OSPF 路由器之间的关系，这两台路由器允许直接交换路由更新数据。OSPF 路由器只与建立了邻接关系的邻居直接共享路由信息。不是所有的邻居都可以成为邻接，这取决于网络的类型和路由器上的配置。

Hello 协议：OSPF 的 Hello 协议可以动态发现邻居，并维护邻居关系。

邻居表：运行 OSPF 路由协议的路由器会维护三张表，邻居表是其中的第一张表。凡是路由器认为和自己有邻居关系的路由器，都会出现在这张表中。只有形成了邻居表，路由器才可能向其他路由器学习网络拓扑。

拓扑表：当路由器建立了邻居表以后，运行 OSPF 路由协议的路由器会互相通告自己所知道的网络拓扑从而建立拓扑表。在同一个区域，所有的路由器应该形成相同的拓扑表。拓扑表也被称为链路状态数据库（Link State DataBase，LSDB）。

路由表：当完整的拓扑表建立起来之后，运行 OSPF 路由协议的路由器会按照链路的带宽不同，使用 SPF 算法从拓扑表里计算出路由，记入路由表。

LSA 和 LSU：链路状态通告（Link-State Advertisement，LSA）是一个 OSPF 的数据包，它包含有在 OSPF 路由器中共享的链路状态和路由信息，它必须封装在链路状态更新包（Link-State Update，LSA）中在网络上传递，一个 LSU 可以包含多个 LSA。有多种不同类型的 LSA 数据包，OSPF 路由器将只与建立了邻接关系的路由器交换 LSA 数据包。

DR 和 BDR：当几台路由器工作在同一网段上时，为了减少网络中路由信息的交换数量，OSPF 定义了 DR（Designated Router）和 BDR（Backup Designated Router）。DR 和 BDR 负责收集网络中的链路状态通告，并将它们集中发给其他的路由器。

区域：OSPF 路由协议会把大规模的网络划分成为小的区域，这样可以有效地减少路由选择协议对路由器的 CPU 和内存的占用；划分区域还可以降低路由选择协议的通信量，这使得构建一个层次化的网络拓扑成为可能。

7.2.2　OSPF 网络类型

OSPF 协议定义了以下 4 种网络类型：
- 点到点网络（Point-to-Point）
- 广播型网络（Broadcast）
- 非广播多路访问网络（None Broadcast MultiAccess，NBMA）
- 点到多点网络（Point-to-Multipoint）

1. 点到点网络

点到点网络，像 T1、DS-3 或 SONET 链路，是连接单独一对路由器的。在点对点网络上的有效邻居总是可以形成邻接关系。在这些网络上的 OSPF 数据包的目的地址总是保留的 D 类地址 224.0.0.5，这个组播地址称为 ALLSPFRouters。

2. 广播型网络

广播型网络，像以太网、令牌环网和 FDDI，也可以更准确地定义为广播型多址网络，以便区别于 NBMA 网络。广播型网络是多址的网络，因而它们可以连接多于两台的设备。在广播型网络上的 OSPF 路由器会选举一台指定路由器（DR）和备份指定路由器（BDR），如后面"DR 与 BDR 的选举"中所讲述。Hello 数据包像所有始发于 DR 和 BDR 的 OSPF 数据包一样，以组播方式发送到 ALLSPFRouters（224.0.0.5）。其他所有的既不是 DR 又不是 BDR 的路由器都将以组播方式发送链路状态更新数据包和链路状态确认数据包到组播地址 224.0.0.6，这个组播地址称为 ALLDRouters。

3. 非广播多路访问网络

非广播多路访问网络，像 X.25、帧中继和 ATM 等，可以连接两台以上的路由器，但是它们没有广播数据包的能力。一台在 NBMA 网络上的路由器发送的数据包将不能被其他与之相连的路由器收到。因此，在这些网络上的路由器需要通过相应的配置来获得它们的邻居。在 NBMA 网络上的 OSPF 路由器需要选举 DR 和 BDR，并且所有的 OSPF 数据包都是单播的。

4. 点到多点网络

点到多点网络是 NBMA 网络的一个特殊配置，可以被看做一群点到点链路的集合。在这些网络上的 OSPF 路由器不需要选举 DR 和 BDR，OSPF 数据包以单播方式发送给每一个已知的邻居。

7.2.3　邻居和邻接关系

在发送任何 LSA 通告之前，OSPF 路由器都必须首先发现它们的邻居路由器并建立邻接关系。邻居之间建立关联关系的最终目的是为了形成邻居之间的邻接关系，以相互传送路由选择信息。

要成功建立一个邻接关系，通常需要经过邻居路由器发现、双向通信、数据库同步和完全邻接这 4 个阶段，如图 7-2 所示。

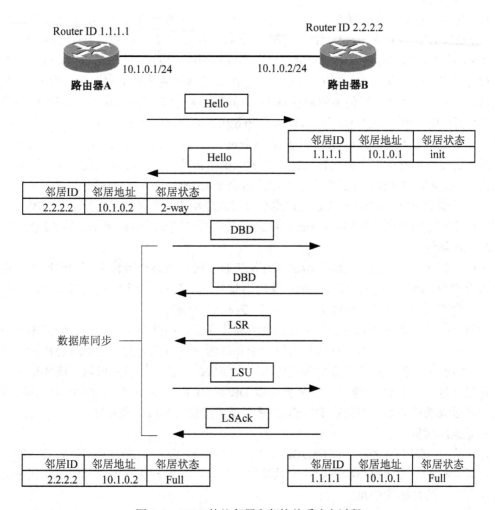

图 7-2 OSPF 协议邻居和邻接关系建立过程

1. 邻居发现

OSPF 路由器周期性地从其启动 OSPF 协议的每一个接口发送 Hello 包，以寻找邻居。Hello 包里携带有一些参数，比如始发路由器的 Router ID、始发路由器接口的区域 ID、始发路由器接口的地址掩码、选定的 DR 路由器、路由器优先级等信息。Hello 数据包是用来建立和维护邻接关系的。为了形成一种邻接关系，Hello 数据包携带的参数必须和它的邻居保持一致。

如图 7-2 所示，当两台路由器共享一条公共数据链路，并且相互成功协商它们各自 Hello 包中所指定的某些参数时，它们就能成为邻居。

一台路由器可以有很多邻居，也可以同时成为几台其他路由器的邻居。邻居状态和维护邻居路由器的一些必要信息都被记录在一张邻居表内。为了跟踪和识别每台邻居路由器，OSPF 协议定义了 Router ID，Router ID 是在 OSPF 区域内唯一标识一台路由器的 IP 地址。Cisco 路由器通过下面的方法得到它们的 Router ID：

- 如果使用 router-id 命令手工配置 Router ID，就使用手工配置的 Router ID。
- 如果没有手工配置的 Router ID，路由器就选取它所有环回接口上数值最高的 IP 地址作为 Router ID。
- 如果路由器上没有配置 IP 地址的环回接口，那么路由器将选取它所有物理接口上数值最高的 IP 地址作为 Router ID。用作 Router ID 的接口不一定非要运行 OSPF 协议。

OSPF 路由器周期性地从启动 OSPF 协议的每一个接口发送 Hello 数据包。该周期性的时间段称为 Hello 时间间隔（HelloInterval），它的配置是基于路由器的每一个接口的。在 Cisco 路由器上，对于广播型网络使用的缺省 Hello 时间间隔是 10s，对于非广播型网络使用的缺省 Hello 时间间隔是 30s。这个值可以通过命令 ip ospf hello-interval 来更改。如果一台路由器在一个被称为路由器无效时间间隔（RouterDeadInterval）内还没有收到来自邻居的 Hello 数据包，那么它将宣告它的邻居路由器无效。在 Cisco 路由器上，路由器无效时间间隔的缺省值是 Hello 时间间隔的 4 倍，并且这个值可以通过命令 ip ospf dead-interval 来更改。在广播类型和点到点类型的网络中，Hello 数据包以组播方式发送给组播地址 224.0.0.5。在 NBMN 类型、点到多点和虚链路类型的网络中，Hello 数据包以单播方式发送给每台单独的邻居路由器。

2. 双向通信

路由器初次接收到另一台路由器的 Hello 包时，仅将该路由器作为邻居候选人，将其状态记录为初始（Init）状态；只有在相互成功协商 Hello 包中所指定的某些参数后，才将该路由器确定为邻居，将其状态修改为双向通信（2-way）状态。

一旦双向通信成功建立，邻接关系也就可能建立了。但并不是所有的邻居路由器都会成为邻接对象，一个邻接关系的形成与否依赖于和这两台互为邻居的路由器所连接的网络的类型。一般情况下，在点到点、点到多点的网络上邻居路由器之间总是可以形成邻接关系。而在广播型网络和 NBMA 网络上，将需要选取 DR 和 BDR，DR 和 BDR 路由器将和所有的邻居路由器形成邻接关系，但是在 DRothers 路由器之间没有邻接关系存在。

3. 数据库同步

在该阶段，路由器之间将交换 DBD（数据库描述）、LSR（链路状态请求）、LSU（链路状态更新）和 LSAck（链路状态确认）数据包信息，以确保在邻居路由器的链路状态数据库中包含有相同的数据库信息。

数据库描述数据包对于邻接关系的建立过程来说是非常重要的。该数据包携带了始发路由器的链路状态数据库中的每一个 LSA 的简要描述，这些描述不是关于 LSA 的完整描述，而仅仅是它们的头部。另外，数据库描述数据包还可以管理邻接关系的建立过程。

当两台路由器建立双向通信后，便开始发送空的 DBD 数据包进行主/从关系的协商，并确定 DBD 数据包的序列号。具有较高路由器 ID 的邻居路由器将成为主路由器，而具有较低路由器 ID 的路由器将成为从路由器，主路由器将控制数据库的同步过程。

随后，邻居路由器之间开始同步它们的链路状态数据库，同步链路状态数据库的操作是通过发送包含它们各自的 LSA 头部列表的 DBD 数据包实现的。本地路由器收到邻居路由器发送过来的 LSA 通告后，会同自己的链路状态数据库相比较，如果发现邻居路由器有一条 LSA 通告不在它自己的链路状态数据库中，那么本地路由器将发出一个链路状态请求数据包去请求关于该 LSA 的完整信息。邻居路由器收到该请求数据包后，会发送包含该 LSA 的完整信息的链路状态更新数据包。

在更新数据包中所传送的所有的 LSA 必须单独地进行确认，因此，本地路由器收到邻居发送来的链路状态更新数据包后，会发送链路状态确认数据包对收到的 LSA 进行确认。

4. 完全邻接

当双方的链路状态信息交互成功后，邻居状态将变迁为完全邻接（Full）状态，这表明邻居路由器之间的链路状态信息已经同步。

邻居关系的路由器之间只会周期性地传送 OSPF 的 Hello 数据包。

邻接关系的路由器之间不但周期性地传送 OSPF 的 Hello 数据包，同时还可以进行 LSA 的泛洪扩散。

7.2.4 DR 与 BDR 的选举

对于 OSPF 协议来说，在广播网络和 NBMA 网络中，所有的路由器连接在同一个网段，在构建相关路由器之间的邻接关系时，会创建很多不必要的 LSA。如果网络中有 n 台路由器，则需要建立 n（n-1）/2 个邻接关系，如图 7-3 所示。这种邻接关系使得网络上 LSA 的泛洪扩散显得比较混乱，因为任何一台路由器向与它存在邻接关系的所有邻居发送 LSA，这些邻接的邻居又向与它有邻接关系的邻居发出这个 LSA，这样会在同一个网络上创建很多个相同 LSA 的副本，浪费了带宽资源。另外，在大型广播网络或 NBMA 网络中，存在着大量的路由器，每台路由器维持邻居关系的 Hello 包及邻居间的 LSA 会消耗掉很多带宽资源，若网络中突发大面积故障，同时发生的大量 LSA 可能会使路由器不断地进行重新计算路由，从而无法正常提供路由服务。

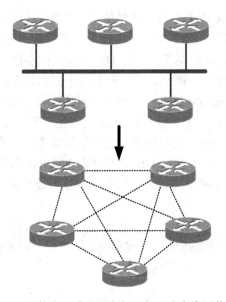

图 7-3   在 OSPF 网络上，路由器之间互相形成完全网状的邻接关系

为了解决广播网络和 NBMA 网络中存在的上述问题，OSPF 协议定义了指定路由器（Designated Router，DR），网络中的每一台路由器都会与 DR 形成一个邻接关系，如图 7-4 所示。所有路由器都只将信息发送给 DR，由 DR 将网络链路状态广播出去。

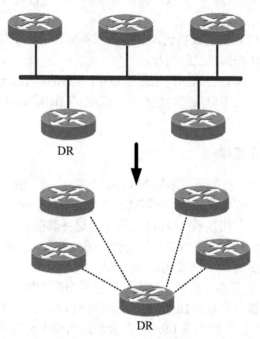

图 7-4　在 OSPF 网络上,网络上的其他路由器与 DR 形成邻接关系

从图 7-4 可以看出,DR 成了网络中链路信息的汇聚点和发散点,如果 DR 由于某种故障而失效,就必须重新选举新的 DR。同时,网络上的所有路由器也要重新建立新的邻接关系,并且网络上所有的路由器必须根据新选出的 DR 同步它们的链路状态数据库。当上述过程发生时,网络将无法有效地传送数据包。为了避免这个问题,在网络上除了选取 DR,还再选取一台备份指定路由器(Backup Designated Router,BDR)。这样,网络上所有的路由器都将和 DR 与 BDR 同时形成邻接关系,DR 和 BDR 之间也将互相形成邻接关系,除 DR 和 BDR 之外的路由器(称为 DROthers)之间将不再建立邻接关系,也不再交换任何路由信息,如图 7-5 所示。这时,如果 DR 失效了,BDR 将成为新的 DR。由于网络上其余的路由器已经和 BDR 形成了邻接关系,因此网络可以将无法传送数据的影响降低到最小。

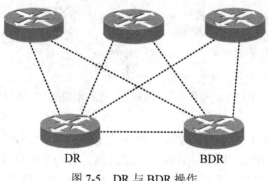

图 7-5　DR 与 BDR 操作

DR 和 BDR 的选择是通过 Hello 协议来完成的。在每个网段上,Hello 数据包是通过 IP

组播来交换的。在广播和非广播的多路访问网络上，网段中带有最高 OSPF 优先级的路由器将会成为本网段中的 DR，优先级次高的路由器成为 BDR。这个优先级默认取值为 1，可以使用 show ip ospf interface 命令来查看它。如果所有的 OSPF 路由器都使用默认优先级设置，那么带有最高 Router ID 的路由器将会成为 DR，Router ID 次高的路由器为 BDR。

默认情况下，OSPF 路由器的优先级是一样的，这时，路由器通过比较 Router ID 选举 DR 和 BDR。Router ID 最大的路由器为 DR，Router ID 第二大的路由器为 BDR。一旦 DR 出现故障，BDR 会升级为 DR，同时引起新一轮的选举，从其余路由器中选举一台路由器作为新的 BDR。当发生故障的 DR 重新在线时，无论它的优先级多高，或者 Router ID 多大，它都不能得到原来的 DR 地位，只能成为普通的非 DR 路由器。只有等到下一次 DR 的选举，它才可能成为 DR。

如果将路由器的一个接口的优先级设置为 0，则在这个接口上该路由器将不参加 DR 和 BDR 的选举。这个优先级为 0 的接口的状态将随后变为 DRother。

7.2.5　OSPF 的数据包格式

OSPF 有 5 种数据包类型，这 5 种数据包类型直接封装到 IP 分组的有效负载中，OSPF 数据包不使用传输控制协议（TCP）和用户数据报协议（UDP）。OSPF 要求使用可靠的数据包传输机制，但由于没有使用 TCP，OSPF 将使用确认数据包来实现确认机制。OSPF 的 5 种数据包类型如下：

1. Hello 数据包，用来发现和维持邻居路由器的可达性。

2. 数据库描述（DataBase Description，DBD）数据包，向邻居路由器发送自己的链路状态数据库中的所有链路状态条目的摘要信息。

3. 链路状态请求（Link State Request，LSR）数据包，向邻居路由器请求发送某些链路状态条目的详细信息。

4. 链路状态更新（Link State Update，LSU）数据包，用泛洪法向全网更新链路状态。这种分组是最复杂的，也是 OSPF 协议最核心的部分。路由器使用这种分组将其链路状态发送给邻居路由器。

5. 链路状态确认（Link State Acknowledgment，LSAck）数据包，对链路更新分组的确认。

1. OSPF 数据包头部

所有 OSPF 数据包都是使用 24 字节的固定长度首部，如图 7-6 所示，数据包的数据部分可以是 5 种类型数据包中的一种。在 IP 报头中，协议字段值为 89 表示 OSPF 分组。

OSPF 首部各字段的意义如下。

- Version（版本号）：用来定义所采用的 OSPF 路由协议的版本，当前版本号是 2。对于 IPv6 的路由选择是 OSPF 版本 3。
- Type（类型）：指出跟在 OSPF 头部后面的数据包类型，可以是以上 5 种数据包类型中的任一种。
- Packet length（数据包长度）：指包括数据包头部的 OSPF 数据包长度，以字节为单位。
- Router ID（路由器 ID）：用于描述数据包的源地址，以 IP 地址来表示。
- Area ID（区域 ID）：用于区分 OSPF 数据包所属的区域，所有的 OSPF 数据包都属于一个特定的 OSPF 区域。

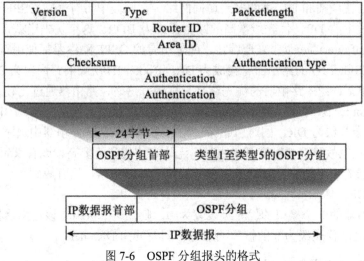

图 7-6 OSPF 分组报头的格式

- Checksum（校验和）：用来检测数据包中的差错。
- Authentication type（认证类型）：指正在使用的认证类型，0 为没有认证，1 为简单认证，2 为加密校验和（MD5）。
- Authentication（认证）：是数据包认证的必要信息。如果认证类型为 0，将不检查这个认证字段；如果认证类型为 1，这个字段将包含最长为 64 位的口令；如果认证类型为 2，这个认证字段将包含一个 Key ID、认证数据长度和一个不减小的加密序列号。

2. Hello 数据包

Hello 数据包是用来建立和维护邻接关系的。为了形成一种邻接关系，Hello 数据包携带的参数必须和它的邻居保持一致。

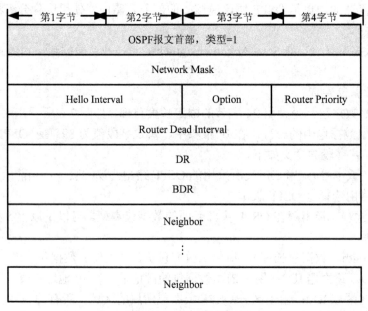

图 7-7 Hello 数据包

Hello 数据包的结构如图 7-7 所示,各字段的含义如下:
- Network Mask(网络掩码):是指发送数据包的接口的网络掩码。
- Hello Interval(Hello 时间间隔):发送 Hello 数据包的时间间隔。
- Router Priority(路由器优先级):发送此 Hello 数据包的接口所在路由器的优先级,范围是 0~255。用来做 DR 和 BDR 的选举,如果该字段设置为 0,那么始发路由器将没有资格被选成 DR 或 BDR。
- Router Dead Interval(路由器失效时间):在这个时间范围内如果没有收到邻居的 Hello 数据包,则将该邻居从邻居表中删除。
- DR(指定路由器):指定路由器的路由器 ID。如果没有指定路由器,此字段内容为 0。
- BDR(备份指定路由器):备份指定路由器的路由器 ID。如果没有备份指定路由器,此字段内容为 0。
- Neighbor(邻居):发送此 Hello 数据包的路由器在此网段上所有邻居路由器的路由器 ID。

3. 数据库描述数据包

数据库描述数据包用于正在建立的邻接关系,它的主要作用有以下 3 个:
- 选举数据库同步过程中路由器的主/从关系;
- 确定数据库同步过程中初始的 DBD 序列号;
- 交换所有的 LSA 头部(LSA 头部实际上是每个 LSA 条目的摘要),即两台路由器在进行数据库同步时,用数据库描述数据包来描述自己的链路状态数据库。

数据库描述数据包的结构如图 7-8 所示,各字段的含义如下:
- Interface MTU(接口 MTU):用来指明接口最大可发出的 IP 数据包长度。
- I 位(Initial bit):当发送的是一系列数据库描述数据包中的第一个数据包时,该位置 1。后续的数据库描述数据包将把该位设置为 0。
- M 位(More bit):当发送的数据包不是一系列数据库描述数据包中的最后一个数据包时,该位置 1。最后一个数据库描述数据包将把该位设置为 0。
- MS 位(Master/Slave bit):在数据库同步过程中,该位置 1,用来指明始发数据库描述数据包的路由器是一台主路由器。从路由器将该位设置为 0。
- DBD Sequence Number(数据库描述序列号):用来标识数据库描述数据包交换过程中的每一个数据库描述数据包。该序列号只能由主设备设定、增加。

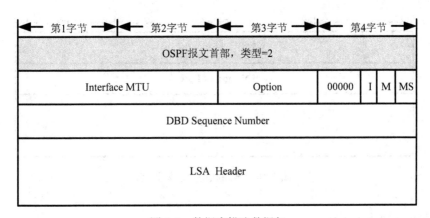

图 7-8 数据库描述数据包

● LSA Header（LSA 头部）：列出了始发路由器的链路状态数据库中部分或全部 LSA 头部。

4. 链路状态请求数据包

在数据库同步过程中，两台路由器互相交换过 DBD 数据包之后，知道对端的路由器有哪些 LSA 是本地的链路状态数据库所缺少的，这时需要发送链路状态请求数据包向对方请求所需的 LSA。

链路状态请求数据包的结构如图 7-9 所示，各字段的含义如下：

● Link State Type（链路状态类型）：是一个链路状态类型号，用来指明要请求何种类型的 LSA 条目。

● Link State ID（链路状态 ID）：根据 LSA 的类型而定。

● Advertising Router（通告路由器）：是指始发 LSA 的路由器的 ID。

图 7-9　链路状态请求数据包

5. 链路状态更新数据包

如图 7-10 所示，链路状态更新数据包是用于 LSA 的泛洪扩散和发送 LSA 去响应链路状态请求数据包的。一个链路状态更新数据包可以携带一个或多个 LSA，但是这些 LSA 只能传送到始发它们的路由器的直连邻居。接收 LSA 的邻居路由器将负责在新的链路状态更新数据包中重新封装相关的 LSA，从而进一步泛洪扩散到它自己的其他邻居。

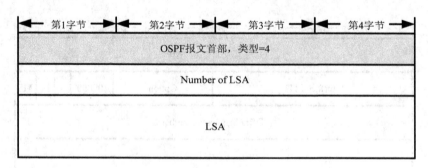

图 7-10　链路状态更新数据包

6. 链路状态确认数据包

链路状态确认数据包是用来进行 LSA 可靠的泛洪扩散的。一台路由器从它的邻居路由器收到的每一个 LSA 都必须在链路状态确认数据包中进行明确的确认。被确认的 LSA 是根据在链路状态确认数据包里包含它的头部来辨别的，并且多个 LSA 可以通过单个数据包来确认。如图 7-11 所示，一个链路状态确认数据包的组成除了 OSPF 包头和一个 LSA 头部的列表之外，就没有其他的内容了。

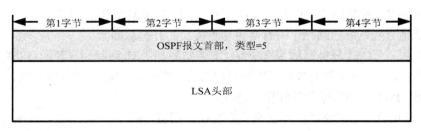

图 7-11　链路状态确认数据包

7. LSA 的头部

LSA 的头部在所有 LSA 的开始处。在数据库描述数据包和链路状态确认数据包里也使用了 LSA 的头部本身。在 LSA 头部中有 3 个字段可以唯一地识别每个 LSA：类型、链路状态 ID 和通告路由器。另外，还有其他 3 个字段可以唯一地识别一个 LSA 的最新实例：老化时间、序列号和校验和。

LSA 的头部格式如图 7-12 所示，各字段含义如下：

- Age（老化时间）：是指从发出 LSA 后所经历的时间，以秒数计。
- Option（可选项）：该字段指出了部分 OSPF 域中 LSA 能够支持的可选性能。
- Type（类型）：LSA 的类型。一些 LSA 的类型及标识这些类型的代码可以参见表 7-1。
- Link State ID（链路状态 ID）：用来指定 LSA 所描述的部分 OSPF 域。根据前一个字段 LSA 类型的不同，这个字段代表的含义有所不同。
- Advertising Router（通告路由器）：是指始发 LSA 的路由器的 ID。
- Sequence Number（序列号）：当 LSA 每次有新的实例产生时，这个序列号就会增加。其他路由器根据这个值可以判断哪个 LSA 是最新的。
- Checksum（校验和）：这是一个除了 Age 字段外，关于 LSA 的全部信息的校验和。

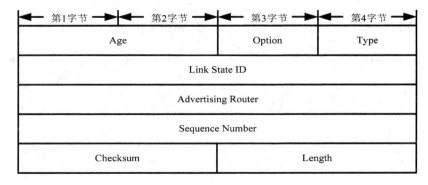

图 7-12　LSA 的头部格式

● Length（长度）：是一个包含 LSA 头部在内的 LSA 的长度，用 8 位组字节表示。

7.2.6 OSPF 路由计算

OSPF 路由计算通过以下步骤完成：

1. 评估一台路由器到另一台路由器所需要的开销（Cost）

OSPF 协议是根据路由器的每一个接口指定的开销来计算最短路径的，一条路由的开销是指沿着到达目的网络的路径上所有路由器出接口的开销总和。

OSPF 协议的 Cost 与链路的带宽成反比，带宽越高则 Cost 越小，表示 OSPF 到目的网络的距离越近。Cisco 路由器的接口开销是根据公式 10^8/带宽（bps）计算得到的。

2. 同步 OSPF 区域内每台路由器的 LSDB

OSPF 路由器会通过泛洪的方法来交换 LSA，即将 LSA 发送给所有与其相邻的 OSPF 路由器，相邻路由器根据其接收到的链路状态信息来更新自己的链路状态数据库，并将该 LSA 发送给与其相邻的其他路由器，直至 OSPF 域内所有的路由器具有相同的链路状态数据库。

链路状态数据库实质上是一个带权的有向图，这个图是对整个网络拓扑结构的真实反映。显然，OSPF 区域内所有路由器得到的是一个完全相同的图。

3. 使用 SPF 算法计算路由

如图 7-13 所示，OSPF 路由器用 SPF 算法以自身为根节点计算出一棵最短路径树，在这棵树上，由根到各个节点的累积开销最小，即由根到各个节点的路径在整个网络中都是最优的，这样也就获得了由根去往各个节点的路由。计算完成后，路由器将路由加入路由表。

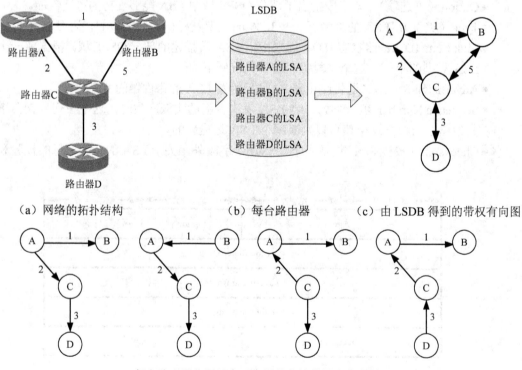

（a）网络的拓扑结构   （b）每台路由器   （c）由 LSDB 得到的带权有向图

(d) 每台路由器分别以自己为根节点计算最小生成树

图 7-13 OSPF 路由计算过程

7.2.7 OSPF 区域

OSPF 协议由于使用了多个数据库和复杂的算法，因而同前面介绍的距离矢量路由协议相比，它将会耗费路由器更多的内存和更多的 CPU 处理能力。当网络的规模不断增大时，对路由器的性能要求就会越高甚至达到了路由器性能的极限。另一方面，虽然 LSA 的泛洪扩散比 RIP 协议周期性的、全路由表的更新更加有效率，但是对于一个大型网络来说，它依然给大量数据链路带来了无法承受的负担。LSA 的泛洪扩散和数据库的维护等相关的处理也会大大加重 CPU 的负担。

OSPF 协议利用区域来缩小这些不利的影响。在 OSPF 协议环境下，区域（Area）是一组逻辑上的 OSPF 路由器和链路，它可以有效地把一个 OSPF 域分割成几个子域，如图 7-14 所示。在一个区域内的路由器将不需要了解它们所在区域外部的拓扑细节。

在划分了区域的环境下，路由器仅仅需要和它所在区域的其他路由器具有相同的链路状态数据库，而没有必要和整个 OSPF 域内的所有路由器共享相同的链路状态数据库。因此，在这种情况下，链路状态数据库的缩减就降低了对路由器内存的消耗。相应地，链路状态数据库的减小意味着处理较少的 LSA，从而也就降低了对路由器 CPU 的消耗。由于链路状态数据库只需要在一个区域内进行维护，因此，大量的 LSA 的泛洪扩散也就被限制在一个区域里面了。

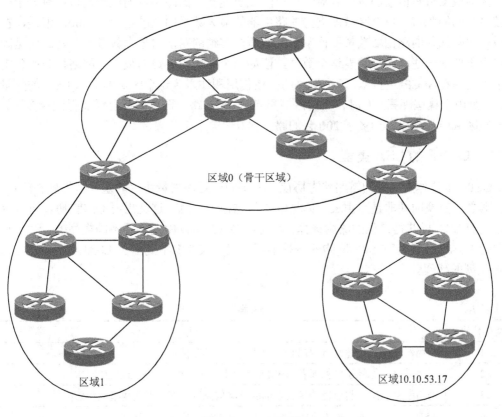

图 7-14 OSPF 区域

区域是通过一个 32 位的区域 ID（Area ID）来识别的。如图 7-9 所显示，区域 ID 可以表示成一个十进制的数字，也可以表示成一个点分十进制的数字。

区域 0（或者区域 0.0.0.0）是为骨干区域保留的区域 ID 号。骨干区域（Backbone Area）的任务是汇总每一个区域的网络拓扑到其他所有的区域。正是由于这个原因，所有的域间通信量都必须通过骨干区域，非骨干区域之间不能直接交换数据包。

至少有一个接口与骨干区域相连的路由器被称为骨干路由器（Backbone Router）。连接一个或多个区域到骨干区域的路由器被称为区域边界路由器（Area Border Routers，ABR），这些路由器一般会成为域间通信的路由网关。

OSPF 自治系统要与其他的自治系统通信，必然需要有 OSPF 区域内的路由器与其他自治系统相连，这种路由器被称为自治系统边界路由器（Autonomous System Boundary Router，ASBR）。自治系统边界路由器可以是位于 OSPF 自治系统内的任何一台路由器。

所有接口都属于同一个区域的路由器叫做内部路由器（Internal Router），它只负责域内通信或同时承担自治系统边界路由器的任务。

划分区域后，仅在同一个区域的 OSPF 路由器能建立邻居和邻接关系。为保证区域间能正常通信，区域边界路由器要同时加入两个及两个以上的区域，负责向它连接的区域发布其他区域的 LSA，以实现 OSPF 自治系统内的链路状态同步，路由信息同步。因此，在进行 OSPF 区域划分时，会要求区域边界路由器的性能较强一些。

大多数 OSPF 协议的设计者对于单个区域所能支持的路由器的最大数量都有一个个人认为较适当的经验值。单个区域能支持的路由器的最大数量的范围是 30～200。但是，在一个区域内实际加入的路由器数量要比单个区域所能容纳的路由器最大数量小一些。这是因为还有更为重要的一些因素影响着这个数量，诸如一个区域内链路的数量、网络拓扑的稳定性、路由器的内存和 CPU 性能、路由汇总的有效使用和注入到这个区域的汇总 LSA 的数量，等等。这是由于这些因素，有时在一些区域里包含 25 台路由器可能都已经显得比较多了，而在另一些区域内却可以容纳多于 200 台的路由器。

7.2.8 OSPF 的 LSA 类型

OSPF 协议作为典型的链路状态协议，其不同于距离矢量协议的重要特性就在于：OSPF 路由器之间交换的并非是路由表，而是链路状态描述信息。这就需要 OSPF 协议可以尽量精确地交流 LSA 以获得最佳的路由选择，因此在 OSPF 协议中定义了不同类型的 LSA，每一种类型的 LSA 都描述了 OSPF 网络的一种不同情况。表 7-1 中列出了 LSA 的类型和标识这些 LSA 类型的代码。

表 7-1　　　　　　　　　　　　　　　　　　　LSA 类型

类型代码	描　　　　述
1	路由器 LSA：描述区域内部与路由器直连的链路信息
2	网络 LSA：记录了广播或者 NBMA 网段上所有路由器的 Router ID
3	网络汇总 LSA：将所连接区域内部的链路信息以子网的形式传播到相邻区域
4	ASBR 汇总 LSA：描述的目的网络是一个 ASBR 的 Router ID
5	AS 外部 LSA：描述到 AS 外部的路由信息

类型代码	描 述
6	组成员 LSA：在 MOSPF（组播扩展 OSPF）协议中使用的组播 LSA
7	NSSA 外部 LSA：只在 NSSA 区域内传播，描述到 AS 外部的路由信息
8	外部属性 LSA：在 OSPF 域内传播 BGP 属性时使用的外部属性 LSA
9	Opaque LSA（链路本地范围）：本地链路范围的透明 LSA
10	Opaque LSA（本地区域范围）：本地区域范围的透明 LSA
11	Opaque LSA（AS 范围）：本自治系统范围的透明 LSA

通常情况下，使用较多的 LSA 类型有第 1 类、第 2 类、第 3 类、第 4 类、第 5 类和第 7 类 LSA。

第 1 类 LSA

第 1 类 LSA，即 Router LSA，描述了区域内部与路由器直连的链路信息。这种类型的 LSA 每一台路由器都会产生，它的内容中包括了这台路由器所有直连的链路类型和链路开销等信息，并且向它的邻居传播。

一台路由器的所有链路信息都放在一个 Router LSA 内，并且只在此台路由器直连的链路上传播。如图 7-15 所示，路由器 B 上有两条链路 Link 1 和 Link 2，因此它将产生一条 Router LSA，里面包含 Link 1 和 Link 2 这两条链路信息，并将此 LSA 向它的直连邻居路由器 A 和路由器 C 发送。

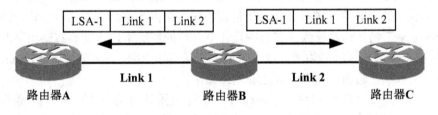

图 7-15 Router LSA 的传播范围

第 2 类 LSA

第 2 类 LSA，即 Network LSA，是由 DR 产生，它描述的是连接到一个特定的广播网络或者 NBMA 网络的一组路由器。与 Router LSA 不同，Network LSA 的作用是保证对于广播网络或者 NBMA 网络只产生一条 LSA。这条 LSA 描述了该网络上连接的所有路由器以及网络掩码信息，记录了该网络上所有路由器的 Router ID，包括 DR 自己的 Router ID。Network LSA 的传播范围也是只在区域内部传播。

由于 Network LSA 是由 DR 产生的描述网络信息的 LSA，因此对于 P2P 这种网络类型的链路，路由器之间是不选举 DR 的，也就意味着，在这种网络类型上，不产生 Network LSA。

如图 7-16 所示，在 10.0.1.0/24 这个网络中，路由器 C 作为这个网络的 DR。所以，路由器 C 负责产生 Network LSA，包括这条链路的网络掩码信息，以及路由器 A、路由器 B 和路由器 C 的 Router ID，并且将这条 LSA 向路由器 A 和路由器 B 传播。

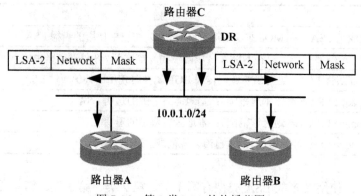

图 7-16　第 2 类 LSA 的传播范围

第 3 类 LSA

第 3 类 LSA，即 Summary LSA，由 ABR 生成，将所连接区域内部的链路信息以子网的形式传播到相邻区域。Summary LSA 实际上就是将区域内部的第 1 类和第 2 类 LSA 信息收集起来以路由子网的形式进行传播。

ABR 收到来自同区域其他 ABR 传来的 Summary LSA 后，重新生成新的 Summary LSA（Advertising Router 改为自己），继续在整个 OSPF 系统内传播。一般情况下，Summary LSA 的传播范围是除生成这条 LSA 的区域外的其他区域。

第 3 类 LSA 直接传递路由条目，而不是链路状态描述，因此，路由器在处理第 3 类 LSA 的时候，并不运用 SPF 算法进行计算，而是直接作为路由条目加入路由表中，沿途的路由器也仅仅修改链路开销。这就导致了在某些设计不合理的情况下，可能导致路由环路。这也是 OSPF 协议要求非骨干区域必须通过骨干区域才能通信的原因。在某些情况下，Summary LSA 也可以用来生成默认路由，或者用来过滤明细路由。

如图 7-17 所示的 OSPF 网络中，Area 1 中的路由器 B 作为 ABR，产生一条描述该网段的第 3 类 LSA，使其在骨干区域 Area 0 中传播，其中这条 LSA 的 Advertising Router 字段设置为路由器 B 的 Router ID。这条 LSA 在传播到路由器 C 的时候，路由器 C 同样作为 ABR，会重新产生一条第 3 类 LSA，并将这条 LSA 的 Advertising Router 字段设置为路由器 C 的 Router ID，使其在 Area 2 中继续传播。

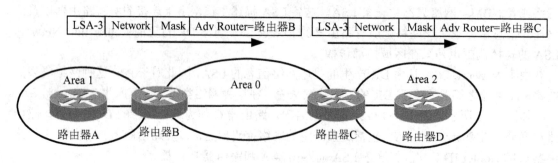

图 7-17　第 3 类 LSA 的传播范围

第 4 类 LSA

第 4 类 LSA，即 ASBR Summary LSA，是由 ABR 生成，格式与第 3 类 LSA 相同，描述的目标网络是一个 ASBR 的 Router ID。它不会主动产生，触发条件为 ABR 收到一个第 5 类 LSA，意义在于让区域内部路由器知道如何到达 ASBR。第 4 类 LSA 网络掩码字段全部设置为 0。

如图 7-18 所示，Area 1 中的路由器 A 作为 ASBR，引入了外部路由。路由器 B 作为 ABR，产生一条描述路由器 A 这个 ASBR 的第 4 类 LSA，使其在骨干区域 Area 0 传播，其中这条 LSA 的 Advertising Router 字段设置为路由器 B 的 Router ID。这条 LSA 传播到路由器 C 时，路由器 C 同样作为 ABR，会重新产生一条第 4 类 LSA，并将 Advertising Router 字段改为路由器 C 的 Router ID，使其在 Area 2 中继续传播。位于 Area 2 中的路由器 D 收到这条 LSA 之后，就知道可以通过路由器 A 访问自治系统以外的外部网络。

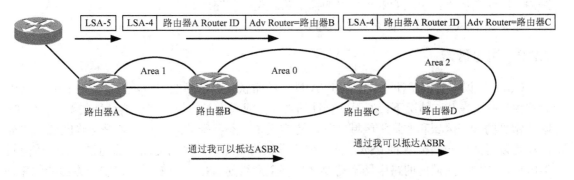

图 7-18　第 4 类 LSA 的传播范围

第 5 类 LSA

第 5 类 LSA，即 AS External LSA，是由 ASBR 产生，描述到 AS 外部的路由信息。它一旦生成，将在整个 OSPF 系统内扩散，除非个别做了相关配置的特殊区域。AS 外部的路由信息来源很多，通常是通过引入静态路由或者其他路由协议的路由获得的。

如图 7-19 所示，Area 1 中的路由器 A 作为 ASBR 引入了一条外部路由。由路由器 A 产生一条第 5 类 LSA，描述此 AS 外部路由。这条第 5 类 LSA 会传播到 Area 1、Area 0 和 Area 2，沿途的路由器都会收到这条 LSA。

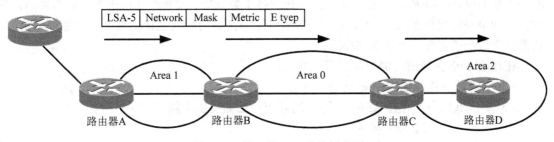

图 7-19　第 5 类 LSA 的传播范围

第 5 类 LSA 和第 3 类 LSA 非常类似，传递的也是路由信息，而不是链路状态信息。同样地，路由器在处理第 5 类 LSA 的时候，也不会运用 SPF 算法，而是作为路由条目加入路由表中。

第 5 类 LSA 携带的外部路由信息可以分为以下两种：

- 第一类外部路由：是指来自于 IGP 的外部路由（如静态路由和 RIP 路由）。由于这类路由的可信程度较高，并且和 OSPF 自身路由的开销具有可比性，所以第一类外部路由的开销等于本路由器到相应的 ASBR 的开销与 ASBR 到该路由目的地址的开销之和。
- 第二类外部路由：是指来自于 EGP 的外部路由。OSPF 协议认为从 ASBR 到自治系统之外的开销远远大于自治系统之内到达 ASBR 的开销，所以计算路由开销时将主要考虑前者，即第二类外部路由的开销等于 ASBR 到该路由目的地址的开销。如果计算出开销值相等的两条路由，再考虑本路由器到相应的 ASBR 的开销。

在第 5 类 LSA 中，专门有一个字段 E 位标识引入的是第一类外部路由还是第二类外部路由。默认情况下，引入 OSPF 协议的都是第二类外部路由。

第 7 类 LSA 在后文中会有详细阐述。

7.2.9　边缘区域

OSPF 协议主要依靠各种类型的 LSA 进行链路状态数据库的同步，然后使用 SPF 算法进行路由选择。在某些情况下，处于安全性的考虑，或者为了降低对路由器性能的要求，OSPF 除了常见的骨干区域和非骨干区域之外，还定义了一类特殊的区域，也就是边缘区域，边缘区域可以过滤掉一些类型的 LSA，并且使用默认路由通知区域内的路由器通过 ABR 访问其他区域。这样，区域内的路由器不需要掌握整个网络的 LSA，降低了网络安全方面的隐患，并且降低了对内存和 CPU 的需求。常见的边缘区域有以下几种。

- Stub 区域：在这个区域内，不存在第 4 类和第 5 类 LSA。
- Totally Stub 区域：是 Stub 区域的一种改进区域，不仅不存在第 4 类和第 5 类 LSA，连第 3 类 LSA 也不存在。
- NSSA（Not-so-Stubby Area）区域：也是 Stub 区域的一种改进区域，不存在第 4 类和第 5 类 LSA，但可以允许第 7 类 LSA 注入。

1. Stub 区域

Stub 区域的 ABR 不允许注入第 5 类 LSA，在这些区域中路由器的路由表规模以及路由信息传递的数量都会大大减少。因为没有第 5 类 LSA，因此第 4 类 LSA 也没有必要存在，所以同样不允许注入。如图 7-20 所示，在 Area 2 配置为 Stub 区域之后，为保证自治系统外的路由依旧可达，ABR 会产生一条 0.0.0.0/0 的第 3 类 LSA，发布给区域内的其他路由器，通知它们如果要访问外部网络，可以通过 ABR。所以，区域内的其他路由器不用记录外部路由，从而大大降低了对路由器性能的要求。

在使用 Stub 区域时，需要注意以下几点：

- 骨干区域不能配置成 Stub 区域；
- Stub 区域内不能存在 ASBR，即自治系统外部的路由不能在本区域内传播；
- 虚连接不能穿过 Stub 区域；
- 区域内可能不止有一个 ABR，这种情况下可能会产生次优路由。

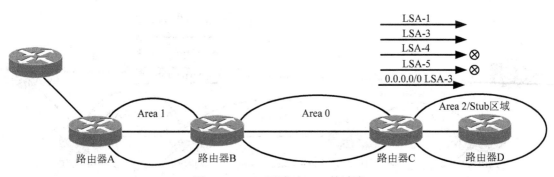

图 7-20　Stub 区域对 LSA 的过滤

2. Totally Stub 区域

为了进一步减少 Stub 区域中路由器的路由表规模以及路由信息传递的数量，可以将该区域配置为 Totally Stub 区域，该区域的 ABR 不会将区域间的路由信息和外部路由信息传递到本区域。在 Totally Stub 区域中，为了进一步降低链路状态数据库的大小，不仅不允许第 4 类 LSA 和第 5 类 LSA 注入，还不允许第 3 类 LSA 注入。为了保证该区域内的其他路由器到本自治系统的其他区域或者自治系统外的路由依旧可达，ABR 会重新产生一条 0.0.0.0/0 的第 3 类 LSA。

如图 7-21 所示，将 Area 2 配置成为 Totally Stub 区域后，第 3 类、第 4 类和第 5 类 LSA 都无法注入 Area 2，路由器 C 作为 ABR，重新给路由器 D 发送一条 0.0.0.0/0 的第 3 类 LSA，使其可以访问其他区域。

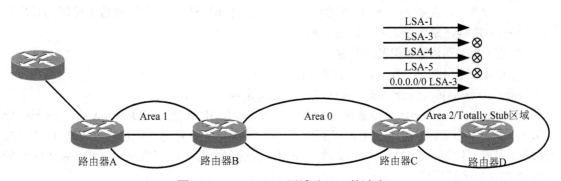

图 7-21　Totally Stub 区域对 LSA 的过滤

3. NSSA 区域

NSSA 区域是 Stub 区域的变形，与 Stub 区域有许多相似的地方。NSSA 区域也不允许第 5 类 LSA 注入，但可以允许第 7 类 LSA 注入。第 7 类 LSA，即 NSSA 外部 LSA（NSSA External LSA），由 NSSA 区域的 ASBR 产生，几乎和 LSA 5 通告是相同的，仅在 NSSA 区域内传播。当第 7 类 LSA 到达 NSSA 区域的 ABR 时，由 ABR 将第 7 类 LSA 转换成第 5 类 LSA，传播到其他区域。（如图 7-22 所示）

NSSA 区域内存在一个 ASBR，该区域不接收其他 ASBR 产生的外部路由。与 Stub 区域一样，虚连接也不能穿过 NSSA 区域。

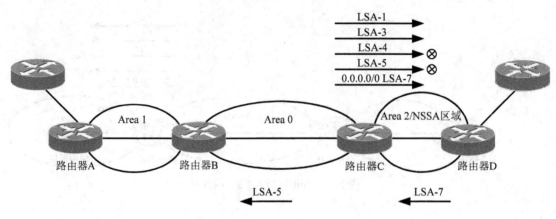

图 7-22 NSSA 区域对 LSA 的过滤

7.3 配置 OSPF

7.3.1 OSPF 基本配置命令

OSPF 协议的一般配置步骤如下：

1. 启用 OSPF 进程

启动 OSPF 进程的命令格式如下：

Router(config)#**router ospf** *process-id*

在该命令中，参数 process-id 是进程号，范围是 1~65 535。一台路由器上可以同时启动多个 OSPF 进程，系统用进程号区分它们。

2. 在 OSPF 路由协议里发布网段

在 OSPF 路由协议里发布网段的命令格式如下：

Router(config)#**network** *address wildcard-mask* **area** *area-id*

在该命令中，address 可以是网段、子网或者接口的 IP 地址；wildcard-mask 是通配符掩码，它与子网掩码正好相反，但是作用是一样的；area-id 是区域标识，它的范围是 0~65 535，区域 0 是骨干区域，OSPF 路由协议在发布网段的时候必须指明其所属的区域，在单区域的 OSPF 配置里区域标识必须是 0。

完成上述的命令配置后，OSPF 即可工作。

7.3.2 OSPF 可选配置命令

除了启动 OSPF 协议必须配置的命令之外，还有一些命令格式是可以选择配置的。

1. 配置 Router ID

OSPF 协议定义了 Router ID，Router ID 是在 OSPF 区域内唯一标识一台路由器的 IP 地址。如果不配置 Router ID，路由器将自动选择其某一接口的 IP 地址作为 Router ID。由于这种方式下 Router ID 的选择存在一定的不确定性，不利于网络的运行和维护，通常不建议使用。

配置 Router ID 的命令如下：

Router(config-router)#**router-id** *ip-address*

命令 router-id 可以对该路由器上所有的 OSPF 进程配置 Router ID。

无论是手动配置还是自动选择的 Router ID，都在 OSPF 进程启动时立即生效。生效后如果更改了 Router ID 或接口地址，则只有重新启动 OSPF 协议或重启路由器后才会生效。

2. 配置 OSPF 接口优先级

对于广播型网络来说，DR/BDR 选举是 OSPF 路由器之间建立邻接关系时很重要的步骤。运行 OSPF 协议的路由器之间会比较各自的优先级，优先级高的路由器将成为 DR，优先级次高的将成为 BDR。优先级的范围是 0~255，其中如果优先级为 0，则该路由器永远不能成为 DR 或者 BDR。路由器上默认的优先级是 1。我们可以通过改变某一台路由器的优先级，使得该路由器成为 DR/BDR 或者永远不能成为 DR/BDR。

配置 OSPF 接口优先级的命令格式如下：

Router(config-if)#**ip ospf priority** *priority*

3. 配置 OSPF 接口开销

OSPF 路由协议是通过对链路的带宽计算得出路径的开销值的，Cisco IOS 会根据接口的带宽自动计算链路开销的值，因此可以通过更改接口的带宽来更改链路的开销。更改接口带宽的命令如下：

Router(config-if)#**bandwidth** *value*

我们也可以直接在接口上更改链路开销。配置 OSPF 接口开销的命令如下：

Router(config-if)#**ip ospf cost** *value*

该命令中，参数 value 是配置的开销值，其范围是 1~65 535。OSPF 路由器计算路由时，只关心路径单方向的开销值，故改变一个接口的开销值，只对从此接口发出数据的路径有影响，不影响从这个接口接收数据的路径。

4. 配置 hello–interval 和 dead–interval

hello-interval 是路由器发出 Hello 包的时间间隔，dead-interval 是邻居关系失效的时间间隔。对于广播型网络默认的 hello-interval 是 10s，dead-interval 是 40s。而对于非广播型网络默认的 hello-interval 是 30s，dead-interval 是 120 秒。当在 dead-interval 之内没有收到邻居的 Hello 包时，一旦 dead-interval 超时，OSPF 路由器就认为邻居已经失效。

配置 hello-interval 和 dead-interval 的命令如下：

Router(config-if)#**ip ospf hello-interval** *seconds*

Router(config-if)#**ip ospf dead-interval** *seconds*

如果两台路由器的 hello-interval 或 dead-interval 配置不相同，则两台路由器不能形成邻居关系。所以更改该参数时一定要小心。

7.3.3　单区域 OSPF 配置实例

如图 7-23 所示，区域 0 具有 3 台路由器，它们彼此相连。将路由器 A 的 Router ID 设置为 1.1.1.1、路由器 B 的 Router ID 设置为 2.2.2.2、路由器 C 的 Router ID 设置为 3.3.3.3。

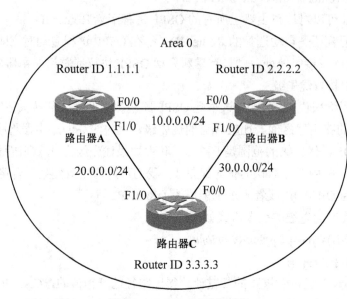

图 7-23　OSPF 单区域配置

1. 基本配置

在路由器 A、路由器 B 和路由器 C 上配置 OSPF 协议，如示例 7-1 所示。

示例 7-1　在路由器 A、路由器 B 和路由器 C 上配置单区域 OSPF

```
RouterA(config)#router ospf 100
RouterA(config-router)#router-id 1.1.1.1
RouterA(config-router)#network 10.0.0.0 0.0.0.255 area 0
RouterA(config-router)#network 20.0.0.0 0.0.0.255 area 0


RouterB(config)#router ospf 100
RouterB(config-router)#router-id 2.2.2.2
RouterB(config-router)#network 10.0.0.0 0.0.0.255 area 0
RouterB(config-router)#network 30.0.0.0 0.0.0.255 area 0


RouterC(config)#router ospf 100
RouterC(config-router)#router-id 3.3.3.3
RouterC(config-router)#network 20.0.0.0 0.0.0.255 area 0
RouterC(config-router)#network 30.0.0.0 0.0.0.255 area 0
```

2. 修改接口优先级

由于路由器 A 的 F0/0 接口与路由器 B 的 F0/0 接口共享一条数据链路，并且在同一个网段内，故它们互为邻居，假设路由器 A 的 OSPF 先启动，那么路由器 A 会被选举为路由器 A

和路由器 B 之间网络的 DR，假设路由器 A 和路由器 B 的 OSPF 同时启动，根据优先级相同时 Router ID 大的优先的原则，路由器 B 会被选举为路由器 A 和路由器 B 之间网络的 DR。

　　同理，路由器 A 和路由器 C 互为邻居，假设路由器 A 的 OSPF 先启动，那么路由器 A 会被选举为路由器 A 和路由器 C 之间网络的 DR，假设路由器 A 和路由器 C 的 OSPF 同时启动，路由器 C 会被选举为路由器 A 和路由器 C 之间网络的 DR。路由器 B 和路由器 C 互为邻居，假设路由器 B 的 OSPF 先启动，那么路由器 B 会被选举为路由器 B 和路由器 C 之间网络的 DR，假设路由器 B 和路由器 C 的 OSPF 同时启动，路由器 C 会被选举为路由器 B 和路由器 C 之间网络的 DR。

　　在该示例中，路由器 C 的 OSPF 先启动，因此路由器 C 被选举为 DR，如示例 7-2 所示。

示例 7-2　DR/BDR 的选举

```
RouterA#show ip ospf neighbor

Neighbor ID      Pri    State         Dead Time     Address       Interface
3.3.3.3           1     FULL/DR        00:00:34      20.0.0.2      FastEthernet1/0
2.2.2.2           1     FULL/DR        00:00:39      10.0.0.2      FastEthernet0/0


RouterB#show ip ospf neighbor

Neighbor ID      Pri    State         Dead Time     Address       Interface
3.3.3.3           1     FULL/DR        00:00:36      30.0.0.2      FastEthernet1/0
1.1.1.1           1     FULL/BDR       00:00:34      10.0.0.1      FastEthernet0/0


RouterC#show ip ospf neighbor

Neighbor ID      Pri    State         Dead Time     Address       Interface
2.2.2.2           1     FULL/BDR       00:00:30      30.0.0.1      FastEthernet0/0
1.1.1.1           1     FULL/BDR       00:00:32      20.0.0.1      FastEthernet1/0
```

　　在路由器 C 的 F0/0 和 F1/0 接口上配置接口优先级为 0，然后重新启动 OSPF 进程，如示例 7-3 所示。

示例 7-3　修改路由器 C 的接口优先级

```
RouterC(config)#interface FastEthernetf 0/0
RouterC(config-if)#ip ospf priority 0
RouterC(config-if)#exit
RouterC(config)#interface FastEthernet 1/0
RouterC(config-if)#ip ospf priority 0
RouterC(config-if)#end
```

```
RouterC#clear ip ospf process
Reset ALL OSPF processes? [no]: yes
RouterC#
```

由于路由器 C 的 F0/0 和 F1/0 接口的优先级为 0，它们都不具备 DR/BDR 的选举权，故在路由器 A 和路由器 B 之间的网络上路由器 B 为 DR，在路由器 A 和路由器 C 之间的网络上路由器 A 为 DR，在路由器 B 和路由器 C 之间的网络上，路由器 B 为 DR，如示例 7-4 所示。

示例 7-4   修改路由器 C 的接口优先级后 DR/BDR 的选举

```
RouterA#show ip ospf neighbor

Neighbor ID      Pri    State            Dead Time    Address      Interface
3.3.3.3          0      FULL/DROTHER     00:00:32     20.0.0.2     FastEthernet1/0
2.2.2.2          1      FULL/DR          00:00:36     10.0.0.2     FastEthernet0/0
RouterB#show ip ospf neighbor

Neighbor ID      Pri    State            Dead Time    Address      Interface
3.3.3.3          0      FULL/DROTHER     00:00:37     30.0.0.2     FastEthernet1/0
1.1.1.1          1      FULL/BDR         00:00:31     10.0.0.1     FastEthernet0/0


RouterC#show ip ospf neigh

Neighbor ID      Pri    State            Dead Time    Address      Interface
2.2.2.2          1      FULL/DR          00:00:31     30.0.0.1     FastEthernet0/0
1.1.1.1          1      FULL/DR          00:00:34     20.0.0.1     FastEthernet1/0
```

3. 修改接口开销

在路由器 C 的路由表上记录到达网络 10.0.0.0/24 的出接口为 F0/0 和 F1/0，因为路由器 C 从 F0/0 和 F1/0 接口出发到达 10.0.0.0/24 网段的开销均为 2，如示例 7-5 所示。

示例 7-5   路由器 C 的路由表

```
RouterC#show ip route
Codes: C - connected, S - static, R - RIP, M - mobile, B - BGP
       D - EIGRP, EX - EIGRP external, O - OSPF, IA - OSPF inter area
       N1 - OSPF NSSA external type 1, N2 - OSPF NSSA external type 2
       E1 - OSPF external type 1, E2 - OSPF external type 2
       i - IS-IS, su - IS-IS summary, L1 - IS-IS level-1, L2 - IS-IS level-2
       ia - IS-IS inter area, * - candidate default, U - per-user static route
```

```
        o - ODR, P - periodic downloaded static route

Gateway of last resort is not set

     20.0.0.0/24 is subnetted, 1 subnets
C        20.0.0.0 is directly connected, FastEthernet1/0
     10.0.0.0/24 is subnetted, 1 subnets
O        10.0.0.0 [110/2] via 30.0.0.1, 01:10:54, FastEthernet0/0
                  [110/2] via 20.0.0.1, 01:10:54, FastEthernet1/0
     30.0.0.0/24 is subnetted, 1 subnets
C        30.0.0.0 is directly connected, FastEthernet0/0
```

在路由器 C 上配置 F1/0 接口的开销值为 100，此时，路由表里到达网络 10.0.0.0/24 的出接口为 F0/0，因为此时路由器 C 从 F0/0 接口出发到达 10.0.0.0/24 网段的开销为 2，从 F1/0 接口出发到达 10.0.0.0/24 网段的开销为 101，如示例 7-6 所示。

示例 7-6　修改路由器 C 的接口开销

```
RouterC(config)#interface FastEthernet 1/0
RouterC(config-if)#ip ospf cost 100
RouterC(config-if)#end

RouterC#show ip route
Codes: C - connected, S - static, R - RIP, M - mobile, B - BGP
       D - EIGRP, EX - EIGRP external, O - OSPF, IA - OSPF inter area
       N1 - OSPF NSSA external type 1, N2 - OSPF NSSA external type 2
       E1 - OSPF external type 1, E2 - OSPF external type 2
       i - IS-IS, su - IS-IS summary, L1 - IS-IS level-1, L2 - IS-IS level-2
       ia - IS-IS inter area, * - candidate default, U - per-user static route
       o - ODR, P - periodic downloaded static route

Gateway of last resort is not set

     20.0.0.0/24 is subnetted, 1 subnets
C        20.0.0.0 is directly connected, FastEthernet1/0
     10.0.0.0/24 is subnetted, 1 subnets
O        10.0.0.0 [110/2] via 30.0.0.1, 00:00:04, FastEthernet0/0
     30.0.0.0/24 is subnetted, 1 subnets
C        30.0.0.0 is directly connected, FastEthernet0/0
```

7.3.4 多区域 OSPF 配置

如图 7-24 所示，路由器 B 作为 Area 0 和 Area 2 的 ABR。

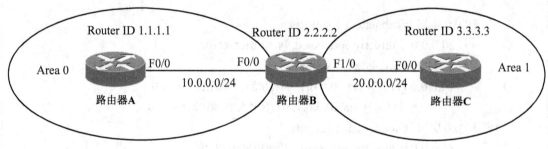

图 7-24　OSPF 多区域配置

本例中，路由器 A 和路由器 C 的配置与单区域 OSPF 的配置相同，重点集中在路由器 B 的配置上，路由器 B 作为 ABR，需要同时加入路由器 A 和路由器 B 所在的区域。在路由器 A、路由器 B 和路由器 C 上的配置如示例 7-7 所示。

示例 7-7　配置多区域 OSPF

```
RouterA(config)#router ospf 100
RouterA(config-router)#router-id 1.1.1.1
RouterA(config-router)#network 10.0.0.0 0.0.0.255 area 0

RouterB(config)#router ospf 100
RouterB(config-router)#router-id 2.2.2.2
RouterB(config-router)#network 10.0.0.0 0.0.0.255 area 0
RouterB(config-router)#network 20.0.0.0 0.0.0.255 area 1

RouterC(config)#router ospf 100
RouterC(config-router)#router-id 3.3.3.3
RouterC(config-router)#network 20.0.0.0 0.0.0.255 area 1
```

7.3.5 OSPF 的检验与排错

为了验证 OSPF 的配置和进行故障诊断，可以使用表 7-2 所示的与 OSPF 操作相关的命令。

表 7-2　　　　　　　　　　　　　　　　　OSPF 故障诊断命令

命　　　令	描述/功能
show ip ospf [*process-id*]	显示有关 OSPF 路由选择进程的一般信息
show ip ospf neighbor [**detail**]	显示 OSPF 邻居表的信息

续表

命　　令	描述/功能
show ip ospf interface [*type nmber*]	显示一个接口具体的 OSPF 信息
show ip ospf database	显示 OSPF 链路状态数据库中的所有条目
show ip ospf database router	显示 OSPF 链路状态数据库中的第 1 类 LSA
show ip ospf database network	显示 OSPF 链路状态数据库中的第 2 类 LSA
show ip ospf database summary	显示 OSPF 链路状态数据库中的第 3 类 LSA
show ip ospf database asbr-summary	显示 OSPF 链路状态数据库中的第 4 类 LSA
show ip ospf database nssa-external	显示 OSPF 链路状态数据库中的第 7 类 LSA
show ip ospf database external	显示 OSPF 链路状态数据库中的第 5 类 LSA
debug ip ospf adj	显示有关一个 OSPF 邻接关系的创建或中断的事件

7.4　EIGRP 路由协议原理

　　EIGRP（Enhanced Interior Gateway Routing Protocol，增强的内部网关路由协议）属于一种混合型的路由协议，因为它同时拥有距离矢量路由协议和链路状态路由协议的特性。EIGRP 不会像 OSPF 那样发送链路状态数据包，而是发送传统的距离矢量更新，在此更新中包含网络信息以及从发出通告的路由器到达这些网络的开销。EIGRP 也拥有链路状态的特性，它在启动时同步相邻路由器间的路由表，并在随后发送特定的更新数据，而且也只是在拓扑结构发生改变时发送。这使得 EIGRP 非常适合在大型网络中应用。

　　EIGRP 是 Cisco 公司的专用协议，所以只能运行在 Cisco 路由器上，Cisco 公司是该协议的发明者和唯一具备该协议解释和修改权的厂商，这限制了该协议在电信运行商网络上的使用，但是在一些大型企业的网络上，EIGRP 路由协议应用得比较普遍。

　　EIGRP 结合了链路状态和距离矢量型路由选择协议的优点，采用弥散修正算法（DUAL）来实现快速收敛，可以不发送定期的路由更新信息以减少带宽的占用，支持 Appletalk、IP、Novell 和 NetWare 等多种网络层协议。

　　EIGRP 路由协议主要包含以下四个组件，以促进操作效率、提高运行速率和减少收敛时间。

- 依赖于协议的模块（protocol-dependent module，PDM）；
- 可靠传输协议（Reliable Transport Protocol，RTP）；
- 邻居的发现和恢复；
- 弥散更新算法（Diffusing Update Algorithm，DUAL）。

7.4.1　EIGRP 路由协议的特点

　　EIGRP 路由协议综合了距离矢量路由协议和链路状态路由协议两者的优点，它的特点具体表现在以下几个方面：

1. 快速收敛

由于运行 EIGRP 路由协议的路由器在建立路由表之前，会先建立邻居表和拓扑表，然后使用 DUAL 算法从拓扑表中计算出路由来，所以当网络拓扑发生变化时，EIGRP 协议会直接从拓扑表里重新计算路由，收敛速度相当快。

2. 减少带宽占用

EIGRP 协议使用类似 OSPF 协议的方法学习路由，同样，它也使用类似 OSPF 协议的方法通告链路状态的变化。

EIGRP 路由协议的更新也是使用增量的方式，只有当网络拓扑出现变化的时候，路由器才会发出触发的路由更新包。但是，与 OSPF 协议不同的是，EIGRP 使用的是有限的更新，即只把更新发送给需要的路由器。而不是像 OSPF 协议那样把更新发送给所有的路由器。因此，EIGRP 的更新方式对带宽的占用比较少。

3. 支持 VLSM 和 CIDR

EIGRP 属于无类的路由协议，支持可变长子网掩码（VLSM）和无类域间路由（CIDR）。

4. 支持多种网络层协议

EIGRP 通过使用"依赖于协议的模块"（protocol-dependent module，PDM），可以支持 IPX、ApplleTalk、IP、IPv6 和 NovellNetware 等协议。

EIGRP 协议实现了 IP 协议、IPX 协议和 Apple Talk 协议的模块，它可以负担起某一特定协议的路由选择任务。例如，IPX EIGRP 模块可以负责在 IPX 网络上与其他 IPX EIGRP 进程进行路由信息交换，并且将这些信息传递给 DUAL。

每个单独模块的通信量被封装在它们各自的网络层协议中，例如对于 IPX 协议的 EIGRP 通过 IPX 协议数据包传输。

7.4.2　可靠传输协议

可靠传输协议（Reliable Transport Protocol，RTP）用来管理 EIGRP 数据包的发送和接收。可靠的发送是指发送是有保障的而且数据包是有序发送的。有保障地发送是依赖 Cisco 公司私有的算法来实现的，这个私有的算法被称为"可靠组播"（reliable multicast）。每一个接收可靠组播数据包的邻居都会发送一个单播的确认数据包。

在 EIGRP 协议中，数据包的有序发送是通过在每个数据包中包含两个序列号来实现的。每个数据包都包含发送方分配的 1 个序列号，发送方每发送 1 个数据包，这个序列号就递增 1。另外，发送方也会把最近从目标路由器接收到的数据包的序列号放在这个要发送的数据包里。在某些情况下，RTP 也可以使用无需确认的不可靠的发送，并且使用这种不可靠发送的数据包中不包含序列号。

EIGRP 协议使用多种类型的数据包,所有这些数据包都通过 IP 头部的协议号 88 来标识。

- Hello：用于邻居发现和恢复进程。Hello 数据包使用组播方式发送，而且使用不可靠的发送方式。
- 确认（Acknowledgments，ACK）：是不包含数据的 Hello 数据包。ACK 总是使用单播方式和不可靠的方式发送。
- 更新（Update）：用于传递路由更新信息。不像 RIP 协议的更新，EIGRP 协议的更新数据包只在必要的时候传递必要的信息，而且仅仅传递给需要路由信息的路由器。当只有某一指定的路由器需要路由更新时，更新数据包以单播发送；当有多台路由器需要路由更新时，更新数据包以组播发送。
- 查询（Query）和应答（Reply）：是 DUAL 有限状态机用来管理它的扩散计算的。查询消息可以使用组播方式或者单播方式发送，而应答消息总是单播方式发送。查询和应答数据包都使用可靠的发送方式。

如果任何数据包通过可靠的方式组播出去，而没有从邻居那里收到一个 ACK 数据包，那么这个数据包就会以单播方式被重新发送给那个没有响应的邻居。如果经过 16 次这样的单播重传还没有收到一个 ACK 数据包，那么这个邻居就会被宣告为无效。

在从组播方式切换到单播方式之前等待一个 ACK 时间由组播流计时器（multicast flow timer）指定。后续的单播之间的时间由重传超时（Retransmission Timeout，RTO）指定。对于每一台邻居路由器，组播流计时器和重传超时都可以通过平均回程时间（Smooth Round-Trip Time，SRTT）来计算。SRTT 是一个用来衡量路由器发送 EIGRP 数据包到邻居和从邻居那里接收到该数据包的确认所花费的平均时间，以毫秒（ms）为单位。

7.4.3 邻居发现和恢复

由于 EIGRP 协议的更新消息是非周期性的，因此有一个发现和跟踪邻居的方法是非常重要的，运行 EIGRP 协议的路由器之间通过定时发送 Hello 数据包来建立和维持邻居关系。当网络中的 EIGRP 路由器启动后，会从每个启用了 EIGRP 的接口周期性的向外组播发送 Hello 数据包，在同一个 AS 之内，运行 EIGRP 的其他路由器收到该包后，会和其建立邻居关系，并将邻居的相关信息记录到各自的邻居表中。Hello 数据包的发送间隔默认值为 5s，其中减掉一个很小的随机时间差用来防止更新的同步。在多点的 X.25、帧中继和 ATM 接口上，由于它们的接入链路速率通常是 T1 或更低的速率，因此它们的 Hello 数据包是以单播每 60s 发送一次的。

当一台路由器从它的邻居路由器收到一个 Hello 数据包时，这个数据包将包含一个抑制时间（holdtime）。这个抑制时间会告诉本路由器，在它收到后续的 Hello 数据包之前等待的最长时间。如果抑制计时器超时了，路由器还没有收到邻居路由器发送的 Hello 数据包，那么将宣告这个邻居不可到达，并且通知 DUAL 这个邻居丢失了。在缺省的情况下，抑制时间是 Hello 时间间隔的 3 倍，也就是说，对于低速的非广播多路访问（NBMA）网络来说是 180s，对于其他网络来说是 15s。因此 EIGRP 协议具有在 15s 以内检测邻居丢失的能力，对比 RIP 协议的 180s 所花费的时间，显然这是一个对 EIGRP 的快速收敛起很大作用的因素。

EIGRP 路由器的每一个邻居相关信息都被记录在一个邻居表（neighbor table）中。如示例 7-8 所示，邻居表记录了邻居路由器的 IP 地址和收到邻居 Hello 数据包的接口。邻居通告的抑制时间、SRTT 和邻居建立时间（uptime）也记录在邻居表中，这里的邻居建立时间是指从邻居第一次被添加到邻居表后到现在所经过的时间。重传超时（RTO）是指在一个组播方式的数据包发送失败后，路由器等待一个单播方式发送的数据包的确认时间，单位是毫秒（ms）。如果一个 EIGRP 的更新、查询或应答数据包被发送出去，那么这个数据包的一个拷贝就会放在一个重传队列里排队。如果重传超时了还没有收到确认数据包，那么重传队列中数据包的另一个拷贝将被再次发送出去。队列计数（Q Count）用来标识在这个重传队列中等待发送的数据包的数量。从邻居收到的最新的更新、查询或应答数据包的序列号也记录在了邻居表中。RTP 跟踪这些序列号，以确保来自邻居的数据包不是无序的。H 列记录了这台路由器所学到的邻居的顺序号。

```
RouterB#show ip eigrp neighbors
IP-EIGRP neighbors for process 100
```

H	Address	Interface	Hold Uptime (sec)	SRTT (ms)	RTO	Q Cnt	Seq Num
2	172.20.15.6	Se0/1	14 00:00:14	227	1362	0	20
1	172.20.10.2	Et1/0	11 00:01:03	215	1290	0	6
0	172.20.15.1	Se0/0	11 00:01:03	304	1824	0	30

7.4.4　扩散更新算法

EIGRP 路由协议使用 DUAL 算法计算路由。该算法可以让运行 EIGRP 协议的网络在出现拓扑变化时，快速地进行收敛。在介绍 DUAL 算法之前，需要明确以下几个概念：

1. 可行距离(Feasible Distance，FD)

到达每个目标网络的最小的度量值将作为该目标网络的可行距离。比如，路由器可能有 3 条到达网络 172.16.5.0 的路由，度量值分别为 380672、12381440 和 660868，那么 380672 就成了 FD，因为它是经计算到达子网 172.16.5.0 的最小度量值。

2. 通告距离（Advertise Distance，AD）

通告距离是邻居路由器通告的、从邻居路由器到达目的网段的度量值。

3. 可行性条件(Feasible Condition，FC)

可行性条件就是要满足这样的条件：邻居宣告到达目标网络的距离（AD）小于本地路由器到达目标网络的可行距离（FD）。

4. 可行后继路由(Feasible Successor，FS)

如果本地路由器的邻居路由器所通告的到达目标网络的距离满足 FC，那么这个邻居就成为该目的网络的 FS。比如，路由器到达目标网络 172.16.5.0 的 FD 为 380672，而他邻居所通告的到达目标网络的距离为 355072，这个邻居路由器满足 FC，因而成为一台 FS；如果邻居路由器宣告到达目标网络的距离为 380928，即不满足 FC，那么这个邻居路由器就不能成为 FS。

FS 和 FC 是避免环路的核心技术，因为 FS 总是"下游路由器"，即从 FS 到达目标网络的距离比本地路由器到达目标网络的 FD 要小，所以路由器从来不会选择一条导致反过来还要经过它本身的路径。

存在一个或多个 FS 的目标网络，将与下面的每一项一起被记录在拓扑表中：

- 目的网络的 FD；
- 所有的 FS；
- 每一个 FS 所通告的到达目的网络的通告距离；
- 本地路由器所计算的经过每一个 FS 到达目的网络的距离；
- 与发现每一个 FS 的网络相连的接口。

5. 后继路由器（Successor)

对于在拓扑表中列出的每一个目的网络，将选用拥有最小度量值的路由并放置到路由表中。通告这条路由的邻居就成为一个后继路由器。

下面我们以图 7-25~图 7-29 为例来说明 DUAL 算法的计算原理。

在图 7-25 中，网络处于稳定状态。路由器 C 和路由器 D 到达网段 A 的 Successor 是路由器 B，路由器 E 到达网段 A 的 Successor 是路由器 D。虽然路由器 C、路由器 D 和路由器 E 都有多条路径可以到达网段 A，但是只有路由器 C 有一个 FS，也就是说只有路由器 C 的拓扑表里有到达网段 A 的备份路径。路由器 D 和路由器 E 的拓扑表里没有到达网段 A 的 FS。

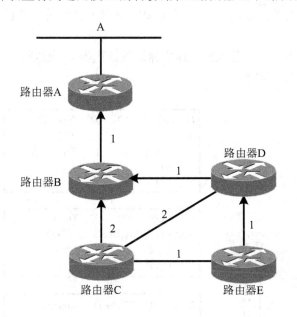

C EIGRP	FD	AD	Topoogy
Network A	3		（FD）
Via B	3	1	（Successor）
Via D	4	2	（FS）
Via E	4	3	

D EIGRP	FD	AD	Topoogy
Network A	2		（FD）
Via B	2	1	（Successor）
Via C	5	3	

E EIGRP	FD	AD	Topoogy
Network A	3		（FD）
Via D	3	2	（Successor）
Via C	4	3	

图 7-25　稳定的 EIGRP 网络

当网络里路由器 B 和路由器 D 之间的链路突然出现了故障，如图 7-26 所示，路由器 D 失去了到达网段 A 的 Successor，网络开始收敛操作。

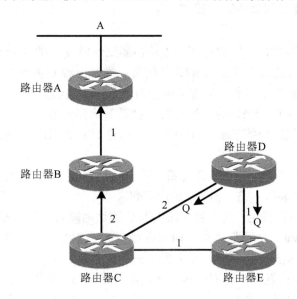

C EIGRP	FD	AD	Topoogy
Network A	3		（FD）
Via B	3	1	（Successor）
Via D			
Via E	4	3	

D EIGRP	FD	AD	Topoogy
Network A "Active"			（FD）
Via C	5	3	（q）
Via E			（q）

E EIGRP	FD	AD	Topoogy
Network A	3		（FD）
~~Via D~~	~~3~~	~~2~~	~~（Successor）~~
Via C	4	3	

图 7-26　路由器 B 与路由器 D 之间的链路发生故障

从图 7-26 可以看到，当路由器 D 发现它和路由器 B 之间的链路发现故障时，它的路由表和拓扑表里关于网段 A 的 Successor 失效。虽然路由器 D 还可以通过路由器 C 到达网段 A，但是路由器 C 的 AD 值大于 FD，它不是 FS，不在路由器的拓扑表里。于是，路由器 D 向邻居发出请求包，要求得到到达网段 A 的路径信息。当路由器 D 向邻居发出请求包的时候，路由器 D 会将自己拓扑表中到达网段 A 的条目置为 "Active" 状态，该状态意味着该条目目前正处于收敛之中，如图 7-27 所示。

当路由器 C 收到路由器 D 的请求包时，它意识到本路由器通过路由器 D 到达网段 A 的 FS 已经失效，于是它将该条目从拓扑表中删除。

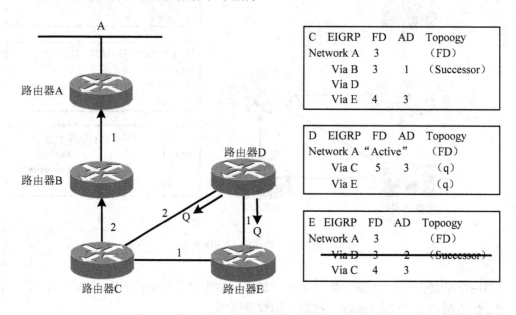

图 7-27　路由器 D 向邻居发送请求包

另外，当路由器 E 收到路由器 D 的请求包时，它意识到本路由器到达网段 A 的 Successor 也失效了。路由器 E 也要向邻居请求得到到达网段 A 的路径信息。当路由器 E 向路由器 C 发出请求包时，路由器 E 将自己拓扑表中到达网段 A 的条目置为 "Active" 状态。由于路由器 C 与路由器 E 几乎同时收到了路由器 D 的请求包，所以在路由器 E 向路由器 C 发出请求包的同时，路由器 C 已经向路由器 D 发出应答包了，其中包含路由器 C 到达网段 A 的路径信息，如图 7-28 所示。

虽然路由器 D 收到了路由器 C 的应答包，知道了通过路由器 C 到达网段 A 的路径信息，但是它还不能收敛，它还有等待另一个邻居（路由器 E）的应答包。

接下来，路由器 C 向路由器 E 发出应答包，其中包含路由器 C 到达网段 A 的路径信息，路由器 E 从路由器 C 处得到了 Successor。然后路由器 E 向路由器 D 发出应答包，其中包含路由器 E 到达网段 A 的路径信息，路由器 D 收到路由器 E 发送来的应答包。

路由器 D 根据路由器 C 和路由器 E 发送来的应答包，比较两条路径的度量值，发现两条路径的开销相同，则路由器 C 和路由器 E 都是 Successor，它们被一同记入路由器表。这样，网络中关于网段 A 的路由收敛完毕，如图 7-29 所示。

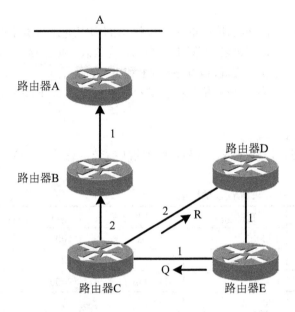

图 7-28　路由器 E 向路由器 C 发送请求包，路由器 C 向路由器 D 发送应答包

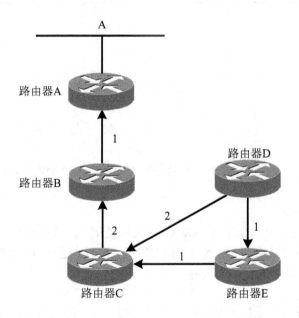

图 7-29　收敛后的 EIGRP 网络

7.4.5　EIGRP 的度量值

EIGRP 协议根据链路的特性计算出一个"复合"的度量值，这些链路特性包括链路的带宽、时延、负载、可靠性和最大传输单元（MTU）。

对于每个 EIGRP 路由的度量值，可以用下面的公式计算：

度量值=256* [K1 *$BW_{EIGRP(min)}$+K2* $BW_{EIGRP(min)}$/（256-LOAD）+K3* $DLY_{EIGRP(sum)}$] *

[K5/（RELIABILITY+K4)]

公式中，$BW_{EIGRP(min)}$是沿着路由路径到达目的网络的所有出接口的BW_{EIGRP}带宽中的最小值，$DLY_{EIGRP(sum)}$是这条路由路径DLY_{EIGRP}时延的总和，LOAD 是负载，RELIABILITY 是可靠性，系数 K1 到 K5 是可配置的加权值， 默认情况下，K1 和 K3 的值是 1， K2、K4 和 K5 值都是 0。所以通常情况下，EIGRP 的复合度量值的计算公式将简化成如下缺省的度量：

度量值=256×（$BW_{EIGRP(min)}$+ $DLY_{EIGRP(sum)}$）

表 7-3 列出了一些常用接口的带宽和时延（注意，串行接口的缺省带宽总是 1544）。

表 7-3　　　　　常用 BW_{EIGRP} 和 DLY_{EIGRP} 的数值

介质	带宽	BW_{EIGRP}	时延	DLY_{EIGRP}
以太网	10 000 kbit/s	1000	1 000 *us*	100
快速以太网	100 000 kbit/s	100	100 *us*	10
T1	1 544 kbit/s	6 476	20 000 *us*	2000
100M ATM	100 000 kbit/s	100	100 *us*	10
Tunnel	9 kbit/s	1 111 111	500 000 *us*	50 000

7.5　配置 EIGRP

7.5.1　EIGRP 基本配置

EIGRP 协议的一般配置步骤如下：

1. 启用 EIGRP 进程

在配置 EIGRP 路由协议时，首先应该在全局模式下声明使用 EIGRP 路由协议，具体命令格式如下：

Router(config)#**router eigrp** *process-id*

其中 process-id 是 EIGRP 进程 ID 号，可以是 1~65 535（0 不允许使用）之间的任何一个数字，在运行 EIGRP 协议的网络里，所有路由器在声明使用 EIGRP 协议时，进程 ID 号必须相同。另外，这个进程号也可以是公共分配的自治系统号。

2. 发布路由器连接的网段

EIGRP 需要发布路由器连接的网段，以便其他路由器可以学习到这些网段的路由。具体命令格式如下：

Router(config-router)#**network** *network-number*

其中，network-number 是连接在路由器的接口上的主网络，我们使用该命令将路由器连接的网段通告给网络中的其他路由器。

这个命令只能发布路由器直连的网段，不能发布没有直接连在路由器上的网段，否则会造成路由学习混乱。

图 7-30 显示了一个简单的网络,在这 3 台路由器上实现 EIGRP 网络的配置参加示例 7-9。

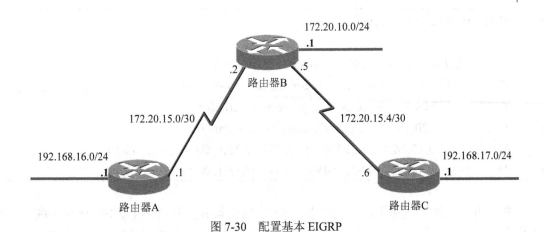

图 7-30 配置基本 EIGRP

示例 7-9 路由器 A、路由器 B 和路由器 C 的配置

```
RouterA(config)#router eigrp 100
RouterA(config-router)#network 172.20.0.0
RouterA(config-router)#network 192.168.16.0

RouterB(config)#router eigrp 100
RouterB(config-router)#network 172.20.0.0

RouterC(config)#router eigrp 100
RouterC(config-router)#network 172.20.0.0
RouterC(config-router)#network 192.168.17.0
```

其中路由器 B 的路由表参考示例 7-10 。这个路由表显示了 EIGRP 的路由用一个简单的 D 标识（DUAL）表示，缺省的管理距离是 90，并且表中的网络 172.20.0.0 被划分为不同的子网。

示例 7-10 路由器 B 的路由表

```
RouterB#show ip route
Codes: C - connected, S - static, R - RIP, M - mobile, B - BGP
       D - EIGRP, EX - EIGRP external, O - OSPF, IA - OSPF inter area
       N1 - OSPF NSSA external type 1, N2 - OSPF NSSA external type 2
       E1 - OSPF external type 1, E2 - OSPF external type 2
       i - IS-IS, su - IS-IS summary, L1 - IS-IS level-1, L2 - IS-IS level-2
       ia - IS-IS inter area, * - candidate default, U - per-user static route
       o - ODR, P - periodic downloaded static route
```

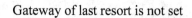

Gateway of last resort is not set

       172.20.0.0/16 is variably subnetted, 3 subnets, 2 masks

C   172.20.10.0/24 is directly connected, Ethernet1/0

C   172.20.15.4/30 is directly connected, Serial0/1

C   172.20.15.0/30 is directly connected, Serial0/0

D   192.168.17.0/24 [90/2195456] via 172.20.15.6, 00:02:36, Serial0/1

D   192.168.16.0/24 [90/2195456] via 172.20.15.1, 00:03:26, Serial0/0

图 7-30 中的网络使用了缺省度量值。跟踪从路由器 B 到达网络 192.168.16.0 的路由,这条路由的路径穿过了一个串行接口和一个以太接口,每个接口的度量值都是缺省的配置数值。这条路由路径的最小带宽是串行接口上的带宽,而时延是这两个接口时延的总和,参考表 7-3,因此度量值为 2 195 456。具体计算过程如下:

$BW_{EIGRP(min)}=256*6\ 476=1\ 657\ 856$

$DLY_{EIGRP(sum)}=256*(2\ 000+100)=537\ 600$

$Metric=BW_{EIGRP(min)}+DLY_{EIGRP(sum)}=1\ 657\ 856+537\ 600=2\ 195\ 456$

7.5.2 EIGRP 的检验与排错

为了验证 EIGRP 的配置和进行故障诊断,可以使用表 7-4 所示的与 EIGRP 操作相关的命令。

表 7-4   EIGRP 故障诊断命令

命令	描述/功能
show ip route	显示整个路由表
show ip route eigrp	只显示路由表中的 EIGRP 项目
show ip eigrp neighbors	显示所有 EIGRP 的邻居表
show ip eigrp topology	显示 EIGRP 拓扑表中的项目
debug eigrp packets	显示 EIGRP 数据包的活动行为

7.6 本章小结

本章首先介绍了链路状态路由协议相对于距离矢量路由协议的优势,然后详细讲解了 OSPF 路由协议以及 EIGRP 路由协议。

文中对 OSPF 路由协议的原理、术语、算法等知识进行了详细的说明,了解了 OSPF 协议可以在广播型网络、点到点网络及 NBMA 网络等网络中使用,并重点介绍了 OSPF 在广播型网络上 DR 和 BDR 的选举、OSPF 的区域、OSPF 的 LSA 类型以及 OSPF 协议学习路由的过程。另外,还介绍了 OSPF 协议的配置命令和一些辅助命令。

在介绍完 OSPF 协议后,本章又介绍了 EIGRP 协议,该协议属于混合型的路由协议,Cisco

也把它称为先进的距离矢量路由协议。

本章讲解了 EIGRP 路由协议的特点、原理以及它学习路由的过程，并详细说明了该协议的路由算法：DUAL 算法。在本章的最后，介绍了 EIGRP 协议的基本配置。

7.7 习题

★ **选择题**

（1）对 OSPF 协议计算路由的过程，下列排列顺序正确的是？

    a. 每台路由器都根据自己周围的拓扑结构生成一条 LSA

    b. 根据收集的所有的 LSA 计算路由，生成网络的最小生成树

    c. 将 LSA 发送给网络中其他的所有路由器，同时收集所有的其他路由器生成的 LSA

    d. 生成链路状态数据库 LSDB

    A. a—b—c—d

    B. a—c—b—d

    C. a—c—d—b

    D. d—a—c—b

（2）要查找一个路由器的邻居状态，应使用下列哪个命令？

    A. show ip route

    B. show ip ospf neighbor

    C. show ip ospf virtual-link

    D. show ip ospf adjacency

（3）以下有关 OSPF 网络中 BDR 的说法正确的是？

    A. 一个 OSPF 区域（AREA）中只能有一个 BDR

    B. 某一网段中的 BDR 必须是经过手工配置产生

    C. 只有网络中 priority 第二大的路由器才能成为 DR

    D. 只有 NBMA 或广播网络中才会选举 BDR

（4）在默认情况下，OSPF 在广播多路访问链路上每隔多长时间发送一个 Hello 分组？

    A. 30 秒

    B. 40 秒

    C. 3.3 秒

    D. 10 秒

（5）接口处于初始（Init）状态意味着什么？

    A. 该接口已连接到网络，正确定其 IP 地址和 OSPF 参数

    B. 路由器接收到了邻居的 Hello 分组，但该分组中没有包含其路由器 ID

    C. 这是一个点到点接口

    D. 仅在广播链路上会出现这种情况，它表明正在选举 DR

（6）获悉新路由时，如果收到了数据库中没有的 LSA，内部 OSPF 路由器将如何做？

    A. 立即将该 LSA 从所有 OSPF 接口（受到该 LSA 的接口除外）发送出去

    B. 将该 LSA 丢弃，并给始发路由器发送一条信息

    C. 将该 LSA 加到拓扑数据库中，并给始发路由器发送一条确认信息

    D．检查序列号，如果该 LSA 有效，则将其加入到拓扑数据库中

（7）路由器的 OSPF 优先级为 0 意味着什么？

    A．该路由器可参与 DR 选举，其优先级最高

    B．该路由器执行其他操作之前转发 OSPF 分组

    C．该路由器不能参与 DR 选举，它不能成为 DR，也不能成为 BDR

    D．该路由器不能参与 DR 选举，但可以成为 BDR

（8）命令 Router(config-router)# network 10.1.32.0 0.0.31.255 area 0 指定了下面哪些地址？

    A．10.1.32.255

    B．10.1.34.0

    C．10.1.64.0

    D．10.1.64.255

（9）对于划分区域的必要性，下列描述不正确的是？

    A．减小 LSDB 的规模

    B．减轻运行 SPF 算法的复杂度

    C．缩短路由器间 LSDB 的同步时间

    D．有利于路由进行聚合

（10）下列关于骨干区域的描述，不正确的是？

    A．骨干区域号的 area id 是 0.0.0.0

    B．所有区域必须与骨干区域相连

    C．骨干区域之间可以是不连通的

    D．每个区域边界路由器 ABR 连接的区域中至少有一个是骨干区域

（11）以下面哪种方式发送对 EIGRP 查询的应答？

    A．组播

    B．尽力而为的单播

    C．可靠的单播

    D．可靠的组播

（12）在默认情况下，计算 EIGRP 度量值时使用了下面哪些变量？

    A．带宽

    B．负载

    C．可靠性

    D．延迟

（13）下面哪个是保留的 EIGRP 组播地址？

    A．224.0.0.1

    B．224.0.0.5

    C．224.0.0.9

    D．224.0.0.10

第8章　虚拟路由器冗余协议

通常，网络中的主机都设置一条以某一台路由器（或三层交换机）为下一跳的默认路由，即以此路由器作为其默认网关。如果子网或 VLAN 的网关路由器出现故障，就不能将分组转发到子网外，因此网关的可用性非常重要。本章介绍了提供路由器冗余的协议：虚拟路由器冗余协议（Virtual Router Redundancy Protocol，VRRP），该协议可以让多台路由设备共享同一个网关地址。这样，如果一台设备出现故障，另一台设备可自动承担网关的角色。

学习完本章，要达到如下目标：
- 掌握 VRRP 的作用
- 掌握 VRRP 转发和选举机制
- 掌握 VRRP 基本配置
- 熟悉调整 VRRP 优先级功能与配置
- 熟悉 VRRP 跟踪、抢占、定时器配置
- 掌握 VRRP 多组配置

8.1　VRRP 概述

通常，同一网段内的所有主机都设置一条以某一台路由器（或三层交换机）为下一条的默认路由，即以此路由器作为其默认网关。主机发往其他网段的报文将通过默认路由发往默认网关，再由默认网关进行转发，从而实现主机同外网的通信。当默认网关发生故障时，所有主机都无法与外部网络通信。

如图 8-1 所示，一个局域网内的所有主机都设置了默认网关 192.168.1.1，即以路由器作为默认网关。这样，主机通过路由器与外部网络通信。而当路由器出现故障时，本网段内所有的主机将中断与外部的通信。

要提高网络的可靠性，就要设备为默认网关提供设备备份，增加冗余性。RFC 2338 定义的 VRRP（Virtual Router Redundancy Protocol，虚拟路由器冗余协议）就是为这一目的而设计的。

VRRP 是一种容错协议，通过将物理设备和逻辑设备的分离，很好地解决了局域网网关的冗余备份问题，在提高可靠性的同时，也简化了主机的配置。在具有多播或广播能力的局域网（如以太网）中配置 VRRP，能在某台网关出现故障时提供高可靠的备份网关，有效避免了单一设备或链路发生故障后网络中断的问题。

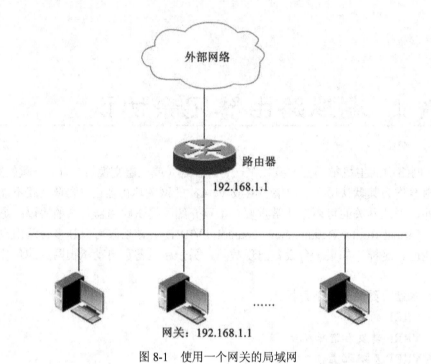

图 8-1　使用一个网关的局域网

8.2　VRRP 原理

8.2.1　VRRP 备份组

VRRP 将局域网内的一组路由器划分在一起，组织成一个备份组。备份组由一个 Master 路由器和多个 Backup 路由器组成，功能上相当于一台虚拟路由器。VRRP 备份组具有以下特点：

- 虚拟路由器具有 IP 地址，称为虚拟 IP 地址。局域网内的主机仅需要知道这个虚拟路由器的 IP 地址，并将该地址设置为其默认网关。
- 网络内的主机通过这个虚拟路由器与外部网络进行通信。
- 备份组内的路由器根据优先级，选举出 Master 路由器，承担网关功能。其他路由器作为 Backup 路由器，当 Master 路由器发生故障时，取代 Master 继续履行网关职责，从而保证网络内的主机不间断地与外部网络进行通信。

VRRP 的作用如图 8-2 的例子所示。在该图中，路由器 A 和路由器 B 在局域网中的地址分别为 192.168.1.2 和 192.168.1.3。路由器 A 和路由器 B 运行 VRRP，构成一个备份组，生成一个虚拟网关 192.168.1.1。局域网内的主机并不需要了解路由器 A 和路由器 B 的存在，而仅仅将虚拟网关 192.168.1.1 设置为其默认网关。假定正常情况下，VRRP 选举备份组内的路由器 A 为 Master，而路由器 B 为 Backup，则路由器 A 负责执行虚拟网关的功能，所有主机与外部网络的通信名义上通过虚拟网关 192.168.1.1 进行，实际上的数据转发却是通过路由器 A 进行。

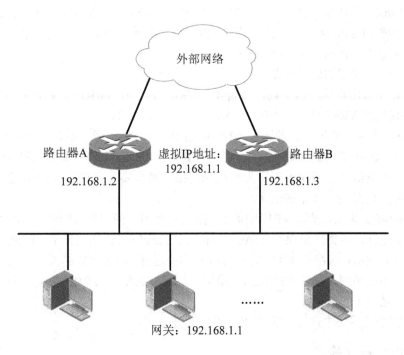

图 8-2　VRRP 功能示意图

如果备份组内处于 Master 角色的路由器 A 发生故障，处于 Backup 的路由器 B 就会接替它成为新的 Master，继续向网络内的主机提供路由服务。网络内的主机不必更改其默认网关或默认路由配置，即可继续与外部网络进行通信。

一台路由器可以属于多个备份组，各个备份组独立进行选举，互不干扰。假定在图 8-2 所示的网络中，在路由器 A 和路由器 B 上配置了另外一个备份组，在这个备份组中路由器 B 为 Master，路由器 A 为 Backup，虚拟 IP 地址为 192.168.1.254。这样网络中就有两个备份组，每台路由器既是一个备份组的 Master，又是另一个备份组的 Backup，局域网中的一半主机以 192.168.1.1 为默认网关，另一半主机以 192.168.1.254 为默认网关，从而既实现了两台路由器互为备份，又实现了局域网流量的负载均衡。这也是目前最常用的 VRRP 协议解决方案。

1. 备份组中路由器的优先级

VRRP 根据优先级来确定备份组中每台路由器的角色（Master 路由器或 Backup 路由器）。优先级越高，则越有可能成为 Master 路由器。

VRRP 优先级的取值范围为 0~255（数值越大表明优先级越高），可配置的范围是 1~254，优先级 0 为系统保留给特殊用途来使用，255 则是系统保留给 IP 地址拥有者（即接口地址为虚拟 IP 地址的路由器）。当路由器为 IP 地址拥有者时，其优先级始终为 255。因此，当备份组内存在 IP 地址拥有者时，只要其工作正常，则为 Master 路由器。

2. 备份组中路由器的工作方式

备份组中的路由器具有以下两种工作方式：

● 非抢占方式：如果备份组中的路由器工作在非抢占方式下，则只要 Master 路由器没有出现故障，Backup 路由器即使随后被配置了更高的优先级也不会成为 Master 路由器。

● 抢占方式：如果备份组中的路由器工作在抢占方式下，它一旦发现自己的优先级比当前的 Master 路由器的优先级高，就会对外发送 VRRP 通告报文。导致备份组内路由器重新选举 Master 路由器，并最终取代原有的 Master 路由器。相应地，原来的 Master 路由器将会变成 Backup 路由器。

3. 备份组中路由器的认证方式

为了防止非法用户构造报文攻击备份组，VRRP 通过在 VRRP 报文中增加认证字段的方式，验证接收到的 VRRP 报文。VRRP 提供了两种认证方式：

- simple：简单字符认证。发送 VRRP 报文的路由器将认证字填入到 VRRP 报文中，而收到 VRRP 报文的路由器会将收到的 VRRP 报文中的认证字和本地配置的认证字进行比较。如果认证字相同，则认为接收到的报文是真实、合法的 VRRP 报文；否则认为接收到的报文是一个非法报文。
- MD5：MD5 认证。发送 VRRP 报文的路由器利用认证字和 MD5 算法对 VRRP 报文进行摘要运算，运算结果保存在 Authentication Header（认证头）中。收到 VRRP 报文的路由器会利用认证字和 MD5 算法进行同样的运算，并将运算结果与认证头的内容进行比较。如果相同，则认为接收到的报文是真实、合法的 VRRP 报文；否则认为接收到的报文是一个非法报文。

在一个安全的网络中，用户也可以不设置认证方式。

8.2.2　VRRP 报文格式

VRRP 中只定义了一种报文——VRRP 报文，这是一种 IP 组播报文，组地址为 224.0.0.18，发布范围只限于同一局域网内，这保证了 VRID 在不同网络中可以重复使用。VRRP 报文目前有 VRRPv2 和 VRRPv3 两个版本，其中 VRRPv2 基于 IPv4，VRRPv3 基于 IPv6。

VRRPv2 的报文格式如图 8-3 所示。

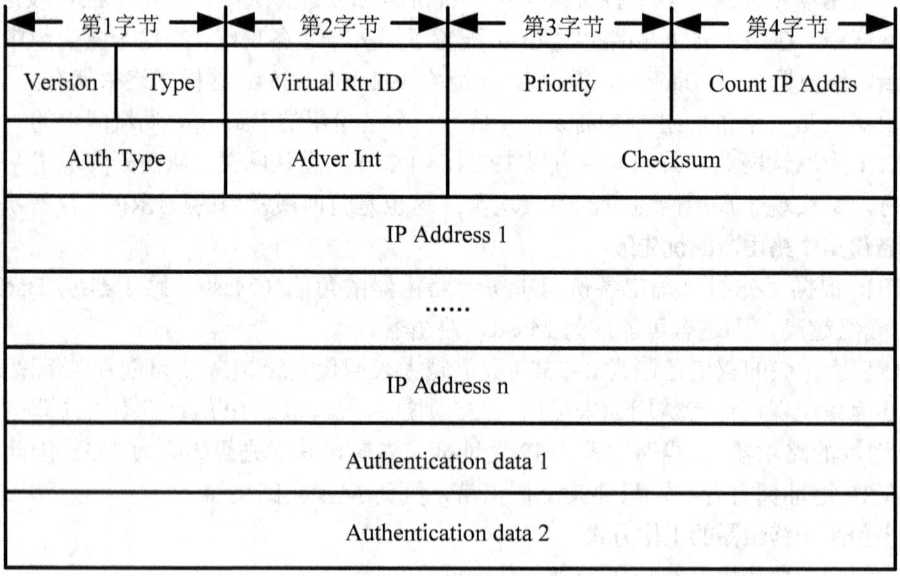

第1字节		第2字节	第3字节	第4字节
Version	Type	Virtual Rtr ID	Priority	Count IP Addrs
Auth Type		Adver Int	Checksum	
IP Address 1				
……				
IP Address n				
Authentication data 1				
Authentication data 2				

图 8-3　VRRPv2 报文格式

各字段的含义如下：

- Version：协议版本号。
- Type：VRRP 报文的类型。VRRPv2 报文只有一种类型，即 VRRP 通告报文（Advertisement），该字段取值为 1。
- Virtual Rtr ID（VRID）：虚拟路由器号（即备份组号），取值范围 1～255。一个虚拟路由器有唯一的 VRID，该路由器对外表现为唯一的虚拟 MAC 地址，地址的格式为 00-00-5E-00-01-xx，其中 xx 是两个表示 VRID 的十六进制位。
- Priority：路由器在备份组中的优先级，取值范围 0～255，数值越大表明优先级越高，其中可用的范围是 1～254，0 表示设备停止参与 VRRP，255 则保留给 IP 地址拥有者。
- Count IP Addrs：备份组中虚拟 IP 地址的个数。1 个备份组可对应多个虚拟 IP 地址。
- Auth Type：认证类型。该值为 0 表示无认证，为 1 表示简单字符认证，为 2 表示 MD5 认证。
- Adver Int：发送通告报文的时间间隔。VRRPv2 中单位为秒，缺省为 1 秒。
- Checksum：16 位校验和，用于检测 VRRP 报文中的数据破坏情况。
- IP Address：备份组虚拟 IP 地址表项。所包含的地址数定义在 Count IP Addrs 字段中。
- Authentication Data：验证字，目前只用于简单字符认证，对于其他认证方式一律填 0。

使用 VRRP 报文可以传递备份组中的参数，还可以用于 Master 的选举。为了减少网络带宽消耗只有 Master 路由器才可以周期性的发送 VRRP 通告报文。备份路由器在连续 3 个通告间隔内收不到 VRRP 或收到优先级为 0 的通告后启动新的一轮 VRRP 选举。

8.2.3　VRRP 工作过程

VRRP 中定义了 3 中状态：初始状态（Initialize）、活动状态（Master）和备份状态（Backup），其中只有处于活动状态的交换机可以为到虚拟 IP 地址的转发请求提供服务。

路由器使用 VRRP 功能后，会根据优先级确定自己在备份组中的角色。优先级高的路由器成为 Master 路由器，优先级低的成为 Backup 路由器，如果两台路由器优先级相同，则比较接口的主 IP 地址，主 IP 地址大的就成为 Master。Master 路由器定期发送 VRRP 通告报文，通知备份组内的其他路由器自己工作正常；Backup 路由器则启动定时器等待通告报文的到来。

在抢占方式下，当 Backup 路由器收到 VRRP 通告报文后，会将自己的优先级与通告报文中的优先级进行比较。如果大于通告报文中的优先级，则成为 Master 路由器；否则将保持 Backup 状态。

在非抢占方式下，只要 Master 路由器没有出现故障，备份组中的路由器始终保持 Backup 状态，Backup 路由器即使随后被配置了更高的优先级也不会成为 Master 路由器。

如果 Backup 路由器的定时器超时后仍未收到 Master 路由器发送来的 VRRP 通告报文，则认为 Master 路由器已经无法正常工作，此时 Backup 路由器会认为自己是 Master 路由器，并对外发送 VRRP 通告报文。备份组内的路由器根据优先级选举出 Master 路由器，承担报文的转发功能。

从上述过程可以看到，对于网络中的主机来说，它并没有做任何额外的更改和处理，但是它的对外通信不会因为一台路由器出现故障而中断。

8.2.4　端口跟踪

VRRP 只是解决了设备的冗余问题,但是如果是 Master 路由器连接到网络骨干或 Internet 的线路出现故障,Master 路由器还能够通过"心跳线"向 Backup 路由器发送 VRRP 报文,Backup 路由器就无法切换为活动模式,网络的通信就会中断,如图 8-4 所示。

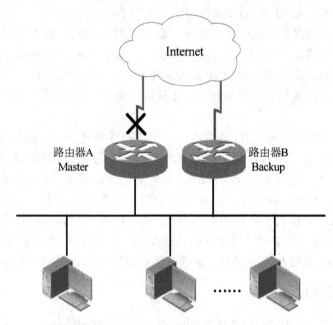

图 8-4　端口跟踪技术的使用

端口跟踪技术是保证在线路出现故障时能使 Backup 路由器接替 Master 路由器工作,从而使网络服务不中断的技术。在图 8-4 中,通过端口跟踪技术,可以让 Master 路由器监视连接网络骨干或 Internet 的线路的接口状态,一旦该接口状态由 UP 变为 DOWN,Master 路由器就将自己的 VRRP 优先级降低,其数值应降到低于 Backup 路由器的优先级。这样,通过 VRRP 报文的传递,Backup 路由器看到 Master 路由器的优先级变得低于自己,它就会升级为 Master 路由器,而原来的 Master 路由器则降为 Backup 路由器。

我们通常把端口跟踪技术和 VRRP 技术结合在一起使用,以通过端口跟踪技术提供网络线路的冗余能力。

8.3　VRRP 配置

8.3.1　配置 VRRP

1. 配置 VRRP 组

在接口模式下,配置 VRRP 组并设置虚拟 IP 地址的命令如下:

Switch(config-if)#**vrrp** *group-number* **ip** *ip-address* [**secondary**]

在该命令中,参数 group-number 为 VRRP 备份组的组号,取值范围为 0~255;ip-address 为虚拟路由器 IP 地址,该地址可以是其中一台路由器接口的地址,也可以是第三方地址;

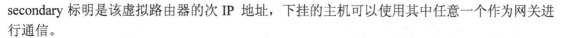

secondary 标明是该虚拟路由器的次 IP 地址，下挂的主机可以使用其中任意一个作为网关进行通信。

2. 配置 VRRP 优先级

在接口模式下，配置 VRRP 优先级的命令如下：

Switch(config-if)#**vrrp** *group-number* **priority** *priority-value*

在该命令中，参数 priority-value 表示 VRRP 的优先级，范围是 1～254，该值越大表示优先级越高，缺省值为 100。

3. 配置抢占

在接口模式下，配置命令如下：

Switch(config-if)#**vrrp** *group-number* **preempt**

默认方式是允许抢占。

一旦备份组中的某台路由器成为 Master，只要它没有出现故障，其他新加入的路由器即使拥有更高的优先级，也不会成为 Master，除非被设置为抢占方式。

4. 配置 VRRP 定时器

VRRP 定时器分为两种：VRRP 抢占延迟时间定时器和 VRRP 通告报文间隔时间定时器。

VRRP 备份组中的 Master 路由器会定时发送 VRRP 通告报文，通知备份组内的路由器自己工作正常。用户可以通过如下命令设置 VRRP 定时器来调整 Master 路由器发送 VRRP 通告报文的时间间隔。

Switch(config-if)#**vrrp** *group-number* **timers advertise** *vrrp-advertise-interval*

其中参数 vrrp-advertise-interval 的取值范围为 0～254，单位为秒，缺省值是 1。

在设置抢占的同时，还可以设置延迟时间，这样可以使得 Backup 路由器延迟一段时间成为 Master 路由器。如果没有延迟时间，在性能不够稳定的网络中，如果 Backup 路由器没有按时收到来自 Master 路由器的报文，就会立即成为 Master 路由器。由于导致 Backup 路由器收不到报文的原因很可能是由于网络堵塞、丢包，而非 Master 路由器无法正常工作，这样可能导致频繁的 VRRP 状态转换。

为了避免备份组内的成员频繁进行主备状态转换，让 Backup 路由器有足够的时间搜集必要的信息，可以设置一定的延迟时间，Backup 路由器在延迟时间内可以继续等待来自 Master 路由器的报文，从而避免了频繁的状态切换。配置 VRRP 抢占延迟时间的命令如下。

Switch(config-if)#**vrrp** *group-number* **preempt delay** *delay-time*

其中参数 delay-time 为抢占延迟的时间，单位为秒，范围为 0～255。

5. 配置端口跟踪

VRRP 的端口跟踪需要在全局模式下先定义跟踪目标，然后才能在接口模式下配置 VRRP 跟踪该目标。

首先在全局模式下，配置端口跟踪目标的命令如下：

Switch(config)#**track** *object* **interface** *type mod/num* **line-protocol**

在该命令中，参数 object 为 VRRP 跟踪的目标 ID 号，关键字 line-protocol 用于跟踪接口协议状态的 "up" 或 "down"。

然后在接口配置模式下，配置如下命令：

Switch(config-if)#**vrrp** *group-number* **track** *object* [**decrement** *priority-decrement*]

其中参数 priority-decrement 表示降低的优先级值，范围是 1～255，默认为 10。另外，在端口跟踪降低优先级后，Backup 路由器仅在下面两个条件满足时才能接管活动角色：

- Backup 路由器的优先级更高；
- Backup 路由器在其 VRRP 配置中使用了抢占。

6. VRRP 的监控与维护

配置 VRRP 后，可以使用表 8-1 所示的命令进行监控和维护。

表 8-1　　　　　　　　　　　　　　VRRP 监控与维护命令

命令	描述/功能
debug vrrp all	打开 VRRP 出错提示、VRRP 事件、VRRP 报文、以及状态提示开关
show vrrp [brief | *group-number*]	查看当前 VRRP 状态
show vrrp interface *type mod/num*	显示指定接口上的 VRRP 状态

8.3.2　VRRP 配置实例

1. 配置基本 VRRP

如图 8-5 所示，路由器 A 和路由器 B 之间运行 VRRP 协议。路由器 A 为 Master 路由器，路由器 B 为 Backup 路由器，备份组号为 1，192.168.1.1 为虚拟地址。

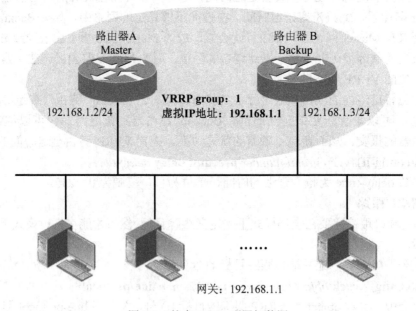

图 8-5　基本 VRRP 配置拓扑图

在路由器 A 和路由器 B 上配置 VRRP 的命令如示例 8-1 和示例 8-2 所示。

示例 8-1　在路由器 A 上配置 VRRP

```
RouterA(config)#interface fastEthernet 0/0
RouterA(config-if)#ip address 192.168.1.2 255.255.255.0
RouterA(config-if)#no shutdown
RouterA(config-if)#vrrp 1 ip 192.168.1.1
RouterA(config-if)#vrrp 1 priority 254
RouterA(config-if)#vrrp 1 preempt
```

示例 8-2　在路由器 B 上配置 VRRP

```
RouterB(config)#interface fastEthernet 0/0
RouterB(config-if)#ip address 192.168.1.3 255.255.255.0
RouterB(config-if)#no shutdown
RouterB(config-if)#vrrp 1 ip 192.168.1.1
RouterB(config-if)#vrrp 1 preempt
```

完成以上配置后,在路由器 A 和路由器 B 上使用 show vrrp 命令查看 VRRP 的运行结果,可以看到路由器 A 作为备份组 1 的活动路由器,路由器 B 作为备份组 1 的备份路由器,如示例 8-3 所示。

示例 8-3　显示 VRRP 组的配置信息

```
RouterA#show vrrp
FastEthernet0/0 - Group 1
  State is Master
  Virtual IP address is 192.168.1.1
  Virtual MAC address is 0000.5e00.0101
  Advertisement interval is 1.000 sec
  Preemption enabled
  Priority is 254
  Master Router is 192.168.1.2 (local), priority is 254
  Master Advertisement interval is 1.000 sec
  Master Down interval is 3.007 sec

RouterB#show vrrp
FastEthernet0/0 - Group 1
  State is Backup
  Virtual IP address is 192.168.1.1
  Virtual MAC address is 0000.5e00.0101
  Advertisement interval is 1.000 sec
  Preemption enabled
```

Priority is **100**

Master Router is 192.168.1.2, priority is 254

Master Advertisement interval is 1.000 sec

Master Down interval is 3.609 sec (expires in 2.741 sec)

2. 配置 VRRP 负载均衡

如图 8-6 所示，本例中启用两个 VRRP 组，在组 1 中路由器 A 为 Master 路由器，路由器 B 为 Backup 路由器，192.168.1.1 为虚拟 IP 地址；在组 2 中路由器 B 为 Master 路由器，路由器 A 为 Backup 路由器，192.168.1.2 为虚拟 IP 地址。下面的主机一部分使用组 1 的虚拟地址 192.168.1.1 作为默认网关，另一部分使用组 2 的虚拟地址 192.168.1.2 作为默认网关。

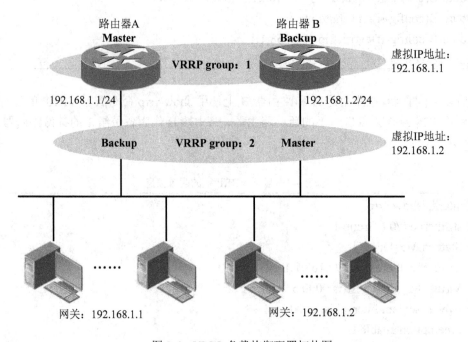

图 8-6　VRRP 负载均衡配置拓扑图

在路由器 A 和路由器 B 上的相关配置如示例 8-4 和示例 8-5 所示。

示例 8-4　在路由器 A 上配置 VRRP 负载均衡

```
RouterA(config)#interface fastEthernet 0/0
RouterA(config-if)#ip address 192.168.1.1 255.255.255.0
RouterA(config-if)#no shutdown
RouterA(config-if)#vrrp 1 ip 192.168.1.1
RouterA(config-if)#vrrp 1 preempt
RouterA(config-if)#vrrp 2 ip 192.168.1.2
RouterA(config-if)#vrrp 2 preempt
```

示例 8-5　在路由器 B 上配置 VRRP 负载均衡

```
RouterB(config)#interface fastEthernet 0/0
RouterB(config-if)#ip address 192.168.1.2 255.255.255.0
RouterB(config-if)#no shutdown
RouterB(config-if)#vrrp 1 ip 192.168.1.1
RouterB(config-if)#vrrp 1 preempt
RouterB(config-if)#vrrp 2 ip 192.168.1.2
RouterB(config-if)#vrrp 2 preempt
```

　　完成以上配置后,在路由器 A 和路由器 B 上使用 show vrrp 命令查看 VRRP 的运行结果,可以看到,在备份组 1 中路由器 A 作为活动路由器,路由器 B 作为备份路由器,而在备份组 2 中,路由器 B 作为活动路由器,路由器 A 作为备份路由器,如示例 8-6 和示例 8-7 所示。

示例 8-6　在路由器 A 上显示 VRRP 组的配置信息

```
RouterA#show vrrp
FastEthernet0/0 - Group 1
  State is Master
  Virtual IP address is 192.168.1.1
  Virtual MAC address is 0000.5e00.0101
  Advertisement interval is 1.000 sec
  Preemption enabled
  Priority is 255 (cfgd 254)
  Master Router is 192.168.1.1 (local), priority is 255
  Master Advertisement interval is 1.000 sec
  Master Down interval is 3.003 sec

FastEthernet0/0 - Group 2
  State is Backup
  Virtual IP address is 192.168.1.2
  Virtual MAC address is 0000.5e00.0102
  Advertisement interval is 1.000 sec
  Preemption enabled
  Priority is 100
  Master Router is 192.168.1.2, priority is 255
  Master Advertisement interval is 1.000 sec
  Master Down interval is 3.609 sec (expires in 3.121 sec)
```

示例 8-7   在路由器 B 上显示 VRRP 组的配置信息

```
RouterB#show vrrp
FastEthernet0/0 - Group 1
  State is Backup
  Virtual IP address is 192.168.1.1
  Virtual MAC address is 0000.5e00.0101
  Advertisement interval is 1.000 sec
  Preemption enabled
  Priority is 100
  Master Router is 192.168.1.1, priority is 255
  Master Advertisement interval is 1.000 sec
  Master Down interval is 3.609 sec (expires in 3.117 sec)

FastEthernet0/0 - Group 2
  State is Master
  Virtual IP address is 192.168.1.2
  Virtual MAC address is 0000.5e00.0102
  Advertisement interval is 1.000 sec
  Preemption enabled
  Priority is 255
  Master Router is 192.168.1.2 (local), priority is 255
  Master Advertisement interval is 1.000 sec
  Master Down interval is 3.003 sec
```

8.4 HSRP

HSRP（Hot Standby Router Protocol，热备份路由器协议）也是一种默认网关冗余协议，它是 Cisco 专用协议，只适用于 Cisco 设备，该协议是在 RFC 2281 中定义的。HSRP 与 VRRP 类似，只是术语稍有不同且在功能上有细微的差别。理解 VRRP 的工作原理和配置后，也将能够理解 HSRP。VRRP 是在 HSRP 协议的基础上制定出来的，并且简化了 HSRP 提出的机制。本节简要地介绍这两种协议之间的差别。

- HSRP 不支持将真实的接口地址设置为虚拟的网关地址，而 VRRP 支持。
- HSRP 将报文承载在 UDP 报文上，发送 HSRP 通告包时所采用的端口号为 UDP 1985。而 VRRP 将报文承载在 IP 报文上，协议号是 112。
- HSRP 有三种报文：呼叫（Hello）报文、告辞（Resign）报文和突变（Coup）报文，而 VRRP 只有一种报文。
- HSRP 有六种状态：初始（Initial）状态、学习（Learn）状态、监听（Listen）状态、发言（Speak）状态、备份（Standby）状态和活动（Active）状态，而 VRRP 只有三种状态。

要配置 HSRP，可使用表 8-2 列出的接口配置命令。

表 8-2 HSRP 配置命令

命令	描述/功能
standby *group-number* **ip** *ip-address*	配置 HSRP 组并制定虚拟 IP 地址
standby *group-number* **priority** *priority-value*	配置 HSRP 路由器优先级
standby *group-number* **preempt**	配置抢占
standby group-number **track** type mod/num [priority-decrement]	配置端口跟踪
show standby [**brief**] [**vlan** *vlan-id* | *type mod/mum*]	显示有关一个或多个 HSRP 组和接口的信息

对于图 8-6 所示的负载均衡场景，要使用 HSRP 来实现，可按示例 8-8 和示例 8-9 配置两台 Cisco 路由器。

示例 8-8　在路由器 A 上配置 HSRP 负载均衡

```
RouterA(config)#interface fastEthernet 0/0
RouterA(config-if)#ip address 192.168.1.1 255.255.255.0
RouterA(config-if)#no shutdown
RouterA(config-if)#standby 1 ip 192.168.1.10
RouterA(config-if)#standby 1 priority 200
RouterA(config-if)# standby 1 preempt
RouterA(config-if)# standby 2 ip 192.168.1.20
RouterA(config-if)# standby 2 priority 100
RouterA(config-if)# standby 2 preempt
```

示例 8-9　在路由器 B 上配置 HSRP 负载均衡

```
RouterB(config)#interface fastEthernet 0/0
RouterB(config-if)#ip address 192.168.1.2 255.255.255.0
RouterB(config-if)#no shutdown
RouterB(config-if)# standby 1 ip 192.168.1.10
RouterB(config-if)# standby 1 priority 100
RouterB(config-if)# standby 1 preempt
RouterB(config-if)# standby 2 ip 192.168.1.20
RouterB(config-if)# standby 2 priority 200
RouterB(config-if)# standby 2 preempt
```

计算机系列教材

237

8.5　本章小结

本章主要介绍了 VRRP 协议的作用、原理和配置，还介绍了 VRRP 和 HSRP 的区别。

VRRP 协议可以让多台路由设备共享同一个网关地址。这样，如果一台设备出现故障，另一台设备可自动承担网关的角色。

VRRP 将局域网内的一组路由器划分在一起，组织成一个备份组。备份组内的路由器根据优先级，选举出 Master 路由器，承担网关功能，如果路由器优先级相同，则比较接口的主 IP 地址，主 IP 地址大的就成为 Master 路由器。其他路由器作为 Backup 路由器，当 Master 路由器发生故障时，取代 Master 继续履行网关职责，从而保证网络内的主机不间断地与外部网络进行通信。

HSRP 也是一种默认网关冗余协议，它是 Cisco 专用协议，只适用于 Cisco 设备。在 Cisco 设备组建的网络中，可以用来代替 VRRP。

8.6　习题

1. 选择题

（1）以下关于 VRRP 协议说法不正确的是哪项？

  A．VRRP 是一种虚拟冗余网关协议

  B．VRRP 可以实现 HSRP 的功能

  C．VRRP 组不能支持认证

  D．VRRP 组的虚拟 IP 地址可以作为 PC 机的网关

（2）在 VRRP 的状态转换过程中，如果路由器收到一个比自己本地的优先级大的 VRRP 报文，则会转换状态为？

  A．INITIALIZE

  B．BACKUP

  C．MASTER

  D．以上都不是

（3）VRRP 配置中，如果 VRRP 组中的虚拟地址配置为某路由的接口地址，那么此路由器的优先级为？

  A．255

  B．100

  C．1

  D．244

（4）VRRP 协议使用的组播地址是？

  A．224.0.0.5

  B．224.0.0.9

  C．224.0.0.18

  D．224.0.0.28

（5）根据下图所示，以下描述正确的是哪一项？

```
Router#show vrrp 1
FastEthernet 0/0 - Group 1
  State is Master
  Virtual IP address is 10.1.1.254 configured
  Virtual MAC address is 0000.5e00.0101
  Advertisement interval is 1 sec
  Preemption is enabled
    min delay is 0 sec
  Priority is 120
  Authentication is enabled
  Master Router is 10.1.1.1 (local), priority is 120
  Master Advertisement interval is 1 sec
  Master Down interval is 3 sec
  Tracking state of 1 interface, 1 up:
    up FastEthernet 0/1 priority decrement=30
```

    A．此路由器为主路由器（Master），VRRP 通告间隔为 1 秒，抢占模式已关闭

    B．虚拟 IP 地址为 10.1.1.254，抢占延迟为 1 秒，优先级为 120

    C．主路由器的地址是 10.1.1.254，即本地路由器，优先级为 120，验证已启用

    D．主路由器通告间隔为 1 秒，主路由器失效间隔为 3 秒，本跟踪接口的状态为 UP，优先级降低值为 30

2．问答题

（1）VRRP 的主要功能是什么？

（2）VRRP 负载均衡是如何实现的？

（3）VRRP 支持哪些认证方式？

（4）VRRP 路由器有哪三种状态？

第9章 访问控制列表和交换机端口安全

要增强网络安全性，网络设备需要具备控制某些访问或某些数据的能力。访问控制列表（Access Control Lists，ACL）和交换机端口安全技术就是被广泛使用的网络安全技术。

ACL 实际上是一组有序的关于数据包过滤的规则，通过一系列的匹配条件对数据报文进行过滤，这些条件可以是报文的源地址、目的地址、端口号等信息。另外，由 ACL 定义的报文匹配规则，可以被其他需要对数据报文进行区分的场合引用，如 QoS 的数据分类、NAT 转换源地址匹配等。交换机端口安全技术可以限制在端口上使用的 MAC 地址（称之为"安全 MAC 地址"）数，允许阻止未授权 MAC 地址的访问。

学习完本章，要达到如下目标：
- 了解 ACL 的定义及应用
- 掌握 ACL 包过滤的工作原理
- 掌握 ACL 的分类及应用
- 掌握 ACL 的配置
- 理解交换机端口安全的功能
- 掌握交换机端口安全的配置

9.1 ACL 概述

前面几章介绍了路由选择协议及其配置。默认情况下，一旦设置好路由选择协议，路由器允许任何分组从一个接口传送到另一个接口。但在实际应用中，出于安全或流量策略的考虑，需要实施一些策略来限制流量的传送。通过在路由器上使用访问控制列表可以影响流量从一个接口传送到另一接口。

ACL 实际上是在路由器上定义的应用在网络接口上的一组有序的关于数据包过滤的规则。利用 ACL 可以在路由器接口上对进入、离开网络的数据包进行过滤，从而实现允许或禁止具有某一类特征的数据包进入网络或离开网络。访问控制列表是依据网络协议提供的各种参数进行工作的。对于 TCP/IP、IPX 以及 AppleTalk 等协议，访问控制列表都可以正常工作。由于目前的网络以 TCP/IP 协议为主，因此以下讨论将围绕 TCP/IP 协议的访问控制列表展开。

9.1.1 访问控制列表的定义

ACL 是一个命令集，通过编号或命名组织在一起，用来过滤进入或离开路由器接口的流量。ACL 命令明确定义了允许哪些流量以及拒绝哪些流量。ACL 在全局配置模式下创建，一旦创建了 ACL 语句组，还要在接口配置模式下启动该 ACL。当在接口上启动 ACL 时，还需要指明是在入站（流量进入接口）还是出站（流量流出接口）方向来过滤流量。

ACL 的一个局限是，它不能过滤路由器自己产生的流量。例如，当从路由器上执行 ping 或 traceroute 命令，或者从路由器上 telnet 到其他设备时，应用到此路由器接口的 ACL 无法对这些流量进行过滤。然而，如果外部设备要 ping、traceroute 或 telnet 到此路由器，或者通过此路由器到达远程接收站，路由器可以过滤这些数据流。

9.1.2 访问控制列表的工作原理

ACL 本质上是一系列的判断语句，每条 ACL 语句有两个组件：一个是条件，另一个是动作。条件规定了对数据包的协议、地址、端口号以及连接状态等参数的匹配。当 ACL 语句的条件与比较的数据包匹配时，则会对数据包执行规定的动作：允许或者拒绝。

路由器采取自顶向下的方法处理 ACL。当我们把一个 ACL 应用在路由器接口上时，经过该接口的数据包首先和 ACL 中的第一条语句的条件进行匹配，如果匹配成功则执行语句中包含的动作；如果匹配失败，数据包将向下与下一条语句的条件匹配，直到它符合某一条语句的条件为止。如果一个数据包与所有语句的条件都不能匹配，在访问控制列表的最后，有一条隐含的语句，它将会强制性地把这个数据包丢弃，其处理流程如图 9-1 所示。

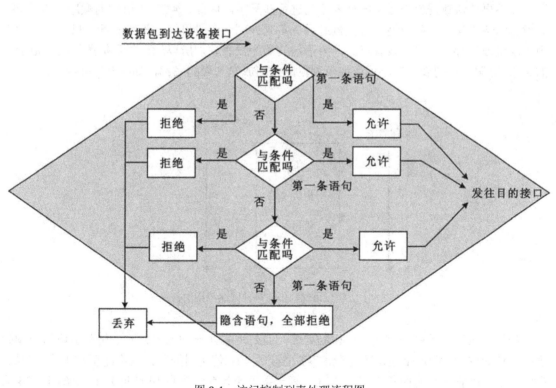

图 9-1 访问控制列表处理流程图

从图 9-1 可以看出，每一条语句的条件对于数据包的比较，都会得出两个结果之一：是或否。

如果数据包匹配第一条语句的条件，它就不再向下与第二条语句的条件匹配，而是执行

第一条语句的动作。每一条语句对于匹配其条件的数据包执行的动作，要么是允许（permit），要么是拒绝（deny）。也就是说，在图 9-1 中，语句左右两边的"是"，只能有一个存在。在建立访问控制列表的时候，语句中对于符合语句条件的数据包执行的动作，只能是允许和拒绝其中之一。如果一条语句的动作是允许，那么匹配该条语句的条件的数据包将被发送到目的接口；如果这条语句的动作时拒绝，那么匹配该条语句的条件的数据包将会被丢弃，同时向该数据包的发送者发出 ICMP 消息，通知它"目的地不可达"。

ACL 自顶向下的处理过程有以下几个要点：
● 一旦找到匹配项，列表中的后续语句就不再处理。
● 语句之间的排列顺序很重要。
● 如果列表中没有匹配项，将丢弃数据包。

9.1.3 关于访问控制列表的几个问题

在应用访问控制列表对数据包进行过滤时，应注意下列几个问题。

1. 访问控制列表中语句的顺序问题

ACL 中的语句是有顺序的，数据包是自顶向下地按照语句的顺序逐一与列表中的语句进行匹配的，一旦它符合某一条语句的条件，即作出判断，是允许该数据包通过还是拒绝它通过，而不再让该数据包与后续的列表语句进行匹配了。因此，ACL 中语句的顺序非常重要。假设有两条语句，一条拒绝一台主机而另一条允许同一台主机，不管哪一条，只要先在列表中出现就被执行，而另一条忽略。因为语句的顺序很重要，所以应该总是把条件限制范围小的 ACL 语句放在列表顶部，把条件限制范围大的放在列表的底部，如图 9-2 所示。

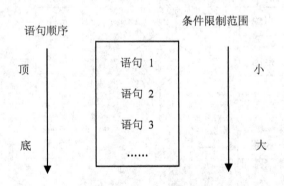

图 9-2　ACL 语句顺序与条件限制范围的关系

如果不按这个顺序去定义访问控制列表，而是将条件限制范围大的语句置于访问控制列表的较前的位置，则这个语句可能覆盖其后面的语句，使访问控制列表不能正常工作。例如，在路由器上配置了具有两条语句的 ACL，第一条语句为允许来自 IP 地址为 192.169.1.1/24 的主机的流量，第二条语句为拒绝来自子网 192.169.1.0/24 的流量。ACL 运行的效果是：除 IP 地址为 92.169.1.1/24 的主机外，子网 192.169.1.0/24 内所有主机的流量都被拒绝。如果将 ACL 的语句顺序颠倒，即第一条语句为拒绝来自子网 192.169.1.0/24 的流量，第二条语句为允许来自 IP 地址为 192.169.1.1/24 的主机的流量。由于第一条语句的条件包含了第二条语句的条件，因此第二条语句永远不能发挥作用。由此可以看出，ACL 中语句的顺序是非常重要的。

2. 数据包的流向

在接口上的数据包流向分为两个方向：一个是进入路由器的数据包，另一个是离开路由器的数据包。考察数据包的传输方向是以路由器为参照物的，进入路由器的数据包的传输方向称为"进站"（in），离开路由器的数据包的传输方向称为"出站"（out），如图 9-3 所示。在应用 ACL 时不仅要考虑语句的条件、动作，还要考虑 ACL 过滤数据包的方向。在定义 ACL 时不需要考虑方向，但在将 ACL 应用在路由器接口时，必须考虑方向，只有这样，ACL 才能按预期的效果工作。

图 9-3 数据包流向

图 9-4 显示了一个将 ACL 应用到接口的入站方向的例子。当设备端口收到数据包时，首先确定 ACL 是否被应用到了该端口，如果没有，则正常地路由该数据包。如果有，则处理 ACL，从第一条语句开始，将条件和数据包相比较。如果没有匹配，则处理 ACL 中的下一条语句，如果匹配，则执行允许或拒绝的动作。如果整个列表中没有找到匹配的语句，则丢弃该数据包。

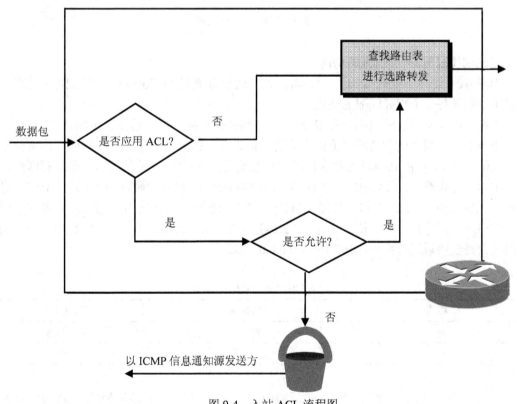

图 9-4 入站 ACL 流程图

用于出站方向的 ACL，过程也相似，当设备收到数据包时，首先将数据包路由到输出接口，然后检查接口上是否应用 ACL，如果没有，将数据包排在队列中，发送出接口，否则，数据包通过与 ACL 条目进行比较处理，如图 9-5 所示。

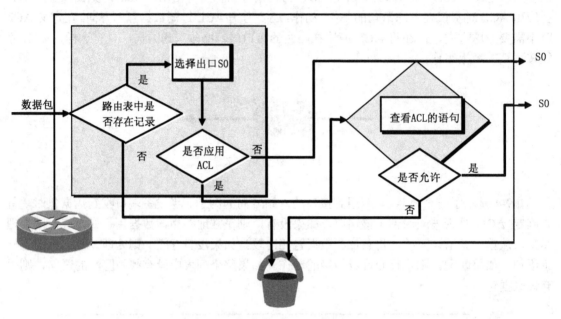

图 9-5   出站 ACL 流程图

3. 访问控制列表中的通配符掩码

当在 ACL 语句中处理 IP 地址时，可以使用通配符掩码（wildcard）来匹配地址范围，而不必手动输入每一个想要匹配的地址。

通配符掩码不是子网掩码。和 IP 地址或子网掩码一样，一个通配符掩码由 32 位比特组成。表 9-1 对子网掩码和通配符掩码中的比特值进行了比较。对于通配符掩码，比特位中的 0 意味着 ACL 语句中 IP 地址的对应位必须和被检测数据包中 IP 地址的对应位进行匹配，比特位中的 1 意味着 ACL 语句中 IP 地址的对应位不必和被检测数据包中 IP 地址的对应位进行匹配。也就是说，ACL 语句中的通配符掩码和 IP 地址要配合使用。例如，如果表示网段 192.169.1.0，使用子网掩码来表示是：192.169.1.0 255.255.255.0。但是在 ACL 中，表示相同的网段则是使用通配符掩码：192.169.1.0 0.0.0.255。

表 9-1   子网掩码与通配符掩码

比特值	子网掩码	通配符掩码
0	主机部分	必须匹配
1	网络部分	忽略

在 ACL 中，通配符掩码 0.0.0.0 告诉路由器，ACL 语句中 IP 地址的所有 32 位比特都必须和数据包中的 IP 地址匹配，路由器才能执行该语句的动作。0.0.0.0 通配符掩码称为主机掩

码。通配符掩码 255.255.255.255 表示对 IP 地址没有任何限制，ACL 语句中 IP 地址的所有 32 位比特都不必和数据包中的 IP 地址匹配。我们可以把 192.169.1.1 0.0.0.0 简写为 host 192.169.1.1，把 0.0.0.0 255.255.255.255 简写为 any。

4. 应用访问控制列表的步骤

一般来讲，在设备上应用 ACL 的过程分为两个步骤，一是根据具体应用的要求，在设备的全局配置模式下定义访问控制列表，即定义一系列有顺序的包含"条件"和"动作"的语句；二是将定义好的 ACL 应用到设备接口的入站或出站方向上。只有这样，ACL 才能按照预期的目标进行工作。

5. 正确放置访问控制列表

在将 ACL 应用到设备接口时，要注意设备接口的位置和 ACL 要过滤的数据包的流向。应可能地把 ACL 放置在离要被拒绝的通信流量来源最近的地方。即按照将 ACL 应用到最靠近数据包流向的接口的原则来布置 ACL，以减少不必要的网络流量，如图 9-6 所示。

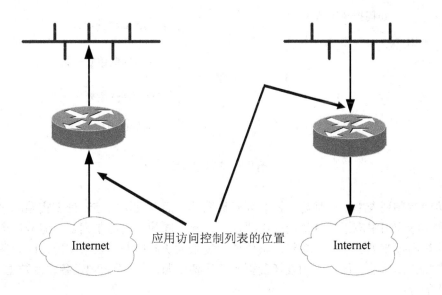

图 9-6　ACL 应用位置示意图

例如，要在路由器上应用 ACL，如果要对流入局域网的数据包进行过滤，则应将 ACL 应用在靠近数据包流向的接口，即路由器的广域网接口；如果要对流出局域网的数据包进行过滤，则应将 ACL 应用到路由器的局域网接口。这样做的原因是减少路由器的负担，提高网络的性能。因为如果将过滤流入局域网的数据包的 ACL 应用到路由器局域网接口的出站方向，尽管也可以起到同样的作用，但路由器不得不对那些将被过滤掉的数据包进行拆包、重新打包、确定路由路径，然后转发。这种转发是没有意义的，因为即使转发过去，这些数据包也注定要被抛弃，白白浪费路由器宝贵的资源。对于流出局域网的数据包的过滤也会存在同样的问题。

9.2 访问控制列表的分类及配置

访问控制列表对所有的协议都有效,但由于目前局域网基本采用的都是 TCP/IP 协议,而互联网采用的是 TCP/IP 协议,因此我们下面的讨论内容将只限于使用 TCP/IP 协议的网络。

根据访问控制列表功能的强弱和灵活性,访问控制列表分为传统访问控制列表和现代访问控制列表。传统访问控制列表又分为标准访问控制列表和扩展访问控制列表;现代访问控制列表分为动态访问控制列表、基于时间的访问控制列表、命名的访问控制列表和自反的访问控制列表,如图 9-7 所示。

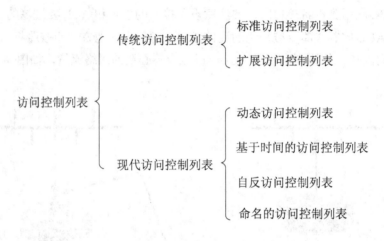

图 9-7　ACL 的分类

在访问控制列表中,标准访问控制列表最简单,而自反访问控制列表实施起来相对困难一些。在实际应用中应根据具体的应用要求,选择不同的访问控制列表。但应注意的是,能用简单的访问控制列表实现的功能,不要使用复杂的访问控制列表来实现,因为复杂的访问控制列表将比简单的访问控制列表耗费更多的设备资源,以至于影响设备转发数据包的能力,降低网络的性能。

标准访问控制列表只根据数据包中源地址的匹配对数据包进行过滤。扩展访问控制列表则根据对数据包中的源地址、目的地址、协议和端口号的匹配对数据包进行过滤。动态访问控制列表在传统访问控制列表的基础之上加入了动态表项,使对数据包过滤的规则动态产生,更具安全性。与传统访问控制列表相比,基于时间的访问控制列表增加了对时间的判断,通过对时间的匹配,实现按时间段对数据包进行过滤。自反的访问控制列表则可以做到根据连接状态对数据包进行过滤。

9.2.1 标准 ACL

标准访问控制列表的语句所依据的判断条件是数据包的源 IP 地址,它只能过滤来自某个网络或主机的数据包,功能有限,但方便易用,如图 9-8 所示。

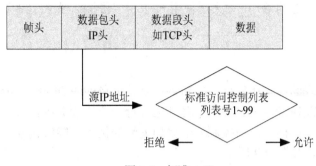

图 9-8　标准 ACL

标准 ACL 通常用在路由器上以实现如下功能：

● 限制通过 VTY 线路对路由器的访问（Telnet、SSH）。

● 限制通过 HTTP 或 HTTPS 对路由器的访问。

● 过滤路由更新。

在全局配置模式下建立标准访问控制列表的命令为：

Router(config)#**access-list** *access-list-number* {**permit** | **deny**} *source* [*source-wildcard*]

其中的参数如下：

● access-list-number：是访问控制列表的编号，标准访问控制列表的规定编号范围是 1～
99 或 1300～1999。

● 关键字 permit 和 deny：用来表示满足访问表项的报文是允许通过还是要过滤掉。关键
字 permit 表示允许报文通过，而关键字 deny 表示报文要被丢弃掉。

● source：表示源地址，对于标准的 IP 访问控制列表，源地址是主机或一组主机 IP 地址。

● source-wildcard：表示源地址的通配符掩码，把对应于地址位中将要被准确匹配的位设
置为 0，把不关心的位设置为 1。

示例 9-1 中显示了一个建立标准访问控制列表的例子。

示例 9-1　建立标准访问控制列表

```
Router(config)#access-list 1 permit 172.22.30.6 0.0.0.0
Router(config)#access-list 1 permit host 172.22.30.95
Router(config)#access-list 1 deny 172.22.30.0 0.0.0.255
Router(config)#access-list 1 permit 172.22.0.0 0.0.31.255
Router(config)#access-list 1 deny 172.22.0.0 0.0.255.255
Router(config)#access-list 1 permit 0.0.0.0 255.255.255.255
```

示例 9-1 中的前两条语句允许指定主机 172.22.30.6 和 172.22.30.95 的数据包通过。第 3
条语句拒绝子网 172.22.30.0/24 上所有主机。第 4 条语句允许地址范围是 172.22.0.1～
172.22.31.255 的主机的数据包通过，通配符掩码指定了本行的地址范围。第 5 条语句拒绝 B
类网络 172.22.0.0 的所有子网，最后一条语句允许所有地址。

注意，对于所有编号的访问控制列表，无论是标准的还是扩展的，都不能单独地删除访

问控制列表中的一条特定的语句，如果想使用 no 参数来删除一条特定的语句，将会删除整个访问控制列表。

9.2.2 扩展 ACL

扩展访问控制列表的语句所依据的判断条件是数据包的源 IP 地址、目的 IP 地址、协议、源端口、目的端口以及在特定报文字段中允许进行特殊位比较的各种选项。在判断条件上，扩展访问控制列表具有比标准访问控制列表更加灵活的优势，能够完成很多标准访问控制列表不能够完成的工作，如图 9-9 所示。

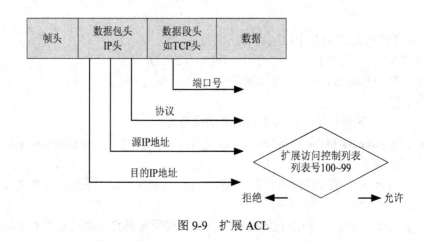

图 9-9 扩展 ACL

在全局配置模式下建立扩展访问控制列表的命令如下：
Router(config)#**access-list** *access-list-number* {**permit** | **deny**} *protocol source source-wildcard* [*operator port*] *destination destination-wildcard* [*operator port*]
其中的参数如下：

- access-list-number：是访问控制列表的编号，用来标识一个扩展的访问控制列表。扩展访问控制列表的规定编号范围是 100～199 或 2000～2699。
- 关键字 permit 和 deny：用来表示满足访问表项的报文是允许通过还是要过滤掉。该选项所提供的功能与标准访问控制列表相同。
- protocol：是一个新变量，它可以在 IP 包头的协议字段寻找匹配，可选择的关键字是 eigrp、gre、icmp、igrp、ip、nos、ospf、tcp 和 udp。还可以使用 0～255 中的一个整数表示 IP 协议号。ip 是一个通用的关键字，它可以匹配任意和所有的 IP 协议。
- source 和 source-wildcard：表示源地址和源地址的通配符掩码。其功能和标准访问控制列表相同。
- destination 和 destination-wildcard：表示目的地址和目的地址的通配符掩码。在扩展访问控制列表中，数据包的源地址和目的地址都将被检查。
- operator：指定的逻辑操作。选项可以是 eq（等于）、neq（不等于）、gt（大于）、lt（小于）和 range（指明包括的端口范围）。如果使用 range 运算符，那么要指定两个端口号。
- port：指明被匹配的应用层端口号。几个常用的端口号是 Telnet（23）、FTP（20 和 21）、HTTP（80）和 SMTP（25）和 SNMP（169）。完整的端口号列表参见 RFC 1700。

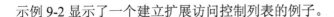

示例 9-2 显示了一个建立扩展访问控制列表的例子。

示例 9-2　建立扩展访问控制列表

```
Router(config)#access-list 101 permit tcp any host 172.22.15.83 eq 25
Router(config)#access-list 101 permit tcp 10.0.0.0 0.255.255.255 172.22.114.0 0.0.0.255 eq 23
Router(config)#access-list 101 permit ip 172.22.30.6 0.0.0.0 10.0.0.0 0.255.255.255
```

示例 9-2 中，第一条语句表示，允许来自任意主机且目标主机是 172.22.15.83、目标端口号是 25（SMTP）的 TCP 数据包通过。第二条语句表示，允许来自网络 10.0.0.0/8，去往网络 172.22.114.0/24 且目标端口为 23（telnet）的 TCP 数据包通过。第三条语句表示，源地址是 172.22.30.6 且目的地址属于 10.0.0.0/8 的数据包允许通过。隐式拒绝的所有数据包被丢弃。

9.2.3　命名的 ACL

命名的访问控制列表仅仅是创建标准访问控制列表和扩展访问控制列表的另一种方法。在全局配置模式下建立命名的标准访问控制列表的命令格式为：

Router(config)#**ip access-list standard** *access-list-name*

执行上面这条命令后，就进入访问列表配置模式。有关标准 IP 访问控制列表的进一步配置选项是：

Router(config-std-nacl)# {**deny** | **permit**} *source* [*source-wildcard*]

同理，配置命名的扩展访问控制列表的命令格式为：

Router(config)#**ip access-list extended** *access-list-name*

Router (config-ext-nacl)# {**deny** | **permit**} *protocol source source-wildcard* [*operator port*] *destination destination-wildcard* [*operator port*]

示例 9-3 中显示了一个同示例 9-1 相同的命名的标准访问控制列表。

示例 9-3　配置命名的标准访问控制列表

```
Router(config)#ip access-list standard net_filt
Router(config-std-nacl)#permit 172.22.30.6 0.0.0.0
Router(config-std-nacl)#permit host 172.22.30.95
Router(config-std-nacl)#deny 172.22.30.0 0.0.0.255
Router(config-std-nacl)#permit 172.22.0.0 0.0.31.255
Router(config-std-nacl)#deny 172.22.0.0 0.0.255.255
Router(config-std-nacl)#permit 0.0.0.0 255.255.255.255
```

示例 9-4 显示了一个同示例 9-2 相同的命名的扩展访问控制列表。

示例 9-4　配置命名的扩展访问控制列表

```
Router(config)#ip access-list extended extended_acl
Router(config-ext-nacl)#permit tcp any host 172.22.15.83 eq 25
```

```
Router(config-ext-nacl)#permit tcp 10.0.0.0 0.255.255.255 172.22.114.0 0.0.0.255 eq 23
Router(config-ext-nacl)# permit ip 172.22.30.6 0.0.0.0 10.0.0.0 0.255.255.255
```

通过命名的访问控制列可以在期望的位置单独地添加或者删除列表中的一条语句，如示例 9-5 和示例 9-6 所示。示例 9-5 在示例 9-3 定义的第 2 条语句和第 3 条语句之间增加了一条新的语句，示例 9-6 删除了序号为 30 的语句。

示例 9-5　在一个标准的 IP 访问控制列表中增加一条新的语句

```
Router(config)#ip access-list standard net_filt
Router(config-std-nacl)#17 permit 172.22.30.100 0.0.0.0
```

示例 9-6　在一个标准的 IP 访问控制列表中删除一条语句

```
Router(config)#ip access-list standard net_filt
Router(config-std-nacl)#no 30
```

命名的访问控制列表的优点在于它支持描述性名称，可以单独地添加和删除列表中的一条语句，从而克服了编号的访问控制列表不能增量更新、难以维护的弊病。

9.2.4　基于时间的 ACL

基于时间的 ACL 有许多功能和扩展 ACL 相似，但是它的访问控制类型完全是面向时间的。利用基于时间的访问控制列表，可以限定数据包什么时候可以通过，什么时候不可以通过，这样可使网络管理员能基于时间策略来过滤数据包。

与扩展访问控制列表相比，基于时间的访问控制列表中，只有以下两个步骤是新增的：一是定义时间范围；二是在访问控制列表中引用时间范围。

要使 ACL 基于时间运行，必须首先配置一个 time-range，配置命令格式如下：

Router(config)#**time-range** *time-range-name*

在该命令中，参数 time-range 用来定义时间范围；time-range-name 为时间范围名称，用来标识时间范围，以便在后面的访问控制列表中引用。执行完该命令后，就进入时间范围配置模式，时间范围的配置可以采用周期方式，也可以采用绝对时间方式。

配置周期时间的命令格式为：

Router(config-time-range)#**periodic** *day-of-the-week time* **to** [*day-of-the-week*] *time*

在该命令中，参数 periodic 用来指定周期时间范围；参数 day-of-the-week 表示一个星期内的一天或几天，该参数可以使用 Monday、Tuesday、Wednesday、Thursday、Friday、Saturday、Sunday 来表示一周内的每一天，也可以使用 daily 表示从周一到周日，而 weekday 表示从周一到周五，weekend 则表示周六和周日；参数 time 采用 hh：mm 的方式，hh 是 24 小时格式中的小时，mm 是某小时中的分。

例如，periodic weekday 8:00 to 22:30 表示每周一到周五的早 8 点钟到晚上 10 点半。

配置绝对时间的命令格式为：

Router(config-time-range)# **absolute** [**start** *time date*] **end** *time date*

在该命令中，参数 absolute 用来指定绝对时间范围，后面紧跟 start 和 end 两个关键字；参数 time 采用 hh：mm 的方式，hh 是 24 小时格式中的小时，mm 是某小时中的分；参数 date 采用日/月/年的方式表示。

例如，absolute start 8:00 20 january 2012 end 8:00 15 february 2014 表示这个时间段的起始时间为 2012 年 1 月 20 日 8 点钟，结束时间为 2014 年 2 月 15 日 8 点钟。

示例 9-7 是一个具体的定义基于时间的访问控制列表的例子。

示例 9-7　创建基于时间的 ACL

Router(config)#time-range deny-http
Router(config)#periodic weekdays 8:00 to 17:00
Router(config)#time-range allow-snmp
Router(config)#absolute start 8:00 20 january 2012 end 8:00 15 february 2014
Router(config)#access-list 101 deny tcp any any eq www **time-range deny-http**
Router(config)#access-list 101 permit udp any any eq snmp **time-range allow-snmp**
Router(config)#access-list 101 permit ip any any

9.2.5　自反 ACL

在很多情况下，需要由局域网内部主动发起连接，以便与外网进行信息交换，而对于由局域网外部发起的连接通常认为是危险的。因此，网络边缘设备应具有这样一种功能：只允许由局域网内部主动发起的与外网进行信息交换的数据通过，而其他的数据则应过滤掉。针对这样的情况引入了自反访问控制列表。

自反访问控制列表提供了一种真正意义上的单向访问控制，它是自动驻留的、暂时的、基于会话的过滤器。如果某台路由器允许通过网络内部向外部的主机初始发起一个会话，那么自反访问控制列表就允许返回的会话数据流。自反访问控制列表和命名的扩展访问控制列表一起使用。

自反访问控制列表使用不同的参数来确定数据包是否是以前建立的会话的一部分。对于 TCP 或 UDP 数据包来说，自反访问控制列表使用源和目的 IP 地址以及源和目的 TCP 或 UDP 端口号。

当存在一个从网络内部初始发起的会话时，自反访问控制列表就会保留从初始的数据包中收集的会话信息。反转并添加源和目的 IP 地址以及源和目的端口号，连同上层协议类型（例如 TCP 或 UDP），作为临时自反列表的允许语句。该条目在出现以下几种情况之前都是保持活动的：不再有任何有关该会话的数据流和超时值；收到两个 FIN 标记的数据包；或者在 TCP 数据包中设置了 RST 标记。

示例 9-8 是一个具体的定义自反的访问控制列表的例子。

示例 9-8　创建自反的 ACL

Router (config)# ip access-list extended outfilter
Router (config-ext-nacl)# permit tcp any any reflect racl

```
Router (config-ext-nacl)# permit udp any any reflect racl
Router (config-ext-nacl)# permit icmp any any relect racl
Router (config-ext-nacl)#exit
Router (config)#ip access-list extended infilter
Router (config-ext-nacl)# permit eigrp any any
Router (config-ext-nacl)#evaluate racl
Router (config-ext-nacl)#deny ip any any
Router (config-ext-nacl)#exit
Router (config)#int serial 0/1
Router (config-if)#ip access-group outfilter out
Router (config-if)#ip access-group infilter in
Router (config-if)#end
```

在这个示例中，在与外部网络连接的接口上应用了 ACL。outfilter 列表只允许从内部网络初始发起的所有 TCP 包、UDP 包和 ICMP 数据包通过，在串行接口 serial 0/1 的出站方向应用了该列表。在 permit 语句中使用了关键字 reflect，它创建了一个名为 "racl" 的自反访问列表。在出现匹配这个带有 reflect 关键字的 permit 条目时，就会保留这个自反访问列表。

即将进入接口 serial 0/1 的数据包需要通过 infilter 访问列表进行过滤，这些数据包是来自外部网络的。在这个示例中，infilter 列表允许 EIGRP 的数据包通过，关键字 evaluate 将自反列表 racl 的条目插入到 infilter 列表中，以便出去的流量能够返回。

9.2.6　调用 ACL 的命令格式

在建立了访问控制列表之后，如果不通过调用命令使数据包发送到访问控制列表，访问控制列表是不进行任何处理的；这里所调用的命令定义了如何使用访问控制列表，命令如下所示：

Router(config-if)#ip access-group {*access-list-number* | *name*} {**in** | **out**}

在接口上配置这条命令可以建立安全过滤器或流量过滤器，并且可以应用于进出流量。如果 **in**（入站）或者 **out**（出站）关键字都没有被指定，那么缺省值是出站。图 9-10 给出了该命令的两种配置。

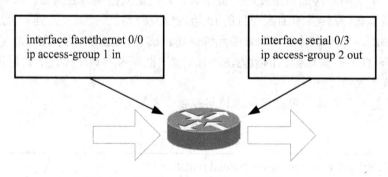

图 9-10　使用 ip access-group 命令调用 ACL

图 9-10 中的访问控制列表 1 过滤进入接口 F0/0 的 IP 数据包，它对于出站数据包和其他协议（如 IPX）产生的数据包不起作用。访问列表 2 过滤离开接口 S0/3 的 IP 数据包，它对于入站数据包和其他协议产生的数据包不起作用。

注意，多个接口可以调用相同的访问控制列表，但是在任意一个接口上，对每一种协议仅能有一个进入和离开的访问列表。

另一种调用访问控制列表的命令是 **access-class**。该命令用于控制到达路由器或由路由器虚拟终端线路发起的 telnet 会话，而不进行数据包过滤。命令格式如下：

Router(config-line)#**access-class** *access-list-number* {**in** | **out**}

图 9-11 给出了使用命令 **access-class** 的例子，访问控制列表 3 控制路由器 VTY 线路将要接受的 telnet 会话的源点地址。访问控制列表 4 控制路由器 VTY 线路可以连接的目标地址。

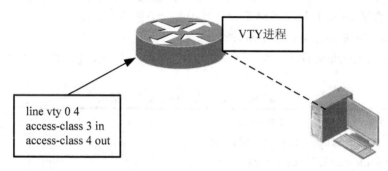

图 9-11　使用 access-class 命令调用 ACL

命令 **access-class** 对于路由器传输的 telnet 流量不起作用，它仅影响到达路由器以及由路由器发起的 telnet 会话。

9.2.7　ACL 配置显示

ACL 配置完成后，可以通过命令查看包过滤的统计信息、默认过滤规则、接口上应用的 ACL 情况以及数据包被允许或者被拒绝的情况，常用的 ACL 包过滤信息显示命令如下。

1. show access-lists [*access-list-num* | *access-list-name*]**命令**

show access-lists 命令用来显示所有协议的所有 ACL，后面跟上 access-list-num 或 access-list-name 用来显示指定的 ACL，如示例 9-9 所示。

示例 9-9　show access-lists 命令输出

```
Router#show access-lists
Standard IP access list permit_VTY
     10 permit 192.168.1.10 (4 matches)
     20 deny    any (3 matches)
Extended IP access list 101
     10 permit tcp any host 200.1.1.2 eq telnet (18 matches)
     20 permit tcp any host 200.1.1.3 eq www (19 matches)
```

```
        30 deny ip any any (34 matches)


Router#show access-lists 101
Extended IP access list 101
        10 permit tcp any host 200.1.1.2 eq telnet (50 matches)
        20 permit tcp any host 200.1.1.3 eq www (28 matches)
        30 deny ip any any (42 matches)
```

从上面的示例可以看到两条重要信息：第一，在每条 ACL 语句的后面都列出了匹配的数据包数目；第二，在 ACL 的最后手动配置了拒绝所有语句，以便看到丢弃了多少数据包。

默认情况下，任何与隐含拒绝语句的匹配不会被记录，也不作为匹配进行记录，如果想要记录匹配，则要在 ACL 结尾手动配置一条拒绝所有的语句。

2. show ip interface *type mod/num* **命令**

使用 show ip interface 命令可以查看接口应用的 ACL 情况，如示例 9-10 所示。

示例 9-10　show ip interface 命令输出

```
Router#show ip interface fastEthernet 1/0
FastEthernet1/0 is up, line protocol is up
    Internet address is 200.1.1.1/24
    Broadcast address is 255.255.255.255
    Address determined by setup command
    MTU is 1500 bytes
    Helper address is not set
    Directed broadcast forwarding is disabled
    Outgoing access list is 101
    Inbound    access list is not set
    Proxy ARP is enabled
    Local Proxy ARP is disabled
    Security level is default
    Split horizon is enabled
    ICMP redirects are always sent
    ICMP unreachables are always sent
    ICMP mask replies are never sent
    IP fast switching is enabled
    IP fast switching on the same interface is disabled
    IP Flow switching is disabled
    IP CEF switching is enabled
    IP CEF Feature Fast switching turbo vector
    IP multicast fast switching is enabled
```

IP multicast distributed fast switching is disabled

IP route-cache flags are Fast, CEF

Router Discovery is disabled

IP output packet accounting is disabled

IP access violation accounting is disabled

TCP/IP header compression is disabled

从上面的示例可以看出，在接口 fastEthernet 1/0 的出站方向应用了编号为 101 的扩展访问控制列表，入站方向没有应用访问控制列表；也可以使用 show running-config 命令查看所有接口应用的 ACL 情况。

9.3　访问控制列表配置实例

9.3.1　配置标准 ACL

我们通过下面的例子来说明如何配置标准访问控制列表。如图 9-12 所示的网络，我们通过配置标准访问控制列表，使主机 A 和主机 B 可以访问主机 D，但主机 C 不能访问主机 D。

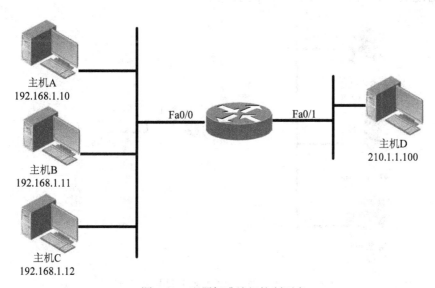

图 9-12　配置标准访问控制列表

配置标准访问控制列表可以使用编号和命名两种方式，分别如示例 9-11 和示例 9-12 所示。

示例 9-11　使用编号方式配置标准 ACL

Router(config)#access-list 1 permit host 192.169.1.10

Router(config)#access-list 1 permit host 192.169.1.11

Router(config)#interface fastethernet 0/1

```
Router(config-if)#ip access-group 1 out
```

示例 9-12　使用命名方式配置标准 ACL

```
Router(config)#ip access-list standard permit_network
Router(config-std-nacl)#permit host 192.169.1.10
Router(config-std-nacl)#permit host 192.169.1.11
Router(config-std-nacl)#exit
Router(config)#interface fastethernet 0/1
Router(config-if)#ip access-group permit_network out
```

9.3.2　使用 ACL 控制 telnet

默认情况下可以在路由器上开启 5 条虚拟终端线路（VTY 线路接口），通过它们，网络管理员可以远程登录（telnet）到路由器，并对路由器进行配置。但是，一些黑客之类的非法用户，也可能通过该线路远程登录到我们的路由器，从而给网络带来灾难。为了防止这种事情发生，我们可以使用标准访问控制列表来限制 VTY 的访问，如图 9-13 所示。在该例中，只有两个管理员的 PC 机被允许远程登录到路由器。

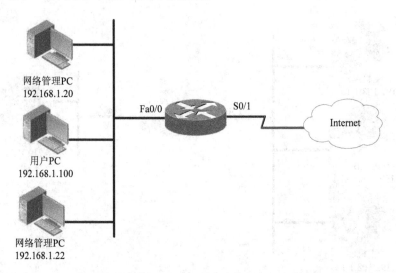

图 9-13　使用标准访问控制列表限制 VTY 访问

具体配置如示例 9-13 所示。

示例 9-13　配置标准 ACL 限制 VTY 访问

```
Router(config)#access-list 1 permit host 192.168.1.20
Router(config)#access-list 1 permit host 192.168.1.22
Router(config)#line vty 0 4
Router(config-line)#access-class 1 in
```

9.3.3　配置扩展访问控制列表

某企业网内部有 Mail、FTP、Web、DNS 4 台服务器，如图 9-14 所示，为业务需要，允许互联网的客户能够访问这四台服务器，但不允许访问其他的服务器。我们通过配置扩展访问控制列表来实现该需求。

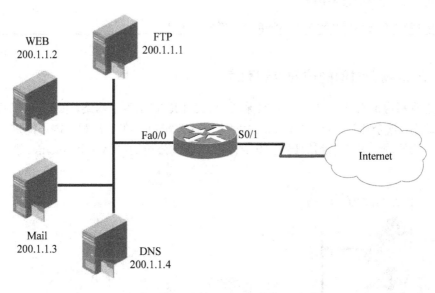

图 9-14　配置扩展访问控制列表

配置扩展访问控制列表可以使用编号和命名两种方式，分别如示例 9-14 和示例 9-15 所示。

示例 9-14　使用编号方式配置扩展 ACL

```
Router(config)#access-list 111 permit tcp any host 200.1.1.1 eq ftp
Router(config)#access-list 111 permit tcp any host 200.1.1.1 eq ftp-data
Router(config)#access-list 111 permit tcp any host 200.1.1.2 eq www
Router(config)#access-list 111 permit tcp any host 200.1.1.3 eq smtp
Router(config)#access-list 111 permit tcp any host 200.1.1.3 eq pop3
Router(config)#access-list 111 permit udp any host 200.1.1.4 eq 53
Router(config)#interface serial 0/1
Router(config-if)#ip access-group 111 in
```

示例 9-15　使用命名方式配置扩展 ACL

```
Router(config)#ip access-list extended extended_acl
Router(config-ext-nacl)#permit tcp any host 200.1.1.1 eq ftp
Router(config-ext-nacl)#permit tcp any host 200.1.1.1 eq ftp-data
Router(config-ext-nacl)#permit tcp any host 200.1.1.2 eq www
```

```
Router(config-ext-nacl)#permit tcp any host 200.1.1.3 eq smtp
Router(config-ext-nacl)#permit tcp any host 200.1.1.3 eq pop3
Router(config-ext-nacl)#permit udp any host 200.1.1.4 eq 53
Router(config-ext-nacl)#exit
Router(config)#int s 0/1
Router(config-if)#ip access-group extended_acl in
```

9.3.4　配置基于时间的访问控制列表

某企业网内部有 202.111.170.0/24 和 202.222.100.0/24 两个网络，如图 9-15 所示。为了提高工作效率，该企业让 202.111.170.0/24 网络内的公司员工在工作时间内不能进行 Web 浏览，只有在每周的周六早 7 点到周日晚 10 点才可以通过公司的网络访问 Internet 进行 Web 浏览。

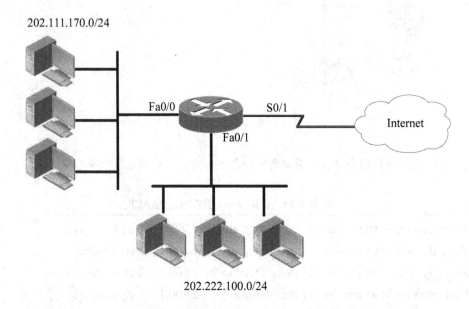

图 9-15　配置基于时间的访问控制列表

实现企业的该项需求需要使用基于时间的访问控制列表，相关配置如示例 9-16 所示。

示例 9-16　配置基于时间的访问控制列表

```
Router(config)#time-range http
Router(config-time-range)#periodic saturday 7:00 to sunday 22:00
Router(config-time-range)#exit
Router(config)#access-list 101 permit tcp any any eq www time-range http
Router(config)# interface fastEthernet 0/0
Router(config-if)#ip access-group 101 in
```

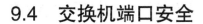

9.4 交换机端口安全

9.4.1 交换机端口安全概述

交换机有端口安全功能，利用端口安全这个特性，可以实现网络接入安全。交换机的端口安全机制是工作在交换机二层端口上的一个安全特性，它主要有以下几个功能：

- 只允许特定 MAC 地址的设备接入到网络中，从而防止用户将非法或未授权的设备接入网络。
- 限制端口接入的设备数量，防止用户将过多的设备接入到网络中。

当一个端口被配置成为一个安全端口（启用了端口安全特性）后，交换机将检查从此端口接收到的数据帧的源 MAC 地址，并检查在此端口配置的最大安全地址数。如果安全地址数没有超过配置的最大值，交换机会检查安全地址表，若此帧的源 MAC 地址没有被包含在安全地址表中，那么交换机将自动学习此 MAC 地址，并将它加入到安全地址表中，标记为安全地址，进行后续转发；若此帧的源 MAC 地址已经存在于安全地址表中，那么交换机将直接对帧进行转发。安全端口的安全地址表项既可以通过交换机自动学习，也可以手工配置。

配置端口安全存在以下限制：

- 一个安全端口必须是一个 Access 端口，即连接终端设备的端口，而非 Trunk 端口。
- 一个安全端口不能是一个聚合端口。
- 一个安全端口不能是 SPAN 的目的端口。
- 一个安全端口不能是一个被保护端口。

9.4.2 端口安全配置

1. 端口安全的默认配置

Cisco 系列交换机端口安全的默认配置可以使用命令 show port-security interface 进行查看，如示例 9-17 所示。

示例 9-17　查看端口安全的默认配置

```
sw1#show port-security interface fastEthernet 0/1
Port Security                : Disabled
Port Status                  : Secure-down
Violation Mode               : Shutdown
Aging Time                   : 0 mins
Aging Type                   : Absolute
SecureStatic Address Aging : Disabled
Maximum MAC Addresses        : 1
Total MAC Addresses          : 0
Configured MAC Addresses     : 0
Sticky MAC Addresses         : 0
Last Source Address:Vlan     : 0000.0000.0000:0
Security Violation Count     : 0
```

默认为关闭端口安全，最大安全地址个数是 1，没有安全地址，违例方式为关闭（shutdown）。

2. 配置安全端口及违例处理方式

配置安全端口需要以下 3 个步骤：

步骤 1 打开端口的端口安全功能

Switch(config-if)#**switchport port-security**

步骤 2 设置端口上安全地址的最大个数

Switch(config-if)#**switchport port-security maximum** *maximum*

步骤 3 配置处理违例的方式

Switch(config-if)#**switchport port-security violation** {**protect** | **restrict** | **shutdown**}

配置完端口安全以后，当违例产生时，可以设置针对违例的处理方式为：protect、restrict和 shutdown。各参数的具体含义如下：

- protect：当安全 MAC 地址数超过端口上配置的最大安全 MAC 地址数时，未知源 MAC 地址的包将被丢弃，直到 MAC 地址表中的安全 MAC 地址数降到所配置的最大安全 MAC 地址数以内，或者增加最大安全 MAC 地址数。而且这种行为没有安全违例行为发生通知。

- restrict：与前面的保护模式差不多，也是在安全 MAC 地址数达到端口上配置的最大安全 MAC 地址数时，未知源 MAC 地址的包将被丢弃，直到 MAC 地址表中的安全 MAC 地址数降到所配置的最大安全 MAC 地址数以内，或者增加最大安全 MAC 地址数。但这种行为模式会有一个 SNMP Trap 报文发送。

- shutdown：当违例产生时，端口立即呈现错误（error-disabled）状态，交换机将丢弃接收到的帧（MAC 地址不在安全地址表中），同时也会发送一个 SNMP Trap 报文，而且关闭端口（端口指示灯熄灭）。

示例 9-18 说明了如何设置端口 F0/1 上的端口安全功能，设置最大地址个数为 8，设置违例方式为 shutdown。

示例 9-18　配置端口安全

```
Switch(config)#interface fastEthernet 0/1
Switch(config-if)#shutdown
Switch(config-if)#switchport mode access
Switch(config-if)#switchport port-security
Switch(config-if)#switchport port-security maximum 8
Switch(config-if)#switchport port-security violation shutdown
Switch(config-if)#no shutdown
```

当端口由于违例操作而进入"err-disabled"状态后，必须在全局模式下使用如下命令手工将其恢复为 UP 状态：

Switch(config)#**errdisable recovery cause security-violation**

使用如下命令可以设置端口从"err-disabled"状态自动恢复所需要等待的时间，当指定时间到达后，"err-disabled"状态的端口将重新进入 UP 状态：

Switch(config)#**errdisable recovery interval** *time*

3. 配置安全端口上的安全地址

Switch(config-if)#switchport port-security mac-address *mac-address* [ip-address *ip-address*]

默认情况下，手工配置的安全地址将永久存在于安全地址表中。通常，当预先知道接入设备的 MAC 地址的情况下，我们可以手工配置安全地址，以防非法或未授权的设备接入到网络中。

示例 9-19 说明了如何为端口 F0/1 配置一个安全 MAC 地址。

示例 9-19　配置安全端口上的安全地址

```
Switch(config)#interface fastEthernet 0/1
Switch(config-if)#shutdown
Switch(config-if)#switchport mode access
Switch(config-if)#switchport port-security
Switch(config-if)#switchport port-security maximum 8
Switch(config-if)#switchport port-security violation shutdown
Switch(config-if)#switchport port-security mac-address fcfb.fba0.3079
Switch#(config-if)#no shutown
```

4. 配置安全地址的老化时间

默认情况下，交换机安全端口自动学习到的和手工配置的安全地址都不会老化，即永久存在，使用如下命令可以配置安全地址的老化时间：

Switch(config-if)#**switchport port-security aging { static | time** *aging-time***}**

在该命令中，加上关键字 static，表示老化时间将同时应用于手工配置的安全地址和自动学习的地址，否则只应用于自动学习的地址；参数 aging-time 表示端口上安全地址的老化时间，范围是 0~1440，单位是分钟。

示例 9-20 说明了如何配置端口安全的老化时间，老化时间设置为 3 分钟，老化时间同时应用于静态配置的安全地址。

示例 9-20　配置安全地址的老化时间

```
Switch(config-if)#switchport port-security aging static
Switch(config-if)#switchport port-security aging time 3
```

9.4.3　查看端口安全信息

端口安全配置完成后，可以使用如下命令来查看端口配置状态。

1. show port-security interface [*type mod/num*]

使用该命令可以查看端口的端口安全配置信息，显示所有端口的安全配置状态、违例处理信息，同时显示所有安全地址表的信息，如示例 9-21 所示。

示例 9-21   show port-security interface 命令输出

```
Switch#show port-security interface f 0/1
Port Security              : Enabled
Port Status                : Secure-up
Violation Mode             : Shutdown
Aging Time                 : 3 mins
Aging Type                 : Absolute
SecureStatic Address Aging : Enabled
Maximum MAC Addresses      : 8
Total MAC Addresses        : 2
Configured MAC Addresses   : 1
Sticky MAC Addresses       : 0
Last Source Address:Vlan   : fcfb.fba0.3078:2
Security Violation Count   : 0
```

2. show port–security address

该命令用来查看安全地址信息，显示安全地址及老化时间，如示例 9-22 所示。

示例 9-22   show port-security address 命令输出

```
Switch#show port-security address
              Secure Mac Address Table
------------------------------------------------------------------------
Vlan    Mac Address       Type              Ports    Remaining Age
                                                        (mins)
----    -----------       ----              -----    -------------
  2     fcfb.fba0.3078    SecureDynamic     Fa0/1        1
  2     fcfb.fba0.3079    SecureConfigured  Fa0/1        1
------------------------------------------------------------------------
Total Addresses in System (excluding one mac per port)        : 1
Max Addresses limit in System (excluding one mac per port) : 5120
```

3. show port-security

该命令用来显示所有安全端口的统计信息，包括最大安全地址数，当前安全地址数以及违例处理方式等，如示例 9-23 所示。

```
Switch#show port-security
Secure Port   MaxSecureAddr   CurrentAddr   SecurityViolation   Security Action
              (Count)         (Count)       (Count)
--------------------------------------------------------------------------------
    Fa0/1         8               2             0               Shutdown
--------------------------------------------------------------------------------
Total Addresses in System (excluding one mac per port)      : 1
Max Addresses limit in System (excluding one mac per port) : 5120
```

9.5   本章小结

在这一章里，我们首先介绍了访问控制列表在路由网络里的功能和作用，阐明了访问控制列表的工作原理，讲解了访问控制列表的工作方式及应用，给出了使用访问控制列表所应遵循的规范和应当注意的问题。然后，我们详细讲解了定义和调用访问控制列表的命令以及检查访问控制列表正确性的命令。

最后，我们介绍了交换机端口安全技术，以及配置和查看端口安全的命令。

9.6   习题

1. 选择题

（1）标准访问控制列表以下面哪一项作为判别条件？

    A．数据包的大小

    B．数据包的源地址

    C．数据包的目的地址

    D．数据包的端口号

（2）标准访问控制列表的序列规则范围是哪一项？

    A．1~10

    B．0~100

    C．1~99

    D．0~10

（3）访问控制列表是路由器的一种安全策略，以下哪项为标准访问控制列表的例子？

    A．access-list standart 192.168.10.23

    B．access-list 10 deny 192.168.10.23 0.0.0.0

    C．access-list 101 deny 192.168.10.23 0.0.0.0

    D．access-list 101 deny 192.168.10.23 255.255.255.255

（4）在访问控制列表中，有一条规则如下：

access-list 131 permit ip any 192.168.10.0 0.0.0.255 eq ftp

在该规则中，any 表示的是?

    A．检察源地址的所有 bit 位

    B．检查目的地址的所有 bit 位

    C．允许所有的源地址

    D．允许 255.255.255.255   0.0.0.0

（5）通过以下哪条命令可以把一个扩展访问列表 101 应用到接口上？

    A．pemit access-list 101 out

    B．ip access-group 101 out

    C．access-list 101 out

    D．pemit access-list 101 in

（6）在路由器上配置一个标准的访问列表，只允许所有源自 B 类地址：172.16.0.0 的 IP 数据包通过，那么以下哪个 wildcard mask 是正确的？

    A．255.255.0.0

    B．255.255.255.0

    C．0.0.255.255

    D．0.255.255.255

（7）配置如下两条访问控制列表：

access-list 1 permit 10.110.10.10 0.0.255.255

access-list 2 permit 10.110.100.100 0.0.255.255

访问控制列表 1 和 2 所控制的地址范围关系是哪一项？

    A．1 和 2 的范围相同

    B．1 的范围包含 2 的范围

    C．2 的范围包含 1 的范围

    D．1 和 2 的范围没有包含关系

（8）访问控制列表 access-list 100 deny ip 10.1.10.10 0.0.255.255 any eq 80 的含义是哪一项？

    A．规则序列号是 100，禁止到 10.1.10.10 主机的 telnet 访问

    B．规则序列号是 100，禁止到 10.1.0.0/16 网段的 www 访问

    C．规则序列号是 100，禁止从 10.1.0.0/16 网段来的 www 访问

    D．规则序列号是 100，禁止从 10.1.10.10 主机来的 rlogin 访问

（9）实现"禁止从 129.9.0.0 网段内的主机建立与 202.38.160.0 网段内的主机的 www 端口（80）的连接，并对违反此规则的事件作日志"功能所需的 ACL 配置命令是哪一项？

    A．access-list 100 deny tcp 129.9.0.0 255.255.0.0 202.38.160.0 255.255.255.0 eq www log

    B．access-list 100 deny tcp 129.9.0.0 202.38.160.0 eq www log

    C．access-list 100 deny tcp 129.9.0.0 0.0.255.255 202.38.160.0 0.255.255.255 eq www log

    D．access-list 1000 deny tcp 129.9.0.0 255.255.0.0 202.38.160.0 255.255.255.0 eqwww log

（10）在交换机的一个端口上配置了安全的 MAC 地址后，当该端口接收到报文后，会查看报文中的哪一项已决定是否转发？

    A．源 MAC

    B．目的 MAC

C．源 IP

      D．目的 IP

2．**问答题**

  （1）访问控制列表具有哪些作用？

  （2）简述标准 IP 访问控制列表和扩展 IP 访问控制列表的特点？

  （3）如下访问控制列表的含义是什么？

access-list 102 deny udp 129.9.8.10 0.0.0.255 202.38.160.10 0.0.0.255 gt 128

  （4）若计费服务器的 ip 地址在 192.168.1.0/24 子网内，为了保证计费服务器的安全，请配置访问控制列表，不允许任何用户 telnet 到该服务器。

  （5）简述交换机端口安全的功能。

第10章 广域网与 PPP 协议

局域网主要完成工作站、服务器等在较小物理范围内的互连，只能实现局部的资源共享，却不能满足远距离计算机网络通信的要求。通过运营商提供的基础通信设施，广域网可以使相距遥远的局域网互连起来，实现远距离、大范围的资源共享。

多样的广域网线路类型需要更强大、功能更完善的链路层协议支持，例如适应多变的链路类型，并提供一定的安全特性等。PPP 协议是提供点到点链路上传递、封装网络层数据包的一种数据链路层协议。由于支持同步/异步线路，能够提供验证，并且易于扩展，PPP 获得了广泛的应用。

学习完本章，要达到以下目标：
- 理解常见广域网连接方式
- 理解常用广域网协议的分类和特点
- 理解 PPP 协议的特点
- 掌握 PPP 协议的会话过程
- 掌握 PPP 协议的两种认证方式
- 掌握 PPP 协议的配置

10.1 广域网技术概述

10.1.1 广域网的作用

早期局域网采用以太网、快速以太网、令牌环网、FDDI 等技术，其带宽较高，性能较稳定，但是却无法满足远程连接的需要。以快速以太网 100BASE-TX 为例，其以双绞线作为传输介质，一条线路的长度不能超过 100m，如果通过交换机级联的方法，理论上最大可以延长至几千米。这样的传输距离是非常有限的，无法支持两个城市之间的几百千米乃至上万千米的远程传输。

另一方面，即使可以将以太网技术改造成支持超远程的连接，这也要求用户在两端的站点之间布设专用的线缆。而在大多数情况下，普通的用户组织不具备这种能力，也没有这种许可权。

广域网是随着相距遥远的局域网互连的要求而产生的。广域网能够延伸到比较远的物理距离，可以是城市范围、国家范围，甚至于全球范围。分散在各个不同地理位置的局域网通过广域网互连起来，如图 10-1 所示。

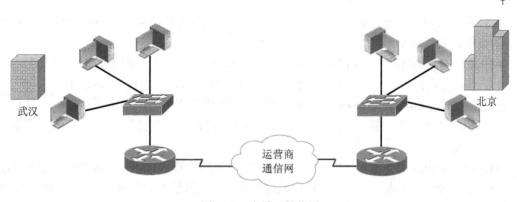

图 10-1 广域网的作用

传统电信运营商经营的语音网络已经建设多年，几乎可以连通所有的办公场所、家庭、各类建筑等。利用这些现成的基础设施建设广域网，是一种明智的选择。计算机网络的广域网最初都是基于已有的电信运营商通信网建立的。

由于电信运营商传统通信网技术的多样性和接入的灵活性，广域网技术也呈多样化发展，以便适应用户对计算机网络的多样化需求。例如，用户路由器可以通过 PSTN（Public Switched Telephone Network，公共交换电话网）或 ISDN（Integrated Services Digital Network，综合业务数字网）拨号接通对端路由器，也可以直接租用模拟或数字专线连通对端路由器。

建立广域网通常要求用户使用路由器，以便连接局域网和广域网的不同介质，实现复杂的广域网协议，并跨越网段进行通信。

10.1.2 广域网与 OSI 参考模型

广域网技术主要对应于 OSI 参考模型的物理层和数据链路层，也即 TCP/IP 模型的网络接口层，如图 10-2 所示。

图 10-2 广域网与 OSI 参考模型

广域网的物理层规定了向广域网提供服务的设备、线缆和接口的物理特性，包括电气特性、机械特性、连接标准等。常见的此类标准如下：

- 支持同/异步两种方式的 V.24 规程接口和支持同步方式的 V.35 规程接口。
- 支持 E1/T1 线路的 G.703 接口，E1 多用于欧亚地区，而 T1 多用于北美地区。
- 用于提供同步数字线路上串行通信的 X.21，主要用于日本和欧洲。

数据在广域网上传输，必须封装成广域网能够识别及支持的数据链路层协议。广域网常用的数据链路层协议如下：

- HDLC（High-level Data Link Control，高级数据链路控制）：用于同步点到点连接，其特点是面向比特，对任何一种比特流均可实现透明传输，只能工作在同步方式下。
- PPP（Point-to-Point Protocol，点对点协议）：提供了在点到点链路上封装、传递网络数据包的能力。PPP 易于扩展，能支持多种网络层协议，支持认证，可工作在同步或异步方式下。
- LAPB（Link Access Procedure Balanced，平衡性链路接入规程）：LAPB 是 X.25 协议栈中的数据链路层协议。LAPB 由 HDLC 发展而来。虽然 LAPB 是作为 X.25 的数据链路层被定义的，但作为独立的链路层协议，它可以直接承载非 X.25 的上层协议进行数据传输。
- 帧中继（Frame Relay）：帧中继技术是在数据链路层用简化的方法传递和交换数据单元的快速分组交换技术。帧中继采用虚电路技术，并在链路层完成统计复用、帧透明传输和错误检测功能。

10.1.3　广域网连接方式

常见的广域网连接方式包括专线方式、电路交换方式、分组交换方式等，如图 10-3 所示。

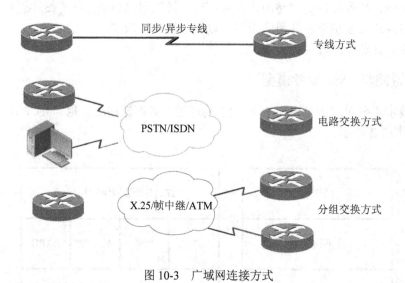

图 10-3　广域网连接方式

- 专线方式：在这种方式中，用户独占一条永久性的、点对点的、速率固定的专用线路，并独享其带宽。
- 电路交换方式：在这种方式中，用户设备之间的连接是按需建立的。当用户需要发送数据时，运营商交换机就在主叫端和被叫端之间接通一条物理的数据传输通道；当用户不再发送数据时，运营商交换机立即切断传输通道。
- 分组交换方式：这是一种基于运营商分组交换网络的交换方式。用户设备将需要传输的信息划分为一定长度的分组提交给运营商分组交换机，每个分组都载有接收方和发送方的地址标识，运营商分组交换机依据这些地址标识将分组转发到目的端用户设备。

其中专线方式和电路交换方式都属于点对点方式，而分组交换方式可以实现点对多点的通信。

10.2 点到点广域网技术介绍

10.2.1 专线连接模型

如图 10-4 所示，在专线（Leased Line）方式的连接模型中，运营商通过其通信网络中的传输设备和传输线路，为用户配置一条专用的通信线路。两端的用户路由器使用串行接口（Serial Interface，简称串口）通过几米至十几米长的本地线缆连接到 CSU/DSU（Channel Service Unit/Data Service Unit，通道服务单元/数据服务单元），而 CSU/DSU 通过数百米至上千米的接入线路接入运营商传输网络。本地线缆通常为 V.24、V.35 等串口线缆；而接入线路通常为传统的双绞线；远程线路既可以是用户独占的物理线路，也可以是运营商通过 TDM（Time Division Multiplexing，时分复用）等技术为用户分配的独占资源。专线既可以是数字的（如直接利用运营商电话网的数字传输通道），也可以是模拟的（如直接利用一对电话铜线经运营商跳线连接两端）。

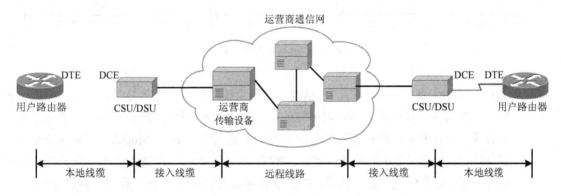

图 10-4 专线连接模型

路由器的串行线路信号必须经过 CSU/DSU 设备的调制转换才能在专线上传输。CSU 是把终端用户和本地数字电话环路相连的数字接口设备，而 DSU 把 DTE 设备上的物理层接口适配到通信网络上。DSU 也负责信号时钟等功能，它通常与 CSU 一起提及，称为 CSU/DSU。

通信设备的物理接口可分为 DCE（Data Communications Equipment，数据通信设备）和 DTE（Data Terminal Equipment，数据终端设备）两类：

- DCE：DCE 设备对用户端设备提供网络通信服务的接口，并且提供用于同步 DCE 设备和 DTE 设备之间数据传输的时钟信号。
- DTE：DTE 是接收线路时钟并获得网络通信服务的设备。DTE 设备通常通过 CSU/DSU 连接到传输线路上，并且使用其提供的时钟信号。

在专线模型中，线路的速率由运营商确定，因而 CSU/DSU 为 DCE 设备，负责向 DTE 设备发送时钟信号，控制传输速率等；而用户路由器通常为 DTE 设备，接收 DCE 设备提供的服务。

在专线方式中，用户独占一条永久性、点对点、速率固定的专用线路，并独享其带宽。这种方式部署简单，通信可靠，可以提供的带宽范围比较广，传输延迟小；但其资源利用率低，费用昂贵，且点对点的结构不够灵活。

10.2.2 电路交换连接模型

电路交换连接模型如图 10-5 所示。在这种方式中，用户路由器通过串口线缆连接到 CSU/DSU，而 CSU/DSU 通过接入线路连接到运营商的广域网交换机上，从而接入电路交换网络。最典型的电路交换网络是 PSTN 和 ISDN。

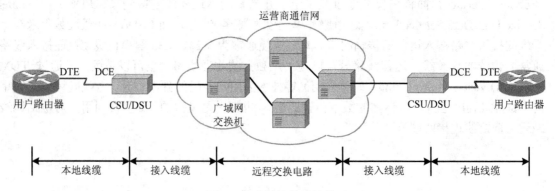

图 10-5　电路交换连接模型

- PSTN：也就是人们日常使用的电话网，这种系统使用电路交换技术，给每一个通话分配一个专用的语音通道，语音以模拟的形式在 PSTN 用户回路上传输，并最终形成数字信号在运营商中继线路上远程传输。路由器通过 Modem（Modulator-Demodulator，调制解调器）连接到 PSTN 接入线路。PSTN 在办公场所几乎无处不在，它的优点是安装费用低、分布广泛、易于部署，缺点是最高带宽仅有 56Kbps，且信号容易受到干扰。
- ISDN：这是一种以拨号方式接入的数字通信网络。ISDN 通过独立的 D 信道传送信令，通过专用的 B 信道传送用户数据。ISDN 服务有两种：BRI（Basic Rate Interface，基本速率接口）和 PRI（Primary Rate Interface，基群速率接口）。ISDN BRI 提供 2B+D 信道，每个 B 信道速率为 64Kbps，其速率可高达 128 Kbps；ISDN T1 PRI 提供 23B+D 信道，而 ISDN E1 PRI 提供 30B+D 信道。路由器通过独立的或内置的终端适配器接入 ISDN 网络。ISDN 具有连接迅速、传输可靠、带宽较高等优点。ISDN 话费较普通电话略高，但其双 B 信道使其能同时支持两路独立的应用，是一种个人或小型办公室较合适的网络接入方式。

在电路交换方式中，用户设备之间的连接是按需建立的。当用户需要发送数据时，运营商交换机就在主叫端和被叫端之间接通一条物理的数据传输通道；当用户不再发送数据时，运营商交换机立即切断传输通道。

电路交换方式适用于临时性、低带宽的通信，可以降低其费用；缺点是连接延迟大、带宽通常较小。

10.2.3 物理层标准

在典型的点到点连接方式下，从终端用户的角度来看，可见的部分通常包括路由器串口、串口电缆、CSU/DSU、接入线缆和接头等，如图 10-6 所示。

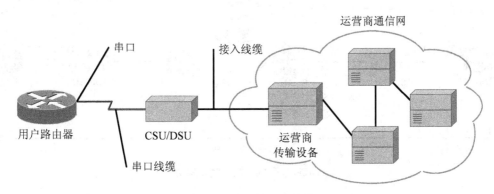

图 10-6 常用接口和线缆

路由器支持的 WAN 接口种类很多，包括同/异步串口、AUX 接口、AM 接口、FCM 接口、ISDN BRI 接口、CE1/PRI 接口、CT1/PRI 接口、ATM 接口等。但串口是最基本且最常用的一种。路由器通常通过串口连接到广域网，接收广域网服务。

串口的工作方式分为同步和异步两种。某些串口既可以支持同步方式，也可以支持异步方式。同步串口可以工作于 DTE 和 DCE 两种方式下，通常情况下同步串口为 DTE 方式。异步串口可以工作于协议模式和流模式。异步串口外接 Modem 或 ISDN TA（Terminal Adapter，终端适配器）时可以作为拨号接口使用。在协议模式下，链路层协议可以为 PPP。

根据不同的模块型号，路由器串口的物理接口有多种类型，28 针接口是其中最常用的一种。

路由器串口与 CSU/DSU 通过串口线缆连接起来。串口线缆的一端与路由器串口匹配，另一端与 CSU/DSU 的接口匹配。常见的串口线缆标准有 V.24、V.35、X.21、RS-232、RS-449、RS-530 等。根据其物理接口的不同，线缆也分为 DTE 和 DCE 两种。路由器使用 DTE 线缆连接 CSU/DSU。设备可以自动检测同步串口外接电缆类型，并完成电气特性的选择，一般情况下无需手动配置。

CSU/DSU 通过一条接入线缆接入到运营商网络，这条线缆的末端通常为屏蔽或无屏蔽双绞线，插入 CSU/DSU 的接头通常为 RJ-11 或 RJ-45 接头。

10.2.4 链路层协议

在利用专线方式和电路交换方式的点到点连接中，运营商提供的连接线路相对于 TCP/IP 网络而言位于物理层。运营商传输网络只提供一条端到端的传输通道，并不负责建立数据链路，也不关心实际的传输内容。

数据链路层协议工作于用户路由器之间，直接建立端到端的数据链路，如图 10-7 所示。这些数据链路层协议包括 SLIP（Serial Line Internet Protocol，串行线路互联网协议）、SDLC（Synchronous Data Link Control，同步数据链路控制）、HDLC（High-level Data Link Control，高级数据链路控制）和 PPP（Point-to-Point Protocol，点对点协议）等。

专线连接的链路层常使用 HDLC、PPP，而电路交换连接的链路层常使用 PPP。

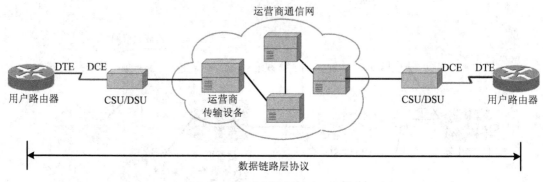

图 10-7　广域网数据链路层协议

10.3　分组交换广域网技术介绍

如图 10-8 所示，在分组交换方式中，用户路由器通过接入线路连接到运营商分组交换机上。运营商分组交换网络负责为用户按需或永久性地建立点对点虚电路（Virtual Circuit，VC）。每个用户路由器可以利用一个物理接口通过多条虚电路连接到多个对端路由器。用户设备将需要传输的信息划分为一定长度的分组提交给运营商分组交换机，每个分组都载有接收方和发送方的地址标识，运营商分组交换机依据这些地址标识通过虚电路将分组转发到目的端用户设备。

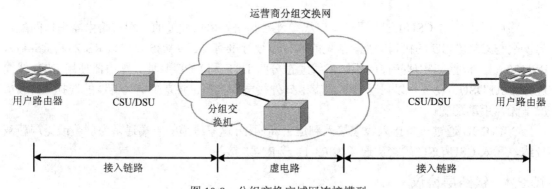

图 10-8　分组交换广域网连接模型

用户接入线路使用与同步专线完全相同的连接方式，其工作方式与点到点同步专线完全相同。可以认为用户路由器是通过同步专线连接到分组交换机的。

这种方式的结构灵活、迁移方便，费用比专线低；缺点是配置复杂、传输延迟较大。常见的分组交换有帧中继（Frame Relay）和 ATM（Asynchronous Transfer Mode，异步传递模式）。

分组交换方式使用的典型技术包括 X.25、帧中继和 ATM。

- X.25：是一种出现较早的分组交换技术。内置的差错纠正、流量控制和丢包重传机制使之具有高度的可靠性，适用于长途高噪声线路，但由此带来的负效应是速度慢、吞吐率很低、延迟大。早期 X.25 的最大速率仅为有限的 64Kbps，使之可以提供的业务非常有限；1992 年 ITU-T 更新了 X.25 标准，使其传输速度可高达 2Mbps。随着线路传输质量的日趋稳定，X.25 的高可靠性功能已经不再必要。
- 帧中继：是在 X.25 基础上发展起来的技术。帧中继在数据链路层使用简化的方法转发和交换数据单元，相对于 X.25 协议，帧中继只完成链路层的核心功能，简单而高效。帧中继取消了纠错功能，简化了信令，中间节点的延迟比 X.25 小得多。帧中继的帧长可变，提供了对用户的透明性。帧中继速率较快，但是容易受到网络拥塞的影响，对于时间敏感的实时通信没有特殊的保障措施。
- ATM：是一种基于信元（Cell）的交换技术，其最大特点是速率高、延迟小、传输质量有保障。ATM 大多采用光纤作为传输介质，速率可高达上千兆，但成本也很高。ATM 可以同时支持多种数据类型，可以用于承载 IP 数据包。

在分组交换方式中，用户路由器同样运用相应的分组交换协议，并且与负责接入的分组交换机建立和维护数据链路；IP 包被封装在分组交换网络的 PDU 内（Protocol Data Unit，协议数据单元），穿越分组交换网络到达目的用户路由器。

10.4　PPP 协议

10.4.1　PPP 协议简介

1. 概述

PPP 协议是一种点到点方式的链路层协议，它是在 SLIP 协议的基础上发展起来的。从 1994 年 PPP 协议诞生至今，该协议本身并没有太大的改变，但由于其具有其他链路层协议所无法比拟的特性，它得到了越来越广泛的应用，其扩展支持协议也层出不穷。

PPP 协议是一种在点到点链路上传输、封装网络层数据包的数据链路层协议。PPP 协议处于 OSI 参考模型的数据链路层，主要用于在支持全双工的同步/异步链路上进行点到点之间的数据传输。

如图 10-9 所示，PPP 可以用于如下几种链路类型：

- 同步和异步专线。
- 异步拨号链路，如 PSTN 拨号连接。
- 同步拨号链路，如 ISDN 拨号连接。

2. PPP 协议的特点

作为目前适用最广泛的广域网协议，PPP 具有如下特点：

- PPP 是面向字符的，在点到点串行链路上使用字符填充技术，既支持同步链路又支持异步链路。
- PPP 通过 LCP（Link Control Protocol，链路控制协议）部件能够有效控制数据链路的建立。
- PPP 支持认证协议族 PAP（Password Authentication Protocol，密码认证协议）和 CHAP（Challenge Handshake Authentication Protocol，挑战式握手认证协议），更好地保证了网络的安全性。

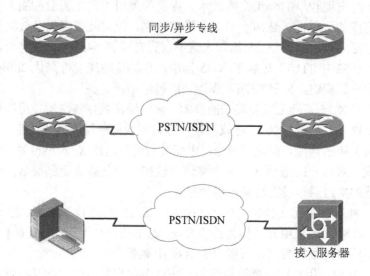

图 10-9　PPP 协议适用的链路

- PPP 支持各种 NCP（Network Control Protocol，网络控制协议），可以同时支持多种网络层协议。典型的 NCP 包括支持 IP 的 IPCP（网际协议控制协议）和支持 IPX 的 IPXCP（网际信息包交换控制协议）等。

3. PPP 协议的组成

PPP 并非单一的协议，而是由一系列协议构成的协议族，图 10-10 所示为 PPP 协议的分层结构。

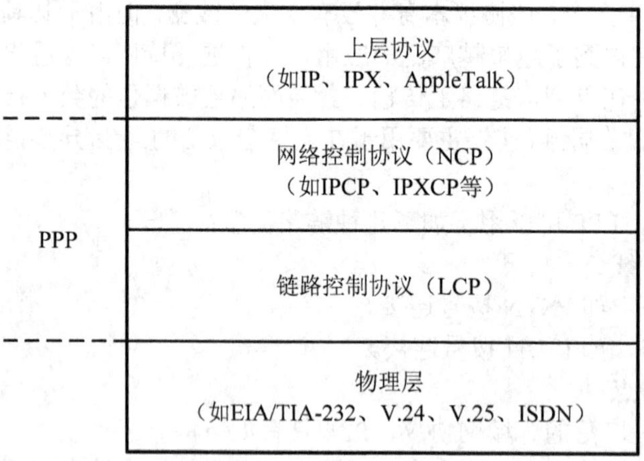

PPP	上层协议 （如IP、IPX、AppleTalk）
	网络控制协议（NCP） （如IPCP、IPXCP等）
	链路控制协议（LCP）
	物理层 （如EIA/TIA-232、V.24、V.25、ISDN）

图 10-10　PPP 协议栈

　　在物理层，PPP 能使用同步介质（如 ISDN 或同步 DDN 专线），也能使用异步介质（如基于 Modem 拨号的 PSTN）。

　　PPP 通过链路控制协议在链路管理方面提供了丰富的服务，这些服务以 LCP 协商选项的形式提供；通过网络控制协议族提供对多种网络层协议的支持；通过 PPP 扩展协议族提供对

PPP 扩展特性的支持，例如 PPP 以 PAP 或 CHAP 实现安全认证功能。

PPP 的主要组成及其作用如下：

- 链路控制协议（LCP）：主要用于管理 PPP 数据链路，包括进行链路层参数的协商，建立、拆除和监控数据链路等。
- 网络控制协议（NCP）：主要用于协商所承载的网络层协议的类型及其属性，协商在该数据链路上所传输的数据包的格式与类型，配置网络层协议等。
- 认证协议 PAP 和 CHAP：主要用来验证 PPP 对端设备的身份合法性，在一定程度上保证链路的安全性。

在上层，PPP 通过多种 NCP 提供对多种网络层协议的支持。每一种网络层协议都有一种对应的 NCP 为其提供服务，因此 PPP 具有强大的扩展性和适应性。

10.4.2 PPP 会话

1. PPP 会话的建立过程

一个完整的 PPP 会话建立大体需要如下 3 个步骤，如图 10-11 所示。

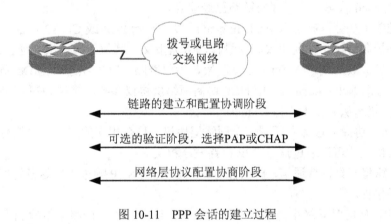

图 10-11 PPP 会话的建立过程

- 链路建立阶段：在这个阶段，运行 PPP 协议的设备会发送 LCP 报文来检测链路的可用情况，如果链路可用，则会成功建立链路，否则链路建立失败。
- 认证阶段（可选）：链路成功建立后，根据 PPP 帧中的认证选项来决定是否认证。如果需要认证，则开始 PAP 或者 CHAP 认证，认证成功后进入网络协商阶段。
- 网络层协商阶段：在这一阶段，运行 PPP 的双方发送 NCP 报文来选择并配置网络层协议，双方会协商彼此使用的网络层协议（比如是 IP，还是 IPX），同时也会选择对应的网络层地址（如 IP 地址或 IPX 地址）。如果协商通过，则 PPP 链路建立成功。

2. PPP 会话流程

详细的 PPP 会话建立流程如图 10-12 所示。

- 当物理层不可用时，PPP 链路处于 Dead 阶段，链路必须从这个阶段开始和结束。当通信双方的两端检测到物理线路激活（通常是检测到链路上有载波信号）时，就会从当前这个阶段进入下一个阶段。

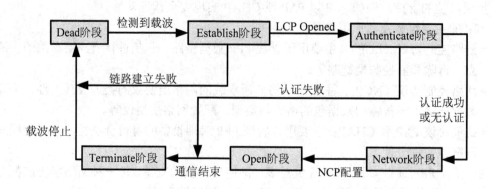

图 10-12   PPP 会话流程图

- 当物理层可用时，进入 Establish 阶段。PPP 链路在 Establish 阶段进行 LCP 协商，协商的内容包括是否采用链路捆绑、使用何种认证方式、最大传输单元等。协商成功后 LCP 进入 Opened 状态，表示底层链路已经建立。
- 如果配置了认证，则进入 Authenticate 阶段，开始 PAP 或 CHAP 认证。这个阶段仅支持链路控制协议、认证协议和质量检测数据报文，其他的数据报文都会被丢弃。
- 如果认证失败，则进入 Terminate 阶段，拆除链路，LCP 状态转为 Down。如果认证成功，则进入 Network 阶段，由 NCP 协商网络层协议参数，此时 LCP 状态仍为 Opened，而 NCP 状态从 Initial 转到 Request。
- 通过 NCP 协商来选择和配置一个网络层协议，只有相应的网络层协议协商成功后，该网络层协议才可以通过这条 PPP 链路发送报文。
- PPP 链路将一直保持通信，直至有明确的 LCP 或 NCP 帧来关闭这条链路，或发生了某些外部事件。
- PPP 能在任何时候终止链路。在载波丢失、认证失败、链路质量检测失败或管理员人为关闭链路等情况下均会导致链路终止。

10.4.3   PPP 认证

PPP 会话的认证阶段是可选的。在链路建立完成并选好认证协议后，双方便可以开始进行验证。若要使用验证，必须在网络层协议配置阶段先配置命令以使用认证。

当设定 PPP 认证时，既可以选择 PAP，也可以选择 CHAP。一般而言，CHAP 通常是首选使用的协议。

1. PAP 认证

PAP 认证为两次握手认证，认证过程仅在链路初始建立阶段进行。PAP 的认证过程如图 10-13 所示。

- 被验证方以明文发送用户名和密码到主验证方。
- 主验证方核实用户名和密码。如果此用户合法且密码正确，则会给对端发送 ACK（配置确认）消息，通知对端认证通过，允许进入下一阶段协商；如果用户名和密码不正确，则发送 NAK（配置否认）消息，通知对端认证失败。

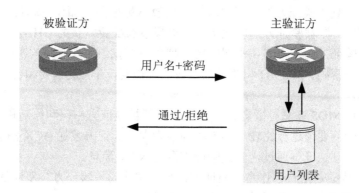

图 10-13　PAP 认证过程

为了确认用户名和密码的正确性，主验证方要么检索本机预先配置的本地用户列表，要么采用类似于 RADIUS（远程认证拨入用户服务协议）的远程验证协议向网络上的认证服务器查询用户名和密码信息。

PAP 认证失败后不会直接将链路关闭，只有当认证失败次数达到一定值时，链路才会被关闭，这样可以防止因误传、线路干扰等造成不必要的 LCP 重新协商过程。

PAP 认证可以在一方进行，即由一方验证另一方的身份，也可以进行双向身份验证。双向认证可以理解为两个独立的单向认证过程，即要求通信双方都要通过对对方的认证程序，否则无法建立二者之间的链路。

在 PAP 认证中，用户名和密码在网络上以明文的方式传送，如果在传输的过程中被监听，监听者可以获知用户名和密码，并利用其通过认证，从而可能对网络安全造成威胁。因此，PAP 认证适用于对网络安全要求相对较低的环境。

2. CHAP 认证

CHAP 认证为 3 次握手认证，CHAP 协议是在链路建立的开始就完成的。在链路建立完成后的任何时间都可以重复发送认证信息进行再验证，CHAP 认证过程如图 10-14 所示。

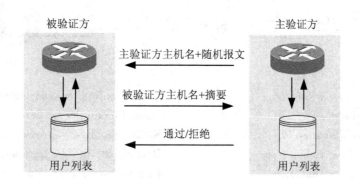

图 10-14　CHAP 认证过程

- CHAP 认证由主验证方主动发起认证请求，主验证方向被验证方发送一个随机产生的数值，并同时将本端路由器的主机名一起发送给被验证方。

- 被验证方收到主验证方的认证请求后，检查本地密码。如果本端接口上配置了默认的 CHAP 密码，则被验证方选用此密码；如果没有配置默认的 CHAP 密码，则会根据此报文中主验证方的主机名在本端的用户列表中查找该用户对应的密码，然后利用 MD5 算法对这个密码、报文 ID 和随机数生成一个摘要，并将此摘要和自己的主机名发给主验证方。
- 主验证方用 MD5 算法对报文 ID、本地保存的被验证方密码和原随机数生成一个摘要，并与收到的摘要值进行比较。如果相同，则向被验证方发送 ACK 消息声明认证通过；如果不同，则认证不通过，向被验证方发送 NAK 消息。

CHAP 单向认证是指一端作为主验证方，另一端作为被验证方。双向认证是单向认证的叠加，即两端都是既作为主验证方又作为被验证方。

3. PAP 与 CHAP 对比

PPP 支持的两种认证方式 PAP 和 CHAP 的区别如下。

- PAP 通过两次握手的方式来完成认证，而 CHAP 通过 3 次握手验证远端设备。PAP 认证由被验证方首先发起验证请求，而 CHAP 认证由主验证方首先发起认证请求。
- PAP 密码以明文方式在链路上发送，并且当 PPP 链路建立后，被验证方会不停地在链路上反复发送用户名和密码，直到身份验证过程结束，所以不能防止攻击。CHAP 只会在网络上传输主机名，并不传输用户密码，因此它的安全性要比 PAP 高。
- PAP 和 CHAP 都支持双向身份验证，即参与验证的一方可以同时是主验证方和被验证方。

由于 CHAP 的安全性优于 PAP，因此其应用更加广泛。

10.4.4 配置 PPP 协议

1. 配置 PPP 封装

配置 PPP 封装在要封装 PPP 接口的接口配置模式下进行，命令格式如下：

Router(config-if)#**encapsulation PPP**

图 10-15 为 PPP 封装的完整配置。

Router(config)#hostname RouterA

RouterA(config)#interface serial 0

RouterA(config-if)#ip address 10.0.0.1 255.255.255.0

RouterA(config-if)#encapsulation ppp

RouterA(config-if)#no shutdown

Router(config)#hostname RouterB

RouterB(config)#interface serial 0

RouterB(config-if)#ip address 10.0.0.2 255.255.255.0

RouterB(config-if)#encapsulation ppp

RouterB(config-if)#no shutdown

图 10-15 配置 PPP 封装示例

通信双方必须使用相同的封装协议，如果双方采用不同的封装协议，比如一段使用 HDLC 协议封装，而另一端使用 PPP 协议封装，则双方关于封装协议的协商将失败。此时，链路处于协议性关闭（Protocol down）状态，通信无法进行。

2. 配置 PAP 认证

PAP 认证分为主验证方和被验证方。在主验证方路由器上配置 PAP 认证的步骤如下：

第 1 步 将对端用户名和密码加入本地数据库，配置命令格式如下：

Router(config)#**username** *name* { **nopassword** | **password** {*password* | [**0**|**7**] encrypted-password}}

在该命令中，参数 name 为用户名，password 为用户密码，0|7 为密码的加密类型，0 表示无加密，7 表示简单加密。

第 2 步 设置本地验证对端的方式为 PAP，配置命令如下：

Router(config-if)#**ppp authentication** { **pap** | **chap** | **pap chap** | **chap pap**} [**callin**]

该命令中的参数说明如下：

- pap：在接口启用 PAP 认证。
- chap：在接口启用 CHAP 认证。
- pap chap：在接口同时启用 PAP 和 CHAP 认证，在执行 CHAP 认证前，先进行 PAP 认证。
- chap pap：在接口同时启用 PAP 和 CHAP 认证，在执行 PAP 认证前，先进行 CHAP 认证。
- callin：表示只有对端作为拨入端才允许单向 CHAP 或者 PAP 认证，该参数只能用于异步拨号接口。

在被验证方路由器上配置 PAP 认证只需要一条命令，即将用户名和密码发送到主验证方，配置命令格式如下：

Router(config-if)#**ppp pap sent-username** *name* { **nopassword** | **password** {*password* |[**0**|**7**] encrypted-password}}

图 10-16 为 PAP 认证的完整配置，将路由器 B 作为主验证方，路由器 A 作为被验证方，用户名为 user1，密码为 cisco123。

```
Router(config)#hostname RouterA              Router(config)#hostname RouterB
RouterA(config)#interface serial 0           RouterB(config)#username user1 password cisco123
RouterA(config-if)#ip address 10.0.0.1 255.255.255.0   RouterB(config)#interface serial 0
RouterA(config-if)#encapsulation ppp         RouterB(config-if)#ip address 10.0.0.2 255.255.255.0
RouterA(config-if)#no shutdown               RouterB(config-if)#encapsulation ppp
RouterA(config-if)#ppp pap sent-username user1   RouterB(config-if)#no shutdown
password cisco123                            RouterB(config-if)#ppp authentication pap
```

图 10-16 PAP 配置示例

3. 配置 CHAP 认证

CHAP 认证双方同样分为主验证方和被验证方，主验证方首先发起认证。在主验证方和被验证方路由器上配 CHAP 的步骤如下：

- 将对端的主机名和密码加入本地数据库。
- 设置本地验证对端的方式为 CHAP。

图 10-17 为 CHAP 认证的完整配置。

S0:10.0.0..1/24   PSTN/ISDN

S0:10.0.0.2/24

路由器A   路由器B

Router(config)#hostname RouterA	Router(config)#hostname RouterB
RouterA(config)#username RouterB password cisco123	RouterB(config)#username RouterA password cisco123
RouterA(config)#interface serial 0	RouterB(config)#interface serial 0
RouterA(config-if)#ip address 10.0.0.1 255.255.255.0	RouterB(config-if)#ip address 10.0.0.2 255.255.255.0
RouterA(config-if)#encapsulation ppp	RouterB(config-if)#encapsulation ppp
RouterA(config-if)#no shutdown	RouterB(config-if)#no shutdown
RouterA(config-if)#ppp authentication chap	RouterB(config-if)#ppp authentication chap

图 10-17 CHAP 配置示例

4. PPP 配置显示和调试

要判断对接口是否进行了封装，或者想查看采用了何种封装格式，可以使用 show interfaces 命令进行查看。当 PPP 被配置时，可以使用此命令检查它的 LCP 和 NCP 状态，查看结果如示例 10-1 所示。

示例 10-1 show interfaces 命令输出

```
RouterB#show interfaces serial 0/0
Serial0/0 is up, line protocol is up
    Hardware is M4T
    Internet address is 10.0.0.2/24
    MTU 1500 bytes, BW 1544 Kbit, DLY 20000 usec,
        reliability 255/255, txload 1/255, rxload 1/255
    Encapsulation PPP, LCP Open
    Open: IPCP, CDPCP, crc 16, loopback not set
    Keepalive set (10 sec)
    Restart-Delay is 0 secs
    Last input 00:00:40, output 00:00:08, output hang never
    Last clearing of "show interface" counters 00:02:44
```

```
Input queue: 0/75/0/0 (size/max/drops/flushes); Total output drops: 0
Queueing strategy: weighted fair
Output queue: 0/1000/64/0 (size/max total/threshold/drops)
    Conversations    0/1/256 (active/max active/max total)
    Reserved Conversations 0/0 (allocated/max allocated)
    Available Bandwidth 1158 kilobits/sec
5 minute input rate 0 bits/sec, 0 packets/sec
5 minute output rate 0 bits/sec, 0 packets/sec
    59 packets input, 2883 bytes, 0 no buffer
    Received 0 broadcasts, 0 runts, 0 giants, 0 throttles
    0 input errors, 0 CRC, 0 frame, 0 overrun, 0 ignored, 0 abort
    59 packets output, 2591 bytes, 0 underruns
    0 output errors, 0 collisions, 0 interface resets
    0 output buffer failures, 0 output buffers swapped out
    0 carrier transitions        DCD=up  DSR=up  DTR=up  RTS=up  CTS=up
```

如果要对 PPP 验证进行排错可以使用 debug ppp authentication 或 debug ppp negotiation 命令。如示例 10-2 所示，路由器输出了 CHAP 认证的信息。使用 debug 命令可以检查 PPP 实时工作过程。

示例 10-2　debug 命令输出的 CHAP 认证信息

```
RouterB#debug ppp authentication
PPP authentication debugging is on
RouterB#
*Mar   1 00:03:14.431: Se0/0 PPP: Authorization required
*Mar   1 00:03:14.487: Se0/0 CHAP: O CHALLENGE id 3 len 28 from "RouterB"
*Mar   1 00:03:14.491: Se0/0 CHAP: I CHALLENGE id 2 len 28 from "RouterA"
*Mar   1 00:03:14.495: Se0/0 CHAP: Using hostname from unknown source
*Mar   1 00:03:14.499: Se0/0 CHAP: Using password from AAA
*Mar   1 00:03:14.499: Se0/0 CHAP: O RESPONSE id 2 len 28 from "RouterB"
*Mar   1 00:03:14.551: Se0/0 CHAP: I RESPONSE id 3 len 28 from "RouterA"
*Mar   1 00:03:14.555: Se0/0 PPP: Sent CHAP LOGIN Request
*Mar   1 00:03:14.559: Se0/0 PPP: Received LOGIN Response PASS
*Mar   1 00:03:14.563: Se0/0 PPP: Sent LCP AUTHOR Request
*Mar   1 00:03:14.567: Se0/0 PPP: Sent IPCP AUTHOR Request
*Mar   1 00:03:14.567: Se0/0 CHAP: I SUCCESS id 2 len 4
*Mar   1 00:03:14.571: Se0/0 LCP: Received AAA AUTHOR Response PASS
*Mar   1 00:03:14.575: Se0/0 IPCP: Received AAA AUTHOR Response PASS
*Mar   1 00:03:14.575: Se0/0 CHAP: O SUCCESS id 3 len 4
```

```
*Mar   1 00:03:14.579: Se0/0 PPP: Sent CDPCP AUTHOR Request
*Mar   1 00:03:14.587: Se0/0 CDPCP: Received AAA AUTHOR Response PASS
*Mar   1 00:03:14.631: Se0/0 PPP: Sent IPCP AUTHOR Request
```

10.5   本章小结

在这一章里，我们介绍了在广域网中使用的各种协议与技术。

首先，我们介绍了广域网的作用、广域网与 OSI 参考模型以及广域网的连接方式。广域网的连接方式基本上有专线连接、电路交换连接和分组交换连接三种类型。通过不同的接入方式的实现，可以满足不同用户的需求。

其次，讨论了点到点广域网技术和分组交换广域网技术。

最后，重点介绍了 PPP 协议的工作过程、PAP 和 CHAP 认证，以及 PPP 的配置命令。PPP 广泛地应用于点对点的场合，由 LCP、NCP、PAP 和 CHAP 等协议组成。PPP 的链路建立由 3 个部分组成：链路建立阶段、可选的网络验证阶段，以及网络层协商阶段。PPP 有 PAP 和 CHAP 两种认证方式。

10.6   思考与练习

1. 选择题

（1）广域网技术主要对应于 TCP/IP 模型的哪一层？

    A．网络接口层

    B．网络层

    C．传输层

    D．应用层

（2）以下哪项不是广域网的连接方式？

    A．专线

    B．分组交换

    C．电路交换

    D．时分复用

（3）以下哪两项属于电路交换广域网连接技术？

    A．PSTN

    B．ISDN

    C．帧中继

    D．ATM

（4）以下哪两项属于分组交换广域网连接技术？

    A．PSTN

    B．ISDN

    C．帧中继

D. ATM

（5）在 PPP 验证中，什么方式采用明文方式传送用户名和密码？

    A. PAP

    B. CHAP

    C. EPA

    D. DES

（6）在 CHAP 验证中，敏感信息以什么形式进行传送？

    A. 明文

    B. 加密

    C. 摘要

    D. 加密的摘要

（7）在 PPP 协议中，以下哪项子协议对验证选项进行协商？

    A. NCP

    B. ISDN

    C. SLIP

    D. LCP

（8）在 PPP 协议中，以下哪项子协议可用于为对等体分配 IP 地址？

    A. NCP

    B. ISDN

    C. SLIP

    D. LCP

2. 问答题

（1）广域网的作用是什么？

（2）广域网链的连接方式有哪些？

（3）PPP 的主要特征是什么？

（4）简述 PPP 认证的过程。

（5）比较 PAP 和 CHAP 认证的优缺点？

第11章　网络地址转换

网络地址转换（Network Address Translation，NAT）是一个 IETF 标准，它的产生是因为 IP 地址被划分为公有地址和私有地址，使用私有地址的企业或机构的内部网络在和互联网连接时，必须要把内部的私有地址转换成互联网上使用的公有地址才能通信。这个地址的转换，是由 NAT 技术来实现的。

NAT 技术不仅能够提供地址的转换功能，还能提供一定的网络安全性，但是应用 NAT 技术后，路由器的性能可能有所下降。本章将详细介绍 NAT 的工作原理、NAT 的配置以及如何正确应用 NAT 技术。

学习完本章，要达到以下目标：
- 了解 NAT 技术产生的原因
- 理解 NAT 技术的功能与作用
- 掌握 NAT 的工作原理
- 掌握 NAT 的配置及应用

11.1　NAT 概述

在前面的章节中，我们已经了解到，全世界网络上使用的 IP 地址，被分为公有地址和私有地址两部分。其中公用地址是在互联网上可用的 IP 地址，而私有地址只能在某个企业或机构内部网络中使用，私有地址是不能在互联网上使用的地址。如果在一个连接互联网的网络节点上使用一个私有的 IP 地址，则该节点不能和互联网的任何其他节点通信，因为互联网上的其他节点认为该节点的地址是非法的。

IPv4 的地址标准中定义的私有地址有：
- 10.0.0.0——10.255.255.255
- 172.16.0.0——172.31.255.255
- 192.168.0.0——192.168.255.255

将 IP 地址划分为公有地址和私有地址是有原因的，因为互联网的爆炸式增长使得 IP 地址资源极度的紧缺。如果世界上每一个企业或者机构的内部每一台主机都被分配一个全球唯一的 IP 地址，虽然这些主机能够和互联网联通，但是在 IPv4 标准里所定义的地址也将会被耗尽。所以，互联网管理者把 IP 地址分为公有地址和私有地址，公有地址只负责连接互联网上的节点，这些地址是全球唯一的地址，而私有地址只负责连接企业或者机构内部的网络，这些地址不能在互联网上使用，但是他们却可以在不同的企业或者机构内部重复的使用。这些地址不能在互联网上使用，因此不同的企业内部网络使用相同的地址时自然也不会产生地址冲突，如此就可以很好地缓解了互联网上的 IP 地址紧缺问题。

但是，由于内部网络的主机使用的是私有地址，则产生了另一个问题，就是内部网络如何和外界的网络通信。所以我们为了解决内部私有地址的主机和互联网上的公有地址的主机通信问题，我们必须进行网络地址的转换，即在通信时把私有地址转换成互联网上的合法的公有地址。

可以说，NAT 技术的产生，主要是因为互联网地址资源的耗尽问题。NAT 技术保证了企业或机构内部网络使用私有地址的同时还能够和互联网上的主机通信。

11.1.1　NAT 的功能与作用

类似于无类域间路由（Classless Inter-Domain Routing，CIDR），NAT 的最初目的是允许把私有 IP 地址映射到外部网络的合法 IP 地址，以减缓可用 IP 地址空间的消耗。从那时开始发现，在移植和合并网络、服务器负载共享以及创建"虚拟服务器"中，NAT 是一个很有用的工具。当两个具有相同内网地址配置的公司网络合并时，NAT 也是必不可少。当一个组织更换它的互联网服务提供商(Internet Service Provider，ISP)，而网络管理员不希望更改内网配置方案时，NAT 同样很有用处。

以下是适于使用 NAT 的各种情况：
- 内部网络需要连接到因特网，但是没有足够多的公有 IP 地址供内网主机使用。
- 更换了一个新的 ISP，需要重新组织网络。
- 需要合并两个具有相同网络地址的内网。

NAT 一般应用在边界路由器中，图 11-1 说明了 NAT 的应用位置。

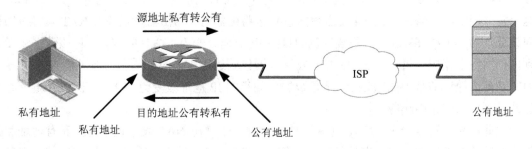

图 11-1　在边界路由器上应用 NAT

如图 11-1 所示，当内部网络上的一台主机访问互联网上的一台主机时，内部网络主机所发出的数据包的源 IP 地址是私有地址，这个数据包到达路由器后，路由器使用事先设置好的公有地址替换掉私有地址，这样这个数据包的源 IP 地址就变成了互联网上唯一的公有地址了，然后此数据包被发送到互联网上的目的主机处。互联网上的主机并不认为是内部网络中的主机在访问它，而认为是路由器在访问它，因为数据包的源 IP 地址是路由器的地址。换句话说，我们可以认为在使用了 NAT 技术之后，互联网上的主机无法"看到"内部网络的地址，这提高了内部网络的安全性。互联网上的主机会把内部网主机所请求的数据以路由器的公有地址为目的 IP 发送数据包，当数据包到达路由器时，路由器再用内部网络主机的私有地址替换掉数据包中的目的 IP 地址，然后把这个数据包发送给内部网络主机。

从以上过程可以看出，NAT 技术正是通过改变经过路由器的数据包中的 IP 地址，来实现内部网络使用私有地址的主机和互联网上使用公有地址的主机通信的。在内部网络和互联网的接口处使用 NAT 技术，为节省互联网的可用地址提供了可能。通过使用 NAT 技术，我们将企业或机构的内部网和互联网连接了起来。

11.1.2 NAT 术语

1. NAT 表

当内部网络有多台主机访问互联网的多个目的的主机的时候，路由器必须记住内部网络的哪一台主机访问互联网的哪一台主机，以防止在地址转换的时候将不同的连接混淆，所以路由器会为 NAT 的众多连接建立一个表，即 NAT 表，如图 11-2 所示。

```
R3#show ip nat translations
Pro Inside global      Inside local       Outside local      Outside global
tcp 207.46.6.53:11001  192.168.1.4:11001  34.25.16.4:23      34.25.16.4:23
tcp 207.46.6.53:11003  192.168.1.2:11003  27.43.2.36:23      27.43.2.36:23
tcp 207.46.6.53:11009  192.168.1.3:11009  27.43.2.37:23      27.43.2.37:23
tcp 207.46.6.53:11002  192.168.1.1:11002  207.46.6.54:23     207.46.6.54:23
```

图 11-2　NAT 表

图 11-2 显示了路由器所建立的 NAT 表。在这个表中我们可以看到，207.46.6.53 这个公有地址是我们设置在路由器上用来代替内部网络私有地址的，每一个内部网络的私有地址在访问互联网主机的时候都会在 NAT 表中保留一个和互联网主机的映射关系。比如第一行 192.168.1.4 访问的是 34.25.16.4 这个互联网主机，而第二行 192.168.1.2 访问的是 27.43.2.36 这个互联网主机。当 34.25.16.4 发送数据包到达路由器时，路由器通过检查 NAT 表，得知访问该地址的是 192.168.1.4，于是数据包的目的 IP 地址改变为 192.168.1.4，并将该数据包发送到内部网络中相应主机；当 27.43.2.36 发送数据包到达路由器时，路由器通过检查 NAT 表，得知访问该地址的是 192.168.1.2，于是数据包的目的 IP 地址改变为 192.168.1.2，并将该数据包发送到内部网络中相应主机。

由此，我们可以看出，NAT 在做地址转换时，依靠在 NAT 表中记录内部私有地址和外部公有地址的映射关系来保存地址转换的依据。当执行 NAT 操作时，路由器在做某一个数据连接的第一个数据包的操作时，将内部和外部地址的映射保留在 NAT 表中，在做后续的 NAT 操作时，只需要查询该表，就可以得知应该如何转换地址，而不会发生数据连接的混淆。

NAT 表中每一个连接条目，都有一个计时器。在图 11-2 中，当有数据在 192.168.1.1 和 207.46.6.54 这两台主机之间传递时，数据包不断刷新 NAT 表中的相应条目，则该条目将处于不断被激活的状态，不会被 NAT 表清除。但是如果这两台主机长时间没有数据交互，则在计时器倒数到零时，NAT 表将把这一条目清除。

由于不同型号的路由器，其缓存 NAT 表的缓存芯片的空间大小不一样，所以不同型号的路由器所能保留 NAT 连接数目也不相同，一般情况是设备越高档，其 NAT 表的空间应该越大，但是这也不是绝对的。当 NAT 表被装满后，为了缓存新的连接，就会把 NAT 表中时间最久、最不活跃的那一条目清除掉，所以当网络中的一些链接频繁地被关闭时（比如 MSN 或 QQ 频繁掉线），有可能是路由器上的 NAT 表的缓存已经不够使用的原因。

2. 本地地址和全局地址

在图 11-2 中，我们看到 NAT 表中有四种地址，它们分别是：Inside local address（内部本地地址）、Inside global address（内部全局地址）、Outside local address（外部本地地址）、Outside global address（外部全局地址）。

图 11-3 表示了这些地址之间的关系。从图 11-3 中我们可以看出，内部（Inside）和外部（Outside）表示主机的实际位置，而本地（Local）和全局（Global）表示 IP 地址对于 NAT 来说逻辑上的位置，在 NAT 转换之前的地址叫做本地地址，转换后使用的地址叫做全局地址。NAT 表示的四种地址，就是由它们组合而来的：

- Inside local address：内部本地地址，是指在一个企业或机构网络内部分配给一台主机的 IP 地址，这个地址通常是私有地址。
- Inside global address：内部全局地址，指设置在路由器等互联网接口设备上，用来代替一个或者多个私有 IP 地址的公有地址，这个地址在互联网上应该是唯一的。
- Outside local address：外部本地地址，指互联网上的一个公有地址，该地址可能是互联网上的一台主机。
- Outside global address：外部全局地址，指互联网上的另一端网络内部的地址，该地址可能是私有的。

一般情况下，Outside Local Address（外部本地地址）和 Outside Global Address（外部全局地址）是同一个公有地址，它们就是内部网络主机所访问的互联网上的主机，只有在特殊的情况下，两个地址才不相同。

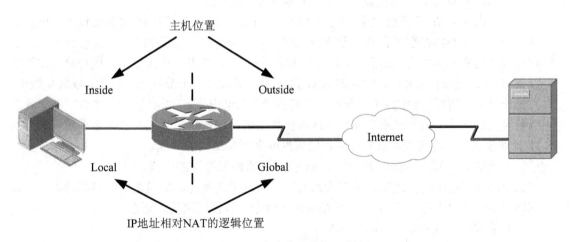

图 11-3　本地地址和全局地址

11.1.3　NAT 的类型及优缺点

1. NAT 的类型

我们通常使用的 NAT 技术根据环境的具体使用情况可以分为三种：静态 NAT、动态 NAT、端口地址转换(Port Address Translation，PAT)，也称为网络地址转换复用。

静态 NAT：静态一对一的 NAT 是在路由器上静态地把内部网中的一个私有地址和一个公有地址进行绑定。这种 NAT 方式适用内部网络中只有一台或少数几台主机需要和互联网通信的情况，经常用于企业网的内部设备需要被外部网络访问到时。如果内部网络中有大量主机需要和互联网通信，则应该使用动态多对一 NAT 地址复用的方式。

动态 NAT：动态 NAT 方式是在路由器上设定一个公有地址池，该地址池中有一个或多个公有地址，内部网络中的主机和互联网通信是动态地按顺序使用地址池中的公有地址进行 NAT 转换。

端口地址转换(Port Address Translation，PAT)：尽管动态地址也支持一对一的 NAT 的方式，但是当内部网络中有很多的主机要求和互联网通信的时候，我们通常没有那么多的公有地址进行一对一的动态映射。所以通常情况下，我们使用地址复用的方式进行动态 NAT，即使用一个或有限几个公有地址为内部网络很多的私有地址进行地址转换，这就是多对一 NAT 地址复用。在进行转换的时候，为了区分连接，我们需要使用端口号来区分各个应用连接。

2. NAT 的优缺点

NAT 技术是一种在网络中广泛应用的技术，几乎所有的内部网和互联网接口处都会使用 NAT 技术，因此了解 NAT 技术的优缺点，是应用 NAT 技术至关重要的一个前提。

NAT 技术的优点如下：

- 为节省公有地址提供了技术支持。
- 在外部用户面前隐藏内部网络地址。
- 解决地址重复问题。

NAT 的优点在本章前面的部分已经有很多的介绍，这里就着重讲解一下 NAT 的缺点。NAT 技术的缺点如下。

（1）NAT 的操作比较耗费设备资源，可能增加网络延时。

首先，由于 NAT 表需要大量的缓存空间，对于那些没有专门 NAT 缓存的设备，就需要消耗额外的大量的内存空间存储 NAT 映射信息，从而消耗了设备的内存资源，使得设备能够缓存的数据包变少；其次，由于 NAT 的操作主要是在 NAT 表中查找信息，这种检索比较消耗设备的 CPU 资源；另外，路由器的 NAT 操作需要更改每一个数据包的包头，以转换地址，这种操作也十分消耗设备的 CPU 资源。在某些极端的情况下，大量的 NAT 操作可能导致路由器甚至是高端路由器不堪重负而死机或者重新启动。因此很多高端的设备要求配置额外的 NAT 处理模块来解决这些对设备性能和网络性能有严重影响的问题。

（2）不能 ping 或者 tracert 应用了 NAT 技术的路由器里面的网段。

由于经过了地址转换之后，外部网络的用户或者主机将无法知道内部网络的地址，所以外部网络中的用户也无法使用 ping 或 tracert 等命令来验证网络的连通性。

（3）某些应用可能无法穿越过 NAT。

目前，还有一些应用无法穿透 NAT。比如在一些使用 L2TP 协议建立 VPN 的方式中，在某些特定情况下可能 VPN 无法穿透 NAT 建立连接。

11.2 NAT 的工作原理及配置

11.2.1 静态 NAT 及配置

1. 静态 NAT 工作原理

图 11-4 说明了静态 NAT 转换的工作原理。静态 NAT 转换条目需要预先手工进行创建，

即将一个内部本地地址和一个内部全局地址唯一地进行绑定。

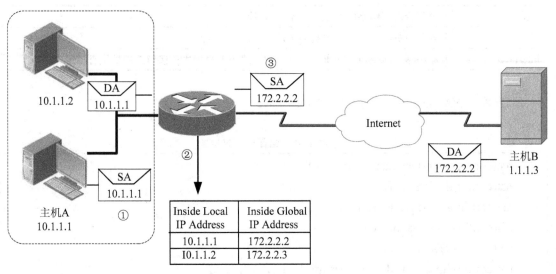

图 11-4　静态 NAT 转换

图 11-4 中静态 NAT 转换的步骤如下：
- 主机 A 要与主机 B 进行通信,它使用私有地址 10.1.1.1 作为源地址向主机 B 发送报文。
- NAT 路由器从主机 A 收到报文后检查 NAT 表,发现需要将该报文的源地址进行转换。
- NAT 路由器根据 NAT 转换表将内部本地地址 10.1.1.1 转换为内部全局地址 172.2.2.2,然后转发报文。
- 主机 B 收到报文后,使用内部全局地址 172.2.2.2 作为目的地址来应答主机 A。
- NAT 路由器收到主机 B 发回的报文后,再根据 NAT 转换表将内部全局地址 172.2.2.2 转换回内部本地地址 10.1.1.1,并将报文转发给主机 A。

2. 配置基本的静态 NAT

配置基本的静态 NAT 转换的步骤如下：
- 在路由器上配置 IP 地址和 IP 路由选择。
- 至少指定一个内部接口和一个外部接口,方法是进入接口配置模式下,执行命令 **ip nat {inside | outside}**,其参数如表 11-1 所示。这里指定内部和外部的目的是让路由器知道哪个是内部网络,哪个是外部网络,以便进行相应的地址转换。
- 使用全局命令 **ip nat inside source static** *local-ip* {**interface** *interface* | *global-ip*}配置静态转换条目,其参数如表 11-2 所示。要删除静态转换条目,使用该命令的 no 格式。

表 11-1　　　　　　　　　命令 `ip nat {inside | outside}`中的参数

参数	描　　述
inside	指定接口为 NAT 内部接口
outside	指定接口为 NAT 外部接口

表 11-2 　　　　　　　　　命令 `ip nat inside source static` 中的参数

参数	描　　述
local-ip	分配给内部网络中的主机的本地 IP 地址
global-ip	外部主机看到的内部主机的全局唯一的 IP 地址
interface	路由器本地接口。如果指定该参数，路由器将使用该接口的地址进行转换

配置静态 NAT 的具体步骤如示例 11-1 所示。

示例 11-1　配置静态 NAT

```
nat(config)#interface fastEthernet 0/0
nat(config-if)#ip nat inside
nat(config)#interface serial 1/0
nat(config-if)#ip nat outside
nat(config-if)#exit
nat(config)#ip nat inside source static 10.1.1.1 172.2.2.2
nat(config)#ip nat inside source static 10.1.1.2 172.2.2.3
```

3. 配置静态端口地址转换

与静态 NAT 转换一样，静态 PAT 也通常用于将内部主机发布到外部网络。但是静态 PAT 允许将内部网络的多个服务（一台主机或多台主机上的服务）发布到同一地址上，并使用不同的端口来区别不同的服务。例如内部网络中有一台 FTP 服务器和一台 Web 服务器，使用静态 PAT 我们可以将两台服务器映射到一个公有地址上，并使用不同的端口号 21 和 80 进行区分。

配置基本的静态 PAT 转换的步骤如下：

- 在路由器上配置 IP 地址和 IP 路由选择。
- 至少指定一个内部接口和一个外部接口，方法是进入接口配置模式下，执行命令 **ip nat {inside | outside}**，其参数如表 11-1 所示。这里指定内部和外部的目的是让路由器知道哪个是内部网络，哪个是外部网络，以便进行相应的地址转换。
- 使用全局命令 **ip nat inside source static {tcp |udp}** *local-ip local-port* {**interface** *interface | global-ip*} *global-port* 配置静态 PAT 转换条目，其参数如表 11-3 所示。

表 11-3 　　　　　　　命令 `ip nat inside source static {tcp | udp}` 中的参数

参数	描　　述
local-ip	分配给内部网络中的主机的本地 IP 地址
local-port	本地 TCP/UDP 端口号
global-ip	外部主机看到的内部主机的全局唯一的 IP 地址
global-port	全局 TCP/UDP 端口号
interface	路由器本地接口。如果指定该参数，路由器将使用该接口的地址进行转换

配置静态 PAT 的具体步骤如示例 11-2 所示。

示例 11-2　配置静态 PAT

```
nat(config)#interface fastEthernet 0/0
nat(config-if)#ip nat inside
nat(config)#interface serial 1/0
nat(config-if)#ip nat outside
nat(config-if)#exit
nat(config)#ip nat inside source static tcp 10.1.1.1 80 172.2.2.2 80
nat(config)#ip nat inside source static tcp 10.1.1.2 25 172.2.2.2 25
```

11.2.2　动态 NAT 及配置

1. 动态 NAT 工作原理

图 11-5 说明了动态 NAT 转换的工作原理。动态 NAT 也是将内部本地地址与内部全局地址进行一对一地转换，但是动态 NAT 是从内部全局地址池中动态地选择一个未被使用的地址对内部本地地址进行转换。动态 NAT 转换条目是动态创建的，无需预先手工进行创建。

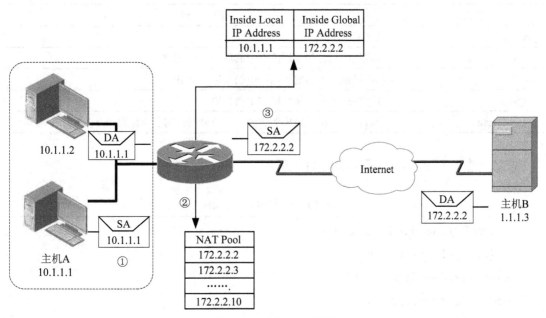

图 11-5　动态 NAT 转换

图 11-5 中动态 NAT 转换的步骤如下：

- 主机 A 要与主机 B 进行通信，它使用私有地址 10.1.1.1 作为源地址向主机 B 发送报文。
- NAT 路由器从主机 A 收到报文后检查 NAT 表，发现需要将该报文的源地址进行转换，于是从地址池中选择一个未被使用的全局地址 172.2.2.2 用于转换。

- NAT 路由器将内部本地地址 10.1.1.1 转换为内部全局地址 172.2.2.2，然后转发报文，并创建一条动态的 NAT 转换表项。
- 主机 B 收到报文后，使用内部全局地址 172.2.2.2 作为目的地址来应答主机 A。
- NAT 路由器收到主机 B 发回的报文后，再根据 NAT 转换表将内部全局地址 172.2.2.2 转换回内部本地地址 10.1.1.1，并将报文转发给主机 A。

2. 配置动态 NAT

配置动态 NAT 的步骤如下：

- 在路由器上配置 IP 地址和 IP 路由选择。
- 至少指定一个内部接口和一个外部接口，方法是进入接口配置模式下，执行命令 **ip nat {inside | outside}**。仅当报文从内部接口转发到外部接口时，才转换其源地址。
- 使用命令 **access-list** *access-list-number* {**permit | deny**}定义 IP 访问控制列表，以明确哪些报文将被进行 NAT 转换。这里可以使用标准访问控制列表或扩展访问控制列表。
- 使用命令 **ip nat pool** *pool-name start-ip end-ip* {**netmask** *netmask* | **prefix-length** *prefix-length*}定义一个地址池，用于转换地址，其参数如表 11-4 所示。
- 使用命令 **ip nat inside source list** *access-list-number* {**interface** *interface* | **pool** *pool-name*}将符合访问控制列表条件的内部本地地址转换到地址池中的内部全局地址。

表 11-4　　　　　　　　　命令 ip nat pool 中的参数

参数	描　　述
pool-name	地址池的名字
star-ip	全局地址池包含的地址范围中的第一个 IP 地址
end-ip	全局地址池包含的地址范围中的最后一个 IP 地址
netmask	地址池中的地址所属网络的子网掩码
prefix-length	一个数值，指出了地址池中的地址所属网络的子网掩码中有多少个值为 1

配置动态 NAT 的具体步骤如示例 11-3 所示。

示例 11-3　配置动态 NAT

```
nat(config)#interface fastEthernet 0/0
nat(config-if)#ip nat inside
nat(config)#interface serial 1/0
nat(config-if)#ip nat outside
nat(config-if)#exit
nat(config)#access-list 10 permit 10.1.1.0 0.0.0.255
nat(config)#ip nat pool natpool 172.2.2.2 172.2.2.200 netmask 255.255.255.0
nat(config)#ip nat inside source list 10 pool natpool
```

11.2.3 PAT 及配置

1. PAT 工作原理

PAT 是动态 NAT 的一种实现形式，PAT 利用不同的端口号将多个内部本地地址转换为一个外部 IP 地址，PAT 也称为端口级复用 NAT。图 11-6 说明了 PAT 的工作原理。

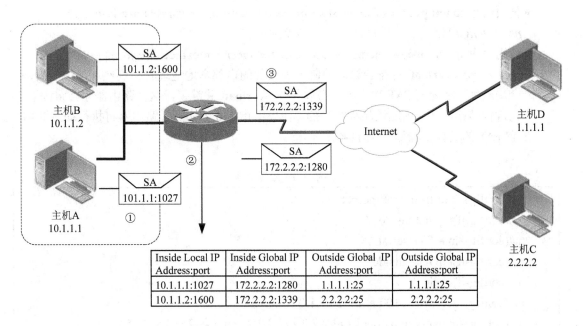

图 11-6 PAT 工作原理

上图中 PAT 转换的步骤如下：

- 主机 A 要与主机 D 进行通信，它使用私有地址 10.1.1.1 作为源地址向主机 D 发送报文，报文的源端口号为 1027，目的端口号为 25。
- NAT 路由器从主机 A 收到报文后，发现需要将该报文的源地址进行转换，于是使用外部接口的全局地址将报文的源地址转换为 172.2.2.2，同时将源端口转换为 1280，并创建动态转换表项。
- 主机 B 要与主机 C 进行通信，它使用私有地址 10.1.1.2 作为源地址向主机 C 发送报文，报文的源端口号为 1600，目的端口号为 25。
- NAT 路由器从主机 B 收到报文后，发现需要将该报文的源地址进行转换，于是使用外部接口的全局地址将报文的源地址转换为 172.2.2.2，同时将源端口转换为与之前不同的一个端口号 1339，并创建动态转换表项。
- 从以上的步骤可以看出，在 PAT 转换中，NAT 路由器同时将报文的源地址和源端口进行转换，并使用不同的源端口来唯一地标识一台内部主机。这种方式可以节省公有 IP 地址，对于中小型网络来说，只需要申请一个公有 IP 地址即可。PAT 也是目前最为常用的地址转换方式。

2. 配置 PAT

配置 PAT 的步骤如下：

- 在路由器上配置 IP 地址和 IP 路由选择。
- 至少指定一个内部接口和一个外部接口，方法是进入接口配置模式下，执行命令 **ip nat {inside | outside}**。仅当报文从内部接口转发到外部接口时，才转换其源地址。
- 使用命令 **access-list** *access-list-number* **{permit | deny}** 定义 IP 访问控制列表，以明确哪些报文将被进行 NAT 转换。这里可以使用标准访问控制列表或扩展访问控制列表。
- 使用命令 **ip nat pool** *pool-name start-ip end-ip* **{netmask** *netmask* **| prefix-length** *prefix-length***}** 定义一个地址池，用于转换地址。
- 使用命令 **ip nat inside source list** *access-list-number* **{interface** *interface* **| pool** *pool-name***}overload** 将符合访问控制列表条件的内部本地地址转换到地址池中的内部全局地址。在配置 PAT 转换中，必须使用 **overload** 关键字，这样路由器才会将源端口也进行转换，以达到地址超载的目的。如果不指定 **overload**，路由器将执行动态 NAT。

配置 PAT 的具体步骤如示例 11-4 所示。

示例 11-4　配置 PAT

```
nat(config)#interface fastEthernet 0/0
nat(config-if)#ip nat inside
nat(config)#interface serial 1/0
nat(config-if)#ip nat outside
nat(config-if)#exit
nat(config)#access-list 10 permit 10.1.1.0 0.0.0.255
nat(config)#ip nat pool natpool 172.2.2.2 172.2.2.2 netmask 255.255.255.0
nat(config)#ip nat inside source list 10 pool natpool overload
```

11.2.4　NAT 的验证和诊断

检查 NAT 正确性和 NAT 故障排除使用如下命令：

1. show ip nat translations

使用 show ip nat translations 命令可以查看 NAT 表，示例 11-5 显示了该命令的输出内容。

示例 11-5　show ip nat translations 命令

```
nat#show ip nat translations
Pro Inside global      Inside local       Outside local      Outside global
icmp 172.2.2.2:8       10.1.1.1:8         1.1.1.1:8          1.1.1.1:8
icmp 172.2.2.2:9       10.1.1.1:9         2.2.2.2:9          2.2.2.2:9
tcp 172.2.2.2:31586    10.1.1.1:31586     2.2.2.2:23         2.2.2.2:23
icmp 172.2.2.2:4       10.1.1.2:4         1.1.1.1:4          1.1.1.1:4
icmp 172.2.2.2:5       10.1.1.2:5         2.2.2.2:5          2.2.2.2:5
tcp 172.2.2.2:45507    10.1.1.2:45507     1.1.1.1:23         1.1.1.1:23
```

2. show ip nat statistics

使用 show ip nat statistics 命令可以查看 NAT 工作的状态，示例 11-6 显示了该命令的输出内容。

示例 11-6　show ip nat statistics 命令

```
nat#show ip nat statistics
Total active translations: 0 (0 static, 0 dynamic; 0 extended)
Outside interfaces:
    Serial1/0
Inside interfaces:
    FastEthernet0/0
Hits: 137  Misses: 10
CEF Translated packets: 147, CEF Punted packets: 0
Expired translations: 10
Dynamic mappings:
-- Inside Source
[Id: 1] access-list 10 pool natpool refcount 0
 pool natpool: netmask 255.255.255.0
         start 172.2.2.2 end 172.2.2.2
         type generic, total addresses 1, allocated 0 (0%), misses 0
Queued Packets: 0
```

3. debug ip nat

debug ip nat 命令允许我们动态地观察网络地址转换的过程，示例 11-7 显示了该命令的输出内容。由于在繁忙的路由器上执行该命令可能会给设备带来极大的负担，所以要慎用该命令。

示例 11-7　debug ip nat 命令

```
nat#debug ip nat detailed
IP NAT detailed debugging is on
NAT#
*Mar   1 01:40:13.615: NAT: address not stolen for 10.1.1.1, proto 6 port 54467
*Mar   1 01:40:13.619: NAT: creating portlist proto 6 globaladdr 172.2.2.2
*Mar   1 01:40:13.619: NAT: [0] Allocated Port for 10.1.1.1 -> 172.2.2.2: wanted 54467
got 54467
*Mar   1 01:40:13.623: NAT*: i: tcp (10.1.1.1, 54467) -> (2.2.2.2, 23) [27391]
*Mar   1 01:40:13.627: NAT*: i: tcp (10.1.1.1, 54467) -> (2.2.2.2, 23) [27391]
*Mar   1 01:40:13.631: NAT*: s=10.1.1.1->172.2.2.2, d=2.2.2.2 [27391]
*Mar   1 01:40:13.635: NAT: installing alias for address 172.2.2.2
```

Mar   1 01:40:13.727: NAT: o: tcp (2.2.2.2, 23) -> (172.2.2.2, 54467) [34263]

Mar   1 01:40:13.727: NAT: s=2.2.2.2, d=172.2.2.2->10.1.1.1 [34263]

Mar   1 01:40:13.823: NAT: i: tcp (10.1.1.1, 54467) -> (2.2.2.2, 23) [27392]

Mar   1 01:40:13.823: NAT: s=10.1.1.1->172.2.2.2, d=2.2.2.2 [27392]

Mar   1 01:40:13.823: NAT: i: tcp (10.1.1.1, 54467) -> (2.2.2.2, 23) [27393]

Mar   1 01:40:13.827: NAT: s=10.1.1.1->172.2.2.2, d=2.2.2.2 [27393]

*M

NAT#ar   1 01:40:13.827: NAT*: i: tcp (10.1.1.1, 54467) -> (2.2.2.2, 23) [27394]

Mar   1 01:40:13.827: NAT: s=10.1.1.1->172.2.2.2, d=2.2.2.2 [27394]

Mar   1 01:40:13.891: NAT: o: tcp (2.2.2.2, 23) -> (172.2.2.2, 54467) [34264]

Mar   1 01:40:13.891: NAT: s=2.2.2.2, d=172.2.2.2->10.1.1.1 [34264]

Mar   1 01:40:13.919: NAT: o: tcp (2.2.2.2, 23) -> (172.2.2.2, 54467) [34265]

Mar   1 01:40:13.919: NAT: s=2.2.2.2, d=172.2.2.2->10.1.1.1 [34265]

Mar   1 01:40:13.923: NAT: i: tcp (10.1.1.1, 54467) -> (2.2.2.2, 23) [27395]

Mar   1 01:40:13.927: NAT: s=10.1.1.1->172.2.2.2, d=2.2.2.2 [27395]

Mar   1 01:40:13.947: NAT: i: tcp (10.1.1.1, 54467) -> (2.2.2.2, 23) [27396]

Mar   1 01:40:13.951: NAT: s=10.1.1.1->172.2.2.2, d=2.2.2.2 [27396]

Mar   1 01:40:13.955: NAT: i: tcp (10.1.1.1, 54467) -> (2.2.2.2, 23) [27397]

Mar   1 01:40:13.955: NAT: s=10.1.1.1->172.2.2.2, d=2.2.2.2 [27397]

Mar   1 01:40:13.963: NAT: o: tcp (2.2.2.2, 23) -> (172.2.2.2, 54467) [34266]

*Mar   1 01:40:13.963: NAT

NAT#*: s=2.2.2.2, d=172.2.2.2->10.1.1.1 [34266]

Mar   1 01:40:13.963: NAT: o: tcp (2.2.2.2, 23) -> (172.2.2.2, 54467) [34267]

Mar   1 01:40:13.963: NAT: s=2.2.2.2, d=172.2.2.2->10.1.1.1 [34267]

Mar   1 01:40:13.995: NAT: o: tcp (2.2.2.2, 23) -> (172.2.2.2, 54467) [34268]

Mar   1 01:40:13.995: NAT: s=2.2.2.2, d=172.2.2.2->10.1.1.1 [34268]

Mar   1 01:40:14.151: NAT: i: tcp (10.1.1.1, 54467) -> (2.2.2.2, 23) [27398]

Mar   1 01:40:14.151: NAT: s=10.1.1.1->172.2.2.2, d=2.2.2.2 [27398]

4. clear ip nat translations

在该命令后面加上详细的参数可以从 NAT 表中清除某个映射条目，如果在该命令后加
"*"则清除整个 NAT 表，如示例 11-8 所示。

示例 11-8   clear ip nat translations 命令

```
nat#show ip nat translations
Pro Inside global          Inside local          Outside local          Outside global
icmp 172.2.2.2:10          10.1.1.1:10           1.1.1.1:10             1.1.1.1:10
icmp 172.2.2.2:11          10.1.1.1:11           2.2.2.2:11             2.2.2.2:11
tcp 172.2.2.2:30066        10.1.1.1:30066        1.1.1.1:23             1.1.1.1:23
```

icmp 172.2.2.2:6	10.1.1.2:6	2.2.2.2:6	2.2.2.2:6
tcp 172.2.2.2:14164	10.1.1.2:14164	1.1.1.1:23	1.1.1.1:23
tcp 172.2.2.2:34902	10.1.1.2:34902	172.2.2.254:23	172.2.2.254:23

```
nat#clear ip nat translation *
nat#show ip nat translations
```

11.3　本章小结

本章讲述的 NAT 的功能与作用，NAT 技术的一些术语，NAT 的类型与优缺点，重点介绍了 NAT 的工作原理及配置。最后还介绍了一些检查 NAT 正确性和 NAT 故障排除所使用的命令。

11.4　习题

1. 选择题

（1）下列关于地址转换的描述，不正确的是哪项？

　　A．地址转换有效地解决了因特网地址短缺所面临的问题

　　B．地址转换实现了对用户透明的网络外部地址的分配

　　C．使用地址转换后，对 IP 包加密、快速转发不会造成什么影响

　　D．地址转换为内部主机提供了一定的"隐私"保护

（2）以下哪项不是 NAT 的缺点？

　　A．地址转换对于报文内容中含有有用的地址信息的情况很难处理

　　B．地址转换不能处理 IP 报头加密的情况

　　C．地址转换可以缓解地址短缺的问题

　　D．地址转换由于隐藏了内部主机地址，有时会使网络调试变得复杂

（3）在配置 NAT 时，以下哪项确定了内网主机的地址将被转换？

　　A．地址池

　　B．NAT 表

　　C．ACL

　　D．配置 NAT 的接口

（4）某公司维护它自己的公共 Web 服务器，并打算实现 NAT。应该为该 Web 服务器使用哪一种类型的 NAT？

　　A．动态 NAT

　　B．静态 NAT

　　C．PAT

　　D．NAPT

（5）以下 NAT 技术中，可以使多个内网主机共用一个 IP 地址的是哪项？

　　A．动态 NAT

      B．静态 NAT

      C．PAT

      D．NAPT

2．问答题

  （1）在 NAT 中有哪四种地址？

  （2）最常用的网络地址转换模式有哪几种？

  （3）NAPT 与静态 NAT 的主要区别是什么？

第12章　园区网概述和设计

园区网系统设计是一项综合的系统工程，在进行园区网络系统设计时一定要有全局观念。本章阐述了层次化网络设计及模块化网络设计的方法。层次化网络模型将网络分成接入层、汇聚层和核心层，让网络设计师能够定义和使用设备，以逻辑方式创建园区网；模块化网络模型将网络分成交换模块、核心模块、服务器群组模块等功能模块，使用这些模块可以组织和简化复杂的大型园区网。

学习完本章，要达到如下目标：
- 理解园区网的概念以及基于数据流模式的园区网模型
- 理解层次化网络设计模型
- 理解模块化网络设计的优点以及各模块设计方法

12.1　园区网概述

园区网是一个由众多 LAN 组成的企业网，这些 LAN 位于一幢或多幢建筑物内，它们彼此相连且位于同一个地方。整个园区网及物理线路通常由一家单位拥有。园区网通常由以太网、802.11 无线局域网、快速以太网、快速 EtherChannel 和吉比特以太网组成，有些园区网还包含令牌环网和 FDDI。

12.1.1　园区网模型

要理解园区网设计，必须理解数据流（traffic flow）。虽然可以使用高速 LAN 技术来改善数据的传输，但应将重点放在提供一种这样的整体设计：它能够根据已知的、规划的或预测的数据流进行调整。这样，将能够有效地传输和管理网络数据流，并可以对园区网进行扩展以支持未来的需求。

下面介绍各种网络模型，可以使用它们来对园区网进行分类和设计。为高效地传输数据流以及提供可预测的行为，需要使用多种模型。

1. 共享型网络模型

在 20 世纪 90 年代早期，园区网由单个 LAN 组成，所有用户都连接到该 LAN 并使用它。可用带宽由 LAN 中所有的设备共享。LAN 传输媒体（如以太网和令牌环网）在距离以及单个 LAN 可连接的设备数量方面都有限制。

连接的设备数量增加时，网络的可用性和性能都将降低。例如，在以太网 LAN 中，所有设备共享 10Mbit/s 的半双工带宽。以太网还使用带冲突检测的载波监听多路访问（CSMA/CD）来判断设备是否可以在共享的 LAN 上传输数据。如果多台设备试图同时传输数据，将发生网络冲突；此时，所有设备都将沉默并等待重传数据。这种 LAN 是一个冲突域（collision domain），因为所有设备都可能发生冲突。令牌环网不会发生冲突，因为仅当主机收到沿环传递的令牌时才能传输数据。

一种缓和网络拥塞的解决方案是将 LAN 划分成多个冲突域。这种解决方案使用透明网桥，它只将第 2 层数据帧转发到目标地址所属的网段。网桥减少了每个网段中的设备数量，从而降低了在网段上发生冲突的可能性；它还是一个中继器，提高了可传输的物理距离。

网桥通常将数据帧转发到目标地址所属的网段。然而，包含广播 MAC 地址（FF：FF：FF：FF：FF：FF）的帧必须转发到所有网段。广播帧通常和请求信息或服务相关，包括网络服务声明。IP 以广播方式发送地址解析协议（Address Resolution Protocol，ARP）请求，询问和特定 IP 地址相关联的 MAC 地址。其他广播帧包括动态主机控制协议（Dynamic Host Control Protocol，DHCP）请求、IPX 获得最近的服务器（Get Nearest Server，GNS）请求、服务通告协议（Service Advertising Protocol，SAP）通告、路由选择信息协议（RIP，IP 和 IPX）通告以及 NetBIOS 名称请求等。广播域是一组网段，广播将被发送到这些网段。

组播是前往一组用户的数据流（这些用户在园区网中的位置无关紧要）。组播帧必须转发给所有网段，因为它们是一种广播。虽然终端用户必须加入组播组后，其应用才能够处理和接收组播数据，但网桥必须将组播转发到所有网段，因为它不知道哪些主机是组播组成员。组播帧使用网段上的共享带宽，但不会使用每台连接设备的 CPU 资源。只有已注册为组播成员的设备的 CPU 才会处理这些帧。有些组播数据流是间歇性的，如各种路由选择协议通告；而有些组播是稳定的实时数据流，如 Cisco IP/TV 组播视频，可能占用大部分甚至全部网桥资源。

在桥接型 LAN 中，因为所有广播帧都被转发到所有桥接的网络，广播带来了两个性能方面的问题。首先，随着网络的增大，广播数据流将成比例增加，进而占用可用带宽；其次，所有终端工作站都必须侦听、解码和处理每个广播帧，执行这项功能的 CPU 必须对帧进行检查，以确定与广播相关联的上层协议。虽然现在的 CPU 非常强大，不会因为处理广播而明显降低性能，但给每个终端用户带来不必要的广播负载是不明智的。

2. LAN 分段模型

要将数据流限制在本地，并有效地减少网段中的工作站数量，必须对网络进行分段以防止冲突和广播降低网络的性能。减少工作站数量降低了冲突发生的可能性，因为在给定的时间内试图传输数据的工作站更少。为限制广播，可在 LAN 网段的边缘放置路由器或交换机，以防止广播传播出去（被转发）。

可以利用路由器来连接较少的子网，将园区网分段，如图 12-1 所示。路由器不能在网段之间传播冲突状态，默认情况下也不会将广播转发到其他子网（除非在路由器上启用了桥接或其他专用特性）。路由器虽然限制了广播，但可能成为瓶颈，因为它必须处理离开每个子网的数据包，并为它们选择路由。

另一种选择是利用交换机替换共享型 LAN 网段。交换机的每个端口都有专用带宽，因此性能高得多。可将交换机看做一台多端口的快速网桥。每个交换机端口是一个独立的冲突域，不会将冲突传播到其他端口。然而，除非启用更高级的交换特性，否则广播和组播帧都将从所有交换机端口转发出去。

要限制广播以及划分广播域，可在交换型网络中实现 VLAN。每个 VLAN 是单个广播域，VLAN 内设备无需位于同一台交换机或同一幢大楼中。图 12-2 所示为在同一台交换机上使用 3 个 VLAN 将网络划分成 3 个广播域和冲突域。图 12-2 中，不同 VLAN 中的主机不能相互通信；VLAN 之间是相互隔离的。要在 VLAN 之间通信，需要使用路由器（或第 3 层设备），如图 12-3 所示。

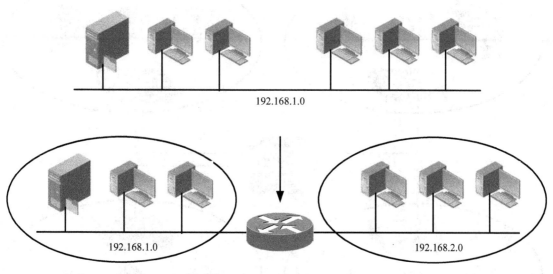

图 12-1　使用路由器将网络分段

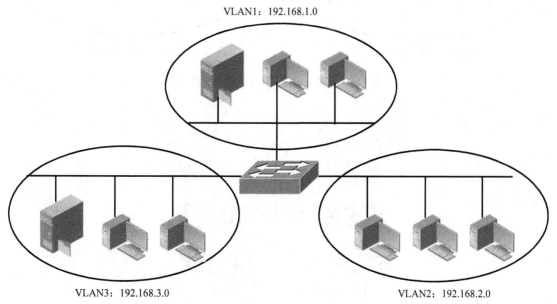

图 12-2　使用 VLAN 将网络分段

　　为充分发挥路由型方法和 VLAN 方法的优点，当前大多数园区网都是结合第 2 层交换机和路由器（多层交换机）组建的。第 2 层交换机通常放置在小型广播域中，它们通过提供第 3 层功能的路由器（多层交换机）相连。这样便可以控制或限制广播数据流。还可以将用户组织成工作组，将工作组连接起来并保护它们之间传输的数据流安全。图 12-4 所示是典型的路由型和交换型园区网的结构。

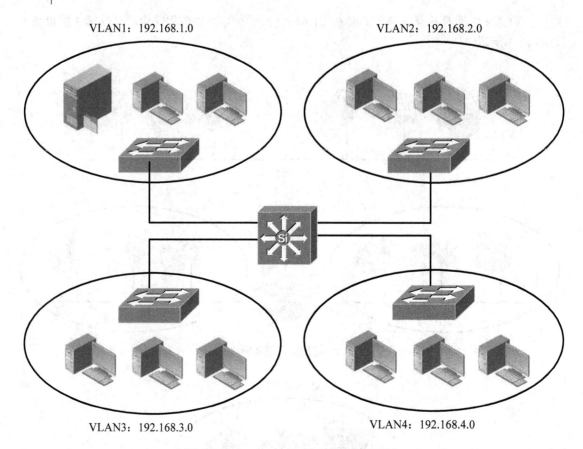

图 12-3　在 VLAN 之间为数据流选择路由

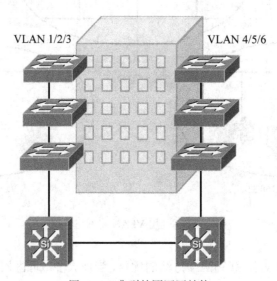

图 12-4　典型的园区网结构

3. 网络数据流模型

要成功地设计和构建园区网，必须深入了解应用生成的数据流以及用户之间的数据流。

网络中所有的设备都将生成需要在网络中传输的数据。每台设备都可能涉及众多应用，这些应用生成的数据具有不同的模式和负载。

诸如电子邮件、文字处理、打印、文件传输和大多数 Web 浏览器等应用带来的数据流模式在信源和信宿之间是可预测的。然而，较新的应用（如视频会议、电视/视频广播和 IP 电话）的用户群是动态的，这使得数据流模式难以预测和建模。

传统上，将使用应用或需求类似的用户放在同一个工作组中，同时将他们经常访问的服务器也放在该工作组中。无论这些工作组是逻辑网络（VLAN）还是物理网络，都应尽量将客户和服务器端之间的大部分数据流限定在本地网段中。这种网络数据流模式概念被称为 80/20 规则。在设计合理的园区网中，网段上 80% 的流量是本地的（交换型），只有不超过 20% 的流量将跨越网络主干（路由型）。

对于现代园区网来说，使其符合 80/20 规则非常困难。较新的应用仍使用客户/服务器模型，但在大多数企业中，服务器及其应用集中在一起。例如，数据库、Internet 接入、内联网应用和资源以及电子邮件服务都由中央服务器提供。这些应用不仅涉及大量的数据，同时需要穿越网络骨干前往目的地的数据流所占的比例更高，这在很大程度上有悖于 80/20 规则。这种新的园区网数据流模型被称为 20/80 规则。现在，只有 20% 的数据流限制在工作组内，至少有 80% 的数据流将离开本地网络并穿越主干。

这种数据流模式的变化给园区网主干的第 3 层技术带来了更沉重的负担。现在，来自网络中任何位置的数据流都可能前往其他任何地方，因此在理想的情况下，第 3 层性能应与第 2 层性能相称。一般而言，第 3 层转发需要占用更多的处理资源，因为需要对数据包进行更深入的检查，这增加了计算负担。如果设计不合理，会在园区网中导致瓶颈。

4. 可预测的网络模型

理想情况下，应将网络设计成为可预测的，以提高可维护性和可用性。例如，出现故障或拓扑发生变化时，园区网应以预定的方式快速恢复。应能够轻松地扩展网络以支持未来的扩容和升级。在包含多协议数据流和组播数据流时，网络应在流量方面支持 20/80 规则。换句话说，应根据数据流而不是某种数据类型来设计网络。

根据网络服务相对于终端用户的位置，可将园区网中的数据流分为 3 种类型。表 12-1 列出了这 3 种类型，同时指出了它们跨越的园区网范围。

表 12-1   网络服务类型

服务类型	服务位置	跨越范围
本地	位于用户所在的网段/VLAN	仅接入层
远程	不在用户所在的网段/VLAN	从接入层到汇聚层
企业	所有园区网用户的中央	从接入层到汇聚层再到核心层

接入层、汇聚层和核心层是层次化网络设计模型的组成部分。根据功能将网络划分为逻辑层，这些术语和层次化网络设计在下一节讨论。

12.1.2 层次化网络设计

可以通过将园区网结构化，让表 12-1 列出的 3 种流（服务）得到最佳的支持。Cisco 定义了一种层次化网络设计方法，让网络设计师能够定义和使用设备层，以逻辑方式创建网络。这样设计出的网络高效、智能、可扩展和容易管理。

层次化模型将园区网分成 3 层，如图 12-5 所示。

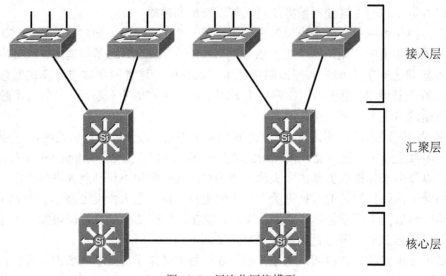

图 12-5　层次化网络模型

1. 接入层

接入层位于连接到网络的终端用户处。该层的设备有时被称为大楼接入交换机，必须具备下述功能：

- 低交换机端口成本；
- 高端口密度；
- 连接到高层的可扩展上行链路；
- 用户接入功能，如 VLAN 成员、数据流和协议过滤以及 QoS；
- 使用多条上行链路提供弹性。

2. 汇聚层

汇聚层将园区网的接入层和核心层连接起来。该层的设备有时被称为大楼汇聚交换机，必须具备下述的功能：

- 汇聚多台接入层交换机；
- 较高的第 3 层分组处理吞吐量；
- 使用访问控制列表和分组过滤器提供安全和基于策略的连接；
- QoS 特性；
- 连接到核心层和接入层的高速链接具有可扩展性和弹性。

在汇聚层中，来自接入层设备的上行链路被聚合在一起。汇聚层交换机必须能够处理来自所有连接的设备的总流量。这些交换机必须拥有能提供高速链路的端口密度，以支持所有接入层交换机。

VLAN 和广播域在汇聚层聚合在一起，需要支持路由选择、过滤和安全。该层的交换机还必须能够执行高吞吐量的多层交换。

3. 核心层

园区网的核心层连接所有的汇聚层设备。核心有时也被称为骨干，必须能够尽可能高效地交换数据流。核心设备有时被称为园区网主干交换机，应具有如下特征：

- 第 2 层和第 3 层的吞吐量非常高；
- 不执行高成本或不必要的分组处理；
- 支持高可用性的冗余和弹性；
- 高级 QoS 功能。

应对园区网核心层中的设备进行优化，以提供高性能的第 2 层或第 3 层交换。由于新的 20/80 规则，核心层必须处理大量的园区网级数据，核心层设计必须简单、高效。

虽然园区网设计包含 3 层（接入层、汇聚层和核心层），但有些情况下可以简化其层次结构。例如，对于中小型园区网，鉴于其规模、多层交换和容量需求，可能不需要全部 3 层的功能，此时可将汇聚层和核心层合并，以简化设计和节省成本。

12.2 模块化网络设计

前面介绍过，最好使用包含 3 层的层次化方法来组建和维护网络。我们还可以使用模块化方法合理地设计园区网。在这种方法中，层次化网络模型的各层被划分为基本的功能单元。可适当地调整这些单元（模块）的规模并将它们连接起来，以支持未来的扩展和扩容。

可以将企业园区网划分为如下模块：

- 交换模块：一组接入层交换机以及同它们相连的汇聚层交换机。
- 核心模块：园区网主干。
- 服务器群组模块：一组企业服务器以及它们连接的接入层和汇聚层交换机。
- 管理模块：一组网络管理资源及它们连接的接入层和汇聚层交换机。
- 企业边缘模块：一组与外部网络接入相关的服务以及它们连接的接入层和汇聚层交换机。
- 服务提供商边缘模块：企业网使用的外部网络服务，企业边缘模块同它们交互。

所有这些模块的集合被称为企业复合网络模型。其中交换模块和核心模块是组建园区网的基本模块，其他相关模块对园区网的整体功能没有太大的帮助，但可以单独设计它们并将其加入到网络设计中，图 12-6 说明了模块化园区网设计的基本结构。请注意每个模块的功能和位置，同时注意它们如何与核心模块相连。

12.2.1 交换模块

前面介绍过，园区网被分为接入层、汇聚层和核心层。交换模块包含接入层和汇聚层的交换设备。所有交换模块都与核心模块相连，从而提供跨越园区网的端到端的连接。

交换模块包含第 2 层和第 3 层功能，这些功能位于接入层和汇聚层。第 2 层交换机位于接入层中，将终端用户接入到园区网。每个终端用户占用一个交换机端口，因此每个用户都有专用的带宽。每台接入层交换机都与汇聚层交换机相连。

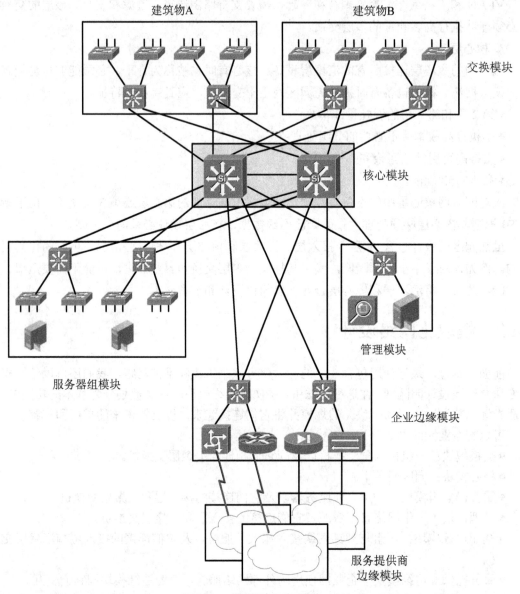

建筑物A　　　　　　建筑物B

交换模块

核心模块

管理模块

服务器组模块

企业边缘模块

服务提供商
边缘模块

图 12-6　模块化园区网设计方法

　　在交换模块中，第 2 层功能在所有连接的接入层交换机之间传输数据，第 3 层功能以路由选择和其他网络服务（安全、服务质量等）的形式由汇聚层交换机提供，因此，汇聚层交换机应该是多层交换机。

　　汇聚层还使交换模块免受其他网络故障的影响。例如，广播将不会从交换模块传播到核心模块和其他交换模块。因此 STP 被限制在每个交换模块内，这确保了生成树域是确定的、受到控制的。

　　在这种网络设计模型中，VLAN 的范围不能超出汇聚层交换机。VLAN、子网和广播的边界应该是汇聚层。虽然使用第 2 层交换机可以将 VLAN 扩展到其他交换机和其他层，但不提倡这样做。VLAN 数据流不应穿越网络核心。

　　交换模块包含接入层和汇聚层设备，从概念上说很简单。然而，确定交换模块的规模时需要考虑多个因素。可用的交换设备很多，这使得交换模块的规模非常灵活。在接入层，通常根据端口密度（连接的用户数）来选择交换机。在汇聚层，除了考虑连接到汇聚层的接入层交换机数量外，还要考虑以下因素，以确定汇聚层规模：

- 数据流的类型和模式；
- 汇聚层的第 3 层交换容量；
- 接入层交换机连接的用户数；
- 子网或 VLAN 的地理边界；
- 生成树域的大小。

　　仅仅根据用户的数量来设计交换模块通常不准确。通常，单个交换模块包含的用户不应超过 2 000 个。虽然这对于粗略估计交换模块的规模很有用，但并没有考虑正常运行的网络上出现的众多动态处理。鉴于网络的动态特征，应主要根据以下因素考虑交换模块的规模：

- 数据流的类型和行为；
- 工作组的规模和数量。

　　接入层交换机可以有一条或多条链路连接到汇聚层设备，这就提供了容错环境，当主链路出现故障时，可以使用备用链路保持接入层的连接性。实际上，由于在汇聚层使用了第 3 层设备，所以可以使用冗余网关在冗余链路之间进行负载均衡。

　　一般而言，每个交换模块应包含两台汇聚层交换机以提供冗余，每台接入层交换机都与这两台交换机相连。然后，每台第 3 层汇聚层交换机都使用路由选择协议在其连接到核心层的冗余链路之间负载均衡。

　　图 12-7 说明了典型的交换模块设计。在第 3 层，两台汇聚层交换机使用一种冗余网关协议（如 VRRP 或 HSRP）来提供一个活动的 IP 网关和一个备用网关。

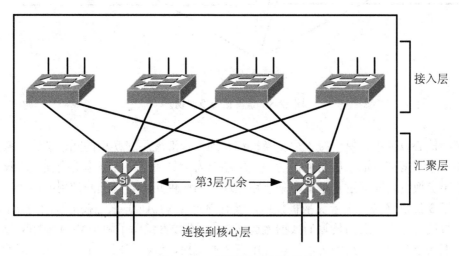

图 12-7　典型的交换模块设计

12.2.2　核心模块

在园区网中，需要使用核心模块来连接多个交换模块。由于在交换模块、服务器群组模块和企业边缘模块之间传输的数据流必须穿越核心模块，因此必须尽可能提高核心模块的效率和弹性。核心模块式园区网的基石，它传输的数据流比其他任何模块都多。

网络核心可采用任何技术（帧、信元或分组）来传输园区网数据。很多园区网使用吉比特和 10 吉比特以太网作为核心技术，这里只介绍以太网核心模块。

核心模块可能只包含一台多层交换机，它端接两条来自汇聚层交换机的冗余链路。鉴于核心模块在园区网中的重要性，核心模块应包含多台相同的交换机以提供冗余。

有以下两种基本的核心模块设计，采用哪种设计取决于园区网的规模：
● 紧凑核心
● 双核心

1. 紧凑核心

使用紧凑核心模型时，将核心层合并到汇聚层中，汇聚层和核心层功能都由同一台交换设备提供。在规模较小的园区网中没有必要提供独立的核心层，经常采用这种方式。

图 12-8 说明了基本的紧凑核心设计。虽然汇聚层和核心层功能由同一台设备执行，但将这些功能分开并进行合理的设计至关重要。另外，紧凑核心并不是一个独立模块，而是被集成到各个交换模块的汇聚层中。

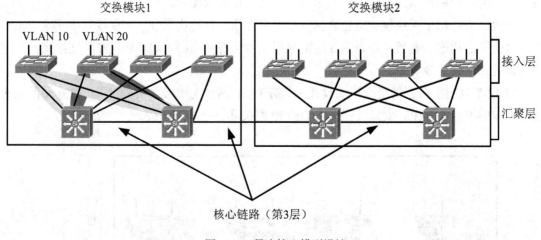

图 12-8　紧凑核心模型设计

在紧凑核心设计中，每台接入层交换机都有到每台汇聚层交换机的冗余链路。接入层中所有的第 3 层子网都以汇聚层交换机的第 3 层端口为边界，这与在基本的交换模块设计中一样。汇聚层交换机之间通过一条或多条链路相连，构成供冗余切换期间使用的路径。

使用第 3 层链路（第 3 层交换机接口，没有固定的 VLAN）来连接汇聚层交换机。第 3 层交换机直接为在它们之间传输的数据流选择路由。图 12-8 说明了两个 VLAN 的范围。VLAN 之所以以汇聚层为边界，是因为汇聚层使用第 3 层交换，这样就限制了广播域，消除了出现第 2 层桥接环路的可能性，同时在上行链路出现故障时能够快速完成故障切换。

2. 双核心

虽然紧凑核心能够以一定冗余连接两个交换模块，但添加交换模块时核心无法扩展。双核心以冗余方式连接多个交换模块，如图 12-9 所示。这种核心是一个独立模块，没有合并到其他模块或层中。

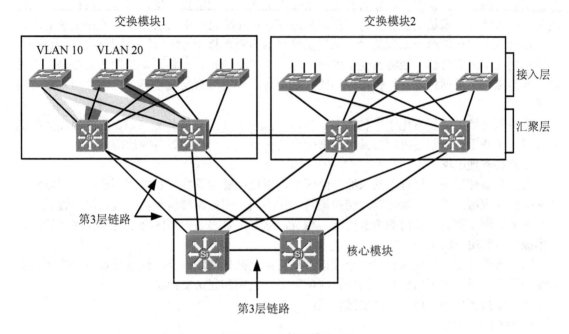

图 12-9　双核心模块设计

在双核心模型中，每台汇聚层交换机都有两条到核心的路径，它们的成本相等，这使得可以同时使用这两条路径的可用带宽。汇聚层和核心层使用第 3 层设备，能够在路由表中管理成本相同的路径，因此这两条路径都处于活动状态。路由选择协议能够判断邻接的第 3 层设备是否可用。如果某台交换机出现故障，路由选择协议将使用替代路径通过冗余交换机为数据流选择路由。两台核心交换机通过一条链路相连。第 3 层核心使用路由选择而不是桥接，因此不存在环路。

双核心由冗余交换机组成，并通过第 3 层设备隔离开来。路由选择协议确定路径并维护核心的运行。和任何网络一样，必须注意网络中路由器和路由选择协议的整体设计。

有关核心层设计的最后一个要点是，扩展核心交换机以匹配到来的负载。每台核心交换机必须至少能够交换两条链路的使用率为 100% 时的负载。

12.2.3　其他模块

园区网中的其他资源可以纳入模块模型中。例如，服务器群组由多台服务器组成，这些服务器运行企业中各种用户需要访问的应用程序。这些服务器需要是可扩展的以支持未来的扩容，其访问性必须非常高，还需要从流量控制和安全策略控制受益。

为满足这些要求，可以将资源组成模块，并像常规交换模块那样组织和放置它们。这些模块必须包含由交换机组成的汇聚层，有直接连接到核心层的冗余上行链路，还应包含企业资源。

下面将列出最常见的例子，要了解如何将资源分组并将其连接到园区网，请参看图 12-6。这些模块的大部分都将出现在大中型园区网中。

1. 服务器群组模块

大多数企业用户访问的服务器或应用程序通常已经属于某个服务器群组。可将整个服务器群组作为独立的交换模块，并为其提供由接入交换机组成的接入层，这些交换机通过上行链路连接到两台汇聚层交换机，再使用冗余的高速链路将这些汇聚层交换机连接到核心层。

每台服务器可以有一条到某台汇聚层交换机的网络连接。然而，这意味着存在单点故障。如果使用冗余的服务器，应将其连接到另一台汇聚层交换机。一种更富弹性的方法是，为每台服务器提供两条网络连接，每条分别连接到两台不同的汇聚层交换机。这被称为双宿主服务器。

企业服务器的例子有电子邮件服务、内联网服务、企业资源计划（ERP）应用和大型机系统等。这些服务器都是内部资源，通常位于防火墙或安全周边设备的后面。

2. 网络管理模块

常常需要使用网络管理工具来监控园区网，以便能够度量性能和检测到故障。可以将全部网络管理应用组成一个网络管理交换模块。这不同于服务器群组模块，因为网络管理工具并非大多数用户都需要访问的企业资源。相反，这些工具将访问园区网中的其他网络设备、应用服务器和用户活动。

网络管理交换模块通常包含一个连接到核心层交换机的汇聚层。这些设备用于检测设备和连接故障，因此其可用性非常重要。应使用冗余链路和冗余交换机。

这种交换模块中的网络管理资源包括：
- 网络监控应用；
- 系统日志（syslog）服务器；
- 认证、授权和统计（AAA）服务器；
- 策略管理应用；
- 系统管理和远程控制服务；
- 入侵检测管理应用。

3. 企业边缘模块

大多数园区网都必须在某些地方连接到服务提供商，以便能够访问外部资源，这常被称为企业或园区网的边缘。这些资源对整个园区网都是可用的，必须作为一个连接到网络核心的独立交换模块。

边缘服务通常分为以下几类：
- Internet 接入：支持前往 Internet 的外出数据流以及前往公共服务（如电子邮件服务器和外联网 Web 服务器）的进入数据流。这种连接性是一家或多家 Internet 服务提供商（ISP）提供的。网络安全设备通常放在这里。
- 远程接入和 VPN：支持外部和漫游用户通过公共交换电话网（Public Switched Telephone Network，PSTN）拨号接入。如果园区网支持语音数据流，IP 语音（VoIP）网关将在此处连接到 PSTN。另外，连接到 Internet 的 VPN 设备支持到远程的安全隧道连接。
- 电子商务：支持所有相关的 Web 服务器、应用服务器和数据库服务器以及应用，还有防火墙和安全设备。该交换模块连接到一家或多家 ISP。
- WAN 接入：支持所有到远程场点的 WAN 连接。这包括帧中继、ATM、租用线、ISDN等。

4. 服务提供商边缘模块

每家连接到企业网络的服务提供商都必须有自己的层次化网络设计。服务提供商网络通过服务提供商边缘模块连接到企业的边缘模块。

服务提供商网络的结构也遵循这里介绍的设计原则，换句话说，服务提供商只不过是另外一个企业园区网。

12.3　园区网规划案例

12.3.1　背景描述

随着 Internet 的诞生，计算机网络在信息技术领域成为一个新的研究热点，它所起的作用和产生的影响是不可估量的。自 1995 年中国教育科研网（CERNET）建成后，全国诸多院校的校园网建设也进入了一个蓬勃发展的阶段。校园网的建成使用，对于提高教学和科研质量、改善教学和科研条件、加快学校信息化建设、开展多媒体教学与研究、使教学多出精尖人才、科研多出一流成果，有着十分重要的意义。

校园网作为学校师生及管理人员所依托的重要资源，也是学校办学的一个重要的基础设施，为学校师生及科研人员提供办公自动化、计算机管理、计算机辅助教学、科学计算、资源共享及信息交流等全方位的服务。校园网内各局域网之间可以通过有线或无线方式连接。校园网必须通过有线或无线方式接入教育网络或公用网络，通过网络实现校园内外的教育资源共享。校园网网络系统是一个非常庞大而又复杂的系统。它不仅为现代化教学、综合信息管理和办公自动化等一系列的应用提供一个平台，而且能为各种应用系统提供多种服务。

12.3.2　需求分析

某高校校园宽带网用户集中且网络流量大，关注网络的可运营和可管理特性，校园网建网需求如下：

- 教学区、宿舍区用户对校园网、教育网、INTERNET 的访问有相应的路由策略和相应的计费策略。
- 校园网至少要提供中国教育科研网（CERNET）和 INTERNET 两个出口。
- 校园网安全性要求较高，要求设备能够实现用户识别和动态绑定功能。
- 校园网要求能对每个用户的使用情况进行事后审计，能够定位到 IP 地址以及用户所连接的端口和登录的用户名。
- 校园网用户可以通过不同的账号或采用相同账号的不同域名进行认证，以获得不同的权限，不同的权限对应不同的计费策略。
- 校园网要求实现支持多种计费策略，如普通包月、包月限流量、计天、计时长等。
- 校园网要求能实现对用户带宽的动态控制，要求实现组播业务。
- 校园网在学校规模不断扩大、用户数量持续增加的环境下，要具有良好的扩展性，能够根据需要平滑升级到万兆的骨干连接。
- 网络管理平台能够实现对网络资源的管理和网络安全访问的控制，校园网应采用流行的、支持设备广、有良好界面的网管平台。

12.3.3　校园网的设计原则

校园网建设是一项大型网络工程，各个学校需要根据自身的实际情况来制定网络设计原则。该学校网络需要完成包括图书信息、学校行政办公等综合业务信息管理系统，为广大教职工、科研人员和学生提供一个在网络环境下进行教学和科研工作的先进平台。校园网覆盖整个学校校园，网络设计一般应遵循以下几个基本原则：

- 可靠性和高性能。网络必须是可靠的，包括网元级的可靠性，如引擎、风扇、单板等；以及网络级的可靠性，如路由和交换的汇聚、链路冗余、负载均衡等。网络必须具有足够高的性能，以满足业务的需要。

- 实用性和经济性。在校园网的建设过程中，系统建设应始终贯彻面向应用、注重实效的方针，坚持实用、经济的原则。

- 可扩展性和可升级性。随着业务的增长和应用水平的提高，网络中的数据和信息流将按指数增长，需要网络有很好的可扩展性，并能随着技术的发展不断升级。设备应选用符合国际标准的系统和产品，以保证系统具有较长的生命力和可扩展能力，满足将来系统升级的要求。

- 易管理、易维护。由于校园网系统规模庞大，应用丰富而复杂，需要网络系统具有良好的可管理性。网管系统应具有监测、故障诊断、故障隔离、过滤设置等功能，以便于系统的管理和维护。同时，应尽可能选取集成度高、模块可通用的产品，以便于管理和维护。

- 先进性和成熟性。当前计算机网络技术发展很快，设备更新淘汰也很快。这就要求校园网建设在系统设计时既要采用先进的概念、技术和方法，又要注意结构、设备、工具的相对成熟。只有采用当前符合国际标准的成熟先进的技术和设备，才能确保校园网能够适应将来网络技术发展的需要，保证在未来若干年内占主导地位。

- 安全性和保密性。由于校园网为内网用户提供互连并支持多种业务，这就要求网络系统应具有良好的安全性，能进行灵活有效的安全控制，同时还应支持虚拟专用网，以提供多层次的安全选择。在系统设计中，既要考虑信息资源的充分共享，更要注意信息的保护和隔离，因此，系统应分别针对不同的应用和不同的网络通信环境，采取不同的安全措施，包括系统安全机制、数据存取的权限控制等。

- 灵活性和综合性。通过采用结构化、模块化的设计形式，保证总体方案的设计合理，满足系统及用户的各种不同的需求，同时便于系统使用过程中的维护和今后系统的二次开发与移植。

12.3.4　方案设计

1. 网络拓扑图

2. 方案说明

校园网网络系统从结构上分为核心层、汇聚层和接入层。核心层的功能主要是实现骨干网络之间的优化传输，骨干层设计任务的重点通常是冗余能力、可靠性和高速的传输。因学校存在大量的语音和视频传输。据此，考虑汇聚层对 QoS 有良好的支持并且能提供大的带宽。接入层设备是最终用户的最直接上联的设备，它应具备即插即用特性以及易维护的特点。根据学校建设要求与总体目标，校园网采用 3 层结构，由核心层、汇聚层和接入层构成。

核心层采用成熟的千兆以太网技术，其拓扑结构为网状拓扑结构，通过简单地增加万兆模块可以平滑升级到万兆骨干的校园网。整个网络通过汇聚层交换机和核心交换机之间的链路冗余备份和负载均衡提供安全可靠的网络构架，其安全保障技术提供整体网络安全。

如拓扑图 12-10 所示，作为校园网的核心，要求设备能够大容量、稳定可靠地进行高速路由转发，能够接入大量的汇聚节点并满足今后扩充的需要。同时，应具有完备的 QoS 保证机制，完备的业务控制、用户管理机制。因此，在本方案的核心层部署了两台交换机。核心交换机应具有较高的背板带宽、快速的转发率，同时还可以配置冗余电源和管理引擎模块，以实现对全网的数据进行高速无阻塞的交换，负责路由管理、网络管理、网络服务、核心数据处理等。

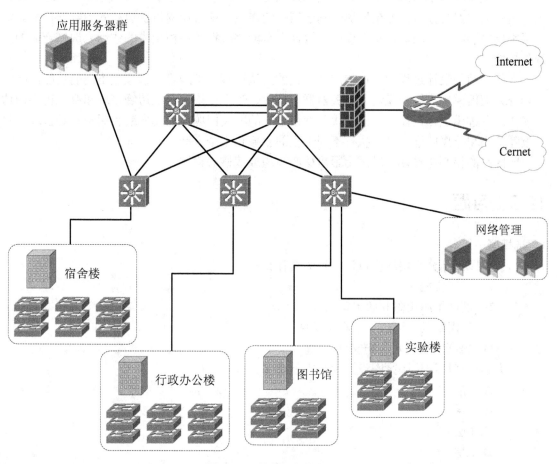

图 12-10　校园网拓扑结构图

汇聚层起着承上启下的作用，负责对各种接入的汇聚，并可在该层实现对于用户的访问控制，以及对用户的网络管理。因此，汇聚层应考虑 3 层智能交换机。

接入层应该能够实现对用户的访问控制，并具有较强的安全和 QoS 控制功能，支持 802.1x 的认证计费，支持千兆上联，支持 SMNP 的网管。同时，为满足学生宿舍的高端口密度接入的需求，接入层应考虑 2 层智能型可堆叠交换机。

同时为了保证校园网内部网的安全，在内网和外网之间增加硬件防火墙，接在 INTERNET/CERNET 出口的位置，根据安全需求可将校园网分为内部网、外部网与 DMZ 区等，以保护校园网的安全，防止恶意用户的攻击。为了统一网络管理和监控，在网络中心配置管理平台以实现对全网设备的集中管理，包括网络拓扑发现、配置管理、性能管理等。

12.4 本章小结

本章介绍了园区网概念，描述了传统的园区网模型以及基于数据流模式的模型，并详细描述了层次化的网络模型和模块化网络设计。最后，给出了一个校园网的网络规划方案供大家参考。

层次化网络模型将园区网分成3层：接入层、汇聚层和核心层。接入层提供本地与远程工作组和用户网络接入；汇聚层提供基于策略的连接；核心层提供快速高效的数据传输。每一层都集中了特定的功能，从而使网络设计人员能够根据其在模型中的作用来选择合适的系统与功能。

在园区网的设计过程中，可使用模块化的方法进行合理地设计。按照不同的功能，园区网划分为交换模块、核心模块、服务器群组模块、管理模块、企业边缘模块和服务提供商边缘模块。通过模块化设计，可以解决各网络之间的冲突问题、简化安装和后台设备管理、易于故障检测和分离问题，易于执行不同类型的服务和安全方针。

园区网的核心层设计可以采用紧凑核心模型或双核心模型。

12.5 习题

1. 选择题

（1）将园区划分为层次化设计的目的是什么？
    A. 便于文档化
    B. 遵循组织策略和政治策略
    C. 使网络具有可预见性和可扩展性
    D. 提高网络的冗余和安全

（2）建议在层次化园区网设计模型中使用多少层？
    A. 1 层
    B. 2 层
    C. 3 层
    D. 7 层

（3）最终用户应连接到层次结构的哪一层？
    A. 汇聚层
    B. 通用层
    C. 接入层
    D. 核心层

（4）汇聚层设备通常运行在 OSI 模型的哪一层？
    A. 第 1 层
    B. 第 2 层
    C. 第 3 层

D. 第 4 层

（5）在设计合理的层次化网络中，来自某台 PC 的广播被限制在下列哪一项内？

A. 接入层交换机端口

B. 接入层交换机

C. 交换模块

D. 整个园区网

（6）网络核心（主干）有哪两种设计类型？

A. 紧凑核心

B. 无环路核心

C. 双核心

D. 分层核心

（7）每个交换模块应包含多少台汇聚层交换机？

A. 1 台

B. 2 台

C. 4 台

D. 8 台

（8）当设计大型园区网的核心层时需要考虑哪些最重要的方面？

A. 低成本

B. 即使每条上行链路使用率都达到 100%，交换机也能够有效地转发数据流；

C. 高密度高速端口

D. 第 3 层路由选择对等体较少

（9）下列哪些服务通常位于企业边缘模块中？

A. 网络管理

B. 终端用户

C. VPN 和远程接入

D. 电子商务服务器

2. 问答题

（1）阐述层次化网络设计的原则及每层的功能。

（2）可以在汇聚层使用第 2 层交换机而不是第 3 层交换机吗？如果可以，存在什么样的局限性？

（3）如何在交换模块和核心层中提供冗余？

（4）确定交换模块的规模时应考虑哪些因素？

（5）在核心模块设计中使用多少台交换机足够了？

（6）为什么将网络管理应用和服务器放在一个独立的模块中？

第13章 网络故障排除基础

随着网络规模的日益增加，网络应用越来越复杂，网络中的故障种类繁多且难以排查。掌握常见的故障排除手段和方法，是对网络维护人员的基本要求。本章将对网络故障进行分类，介绍网络故障排除的步骤，常见的故障排除工具，并给出一些故障排除的方法和建议。

学习完本章，应该能够达到以下目标：
- 理解故障排除的基本方法和步骤
- 理解网络设备故障分析与处理方法
- 理解网络设置故障分析与处理方法
- 能够分析处理基本的网络故障问题

13.1 网络故障排除综述

计算机网络的成功部署需要支持众多协议，例如局域网协议、广域网协议、TCP/IP 协议、路由协议以及安全可靠性协议等实现某种特性的协议。计算机网络的传输介质也是多种多样，如同轴电缆、各类双绞线、光纤、无线电波等。从过去的数据传输服务到现在的包括数据、语音、视频的基于 IP 的集成传输，现代的互联网络要求支持更广泛的应用。相应地，新业务的应用对网络带宽和网络传输技术也提出了更高要求，导致网络带宽不断增长，新的网络协议不断出现。例如，十兆以太网向百兆、千兆以太网和万兆以太网演进；MLPS、组播和 QoS 等技术出现。新技术的应用同时还要兼顾传统的技术。例如，传统的 SNA 体系结构仍在金融证券领域得到广泛应用，为了实现 TCP/IP 协议和 SNA 架构的兼容，DLSW（Data Link Switching，数据链路交换）作为通过 TCP/IP 承载 SNA 的一种技术而被应用。可以说，当今的计算机网络互连环境是十分复杂的。

网络环境越复杂，意味着网络故障发生的可能性越大。网络中采用的协议、技术越多，则引发故障的原因也就越多。同时，由于人们越来越多地依赖网络处理日常的工作和事务，一旦网络故障不能及时修复，所造成的损失可能很大甚至是灾难性的。

能够正确地维护网络，并确保出现故障之后能够迅速、准确地定位问题并排除故障，对网络维护人员和网络管理人员来说是个挑战，这不但要求他们对相关的网络协议和技术有着深入的理解，更重要的是要建立一个系统化的故障排除思想并合理应用于实践中，以将一个复杂的问题隔离、分解或缩减排错范围，从而及时修复网络故障。

13.1.1 网络故障的分类

根据网络故障对网络应用的影响程度，网络故障一般分为连通性故障和性能故障两大类。连通性故障是指网络中断，业务无法进行，它是最严重的网络故障；性能故障指网络的

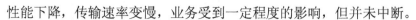

性能下降，传输速率变慢，业务受到一定程度的影响，但并未中断。

不同的网络故障类型具有不同的故障原因。

1. 连接性故障

连通性故障的变现形式主要有以下几种：

- 硬件、介质、电源故障：硬件故障是引起连通性故障的最常见原因。网络中的网络设备是由主机设备、板卡、电源等硬件组成，并由电缆等介质连接起来。如果设备遭到撞击，安装板卡时有静电，电缆使用有误，都可能会引起硬件损坏，从而导致网络无法连通。另外，人为性的电源中断，如交换机的电源线连接松脱，也是引起硬件连通性故障的常见原因。

- 配置错误：设备的正常运行离不开软件的正确配置。如果软件配置错误，则很可能导致网络连通性故障。目前网络协议种类众多且配置复杂，如果某一种协议的某一个参数没有正确配置，都很有可能导致网络连通性问题。

- 设备兼容性问题：计算机网络的构建需要许多网络设备，从终端 PC 到网络核心的路由器、交换机，同时网络也很可能是由多个厂商的网络设备组成的，这时网络设备的互操作性显得十分必要。如果网络设备不能很好兼容，设备间的协议报文交互有问题，也会导致网络连通性故障。

2. 性能故障

也许网络连通性没有问题，但是可能某一天网络维护人员突然发现，网络访问速度慢下来，或者某些业务的流量阻塞，而其他业务流量正常。这时，则意味着网络就出现了性能故障，一般来说，计算机网络性能故障主要原因如下：

- 网络阻塞：如果网络中某一个节点的性能出现问题，就会导致网络阻塞。这时需要查找网络的瓶颈节点，并进行优化，解决问题。

- 到目的地不是最佳路由：如果在网络中使用了某种路由协议，但在部署协议时并没有仔细规划，则可能会导致数据经次优路线到达目的网络。

- 供电不足：确保网络设备电源达到规定的电压水平，否则会导致设备处理性能问题，从而影响整个网络。

- 网络环路：交换网络中如果有物理环路存在，则可能引发广播风暴，降低网络性能。而距离矢量路由协议也可能会产生路由环路。因此在交换网络中，一定要避免环路的产生，而在网络中应用路由协议时，也要选择没有路由环路的协议或采取措施来避免路由环路产生。

网络故障发生时，维护人员首先要判断是连通性故障还是性能故障，然后根据故障类型进行相应的检查。连通性故障首先检查网络设备的硬件，看电源是否正常，电缆是否正常等。如果是性能问题，则重点从以上几个方面来考虑，查找具体的故障原因。

13.1.2　网络故障的一般解决步骤

前面基本了解了计算机网络故障的大致种类，那么，如何排除网络故障呢？建议采用系统化故障排除思想。故障排除系统化是合理地、一步一步找出故障原因，并解决故障的总体原则。它的基本思想是将可能的故障原因所构成的一个大集合缩减（或隔离）成几个小的子集，从而使问题的复杂度迅速下降。

故障排除时，有序的思想有助于解决所遇到的任何困难，图 13-1 给出了一般网络故障排除流程。

1. 故障现象观察

要想对网络故障做出准确的分析，首先应该能够完整清晰地描述网络故障现象，标示故障发生的时间地点，故障所导致的后果，然后才能确定可能产生这些现象的故障根源或症结。因此，准确观察故障现象，对网络故障做出完整、清晰的描述是重要的一步。

2. 故障相关信息收集

本步骤是搜集有助于查找故障原因的更详细的信息，主要有以下 3 种途径：

- 向受影响的用户、网络人员或其他关键人员提出问题。
- 根据故障描述性质，使用各种工具搜集情况，如网络管理系统，协议分析仪、相关 show 和 debug 命令等。
- 测试目前网络性能，将测试结果与网络基线进行比较。

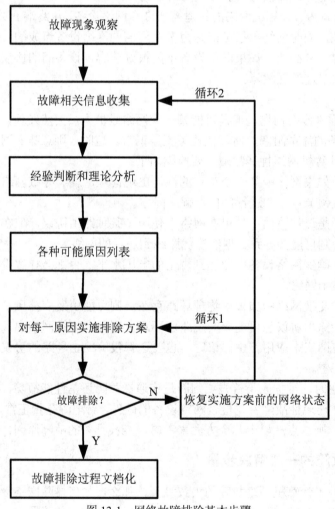

图 13-1　网络故障排除基本步骤

3. 经验判断和理论分析

利用前两个步骤收集到的数据，并根据自己以往的故障排除经验和所掌握的网络设备与协议的知识，来确定一个排除范围。通过范围的划分，就只需要注意某一故障或与故障情况相关的那一部分产品、介质和主机。

4. 各种可能原因列表

根据潜在症结制订故障的排除计划，根据故障可能性高低的顺序，列出每一种认为可能的故障原因。从最有可能的症结入手，每次只做一次改动，然后观察改动的效果。之所以每次只做一次改动，是因为这样有助于确定针对特定故障的解决方法。同时做了两处或更多处改动，也许能够解决故障，但是难以确定最终是哪些改动消除了故障的症状而且对日后解决同样的故障也没有太大的帮助。

5. 对每一原因实施排错方案

根据制订的故障排除计划，对每一个可能故障原因，逐步实施排除方案。在故障排除过程中，如果某一可能原因经验证无效，务必恢复到故障排除前的状态，然后再验证下一个可能原因。如果列出的所有可能原因都验证无效，那么就说明没有收集到足够的故障信息，没有找到故障发生点，则返回到第 2 步，继续收集故障相关信息，分析故障原因，再重复此过程，直到找出故障原因并且排除网络故障。

6. 观察故障排除结果

当对某一原因执行了排除方案后，需要对结果进行分析，判断问题是否解决，是否引入了新的问题。如果问题解决，那么就可以直接进入文档化过程；如果没有解决问题，那么就需要再次循环进行故障排除过程。

7. 循环进行故障排除过程

当一个方案的实施没有达到预期的排错目的时，便进入该步骤。这是一个努力缩小可能原因的故障排除过程。

在进行下一循环之前必须做的事情就是将网络恢复到实施上一方案前的状态。如果保留上一方案对网络的改动，很可能导致新的问题。例如，假设修改了访问控制列表但没有产生预期的结果，此时如果不将访问控制列表恢复到原始状态，就会导致出现不可预期的结果。

循环排错可以有两个切入点：

- 当针对某一可能原因的排错方案没有达到预期目的，循环进入下一可能原因制订排错方案并实施。
- 当所有可能原因列表的排错方案均没有达到排错目的，重新进行故障相关信息收集以分析新的可能故障原因。

8. 故障排除过程文档化

当最终排除了网络故障后，那么排除流程的最后一步就是对所做的工作进行文字记录。文档化过程绝不是一个可有可无的工作，因为文档是排错宝贵经验的总结，是"经验判断和理论分析"这一过程中最重要的参考资料，并且文档记录了这次排错中网络参数所做的修改，这也是下一次网络故障应收集的相关信息。

文档记录主要包括以下几个方面：

- 故障现象描述及收集的相关信息。
- 网络拓扑图绘制。
- 网络中使用的设备清单和介质清单。
- 网络中使用的协议清单和应用清单。
- 故障发生的可能原因。

- 对每一可能原因制订的方案和实施结果。
- 本次排错的心得体会。
- 其他。如排错中使用的参考资料列表等。

注意，该流程是网络维护人员所能够采用的排错模型中的一种。如果根据自己的经验和实践总结了其他的排错模型，并证明它是行之有效的，可继续使用它。网络故障解决的处理流程是可以变化的，但故障排除有序化的思维模式是不变的。

13.2　网络故障排除常用方法

故障处理系统化的基本思想是系统地将故障可能的原因所构成的一个大集合缩减或隔离成几个小的子集，从而使问题的复杂度迅速下降。因此我们利用所收集到的数据，并根据自己以往的故障处理经验和所掌握的知识，确定一个排错范围。通过范围的划分，就只需要注意某一故障或与故障情况相关的那一部分产品、介质和主机。

确定排错范围的常用处理方法有如下几类：

1. 分层故障排除法

基本所有的网络技术模型是分层的。网络模型的所有底层结构工作正常时，它的高层结构才能正常工作。层次化的网络故障分析方法有利于快速及准确地进行故障定位。

例如，在一个帧中继网络中，由于物理层的不稳定，帧中继链路经常出现间歇性中断。这个问题的直接表象是到达远程端点的路由总是出现间歇性中断。这使得维护人员第一反应是路由协议出问题了，然后凭借这个感觉来对路由协议进行大量故障诊断和配置，其结果是可想而知的。如果能够从 OSI 模型的底层逐步向上来探究原因的话，维护人员将不会做出这个错误的假设，并能够迅速定位和排除问题。

在使用分层故障排除法进行故障排除时，具体每一层次的关注点有所不同：

（1）物理层：物理层负责通过某种介质提供到另一设备的物理连接，包括端点间的二进制流的发送与接收，完成与数据链路层的交互操作等功能。

物理层需要关注电缆、连接头、信号电平、编码、时钟和组帧，这些都是导致端口处于 DOWN 状态的因素。

（2）数据链路层：数据链路层负责在网络层与物理层之间进行信息传输；规定了介质如何接入和共享；站点如何进行标识；如何根据物理层接收的二进制数据建立帧。

封装的不一致是导致数据链路层故障的最常见原因。当使用 show interfaces 命令显示端口和协议状态均为 UP 时，基本可以认为数据链路层工作正常；而如果端口状态为 UP 而协议状态为 Down，那么数据链路层存在故障。

链路的利用率也和数据链路层有关，端口和协议是好的，但链路带宽有可能被过度使用，从而引起间歇性的连接中断或网络性能下降。

（3）网络层：网络层负责实现数据的分段封装与重组以及差错报告，更重要的是它负责信息通过网络的最佳路径的选择。

地址错误和子网掩码错误是引起网络层故障最常见的原因；网络地址重复是网络故障的另一个可能原因；另外，路由协议是网络层的一部分，也是排错重点关注的内容。

排除网络层故障的基本方法是：沿着从源到目的地的路径查看路由器上的路由表，同时检查那些路由器接口的 IP 地址是否正确。如果所需路由没有在路由表中出现，就应该检查路

由器上相关配置，然后手动添加静态路由或排除动态路由协议的故障以使路由表更新。

（4）传输层、应用层：传输层负责端到端的数据传输；应用层是各种网络应用软件工作的地方。如果确保网络层以下没有出现问题，而传输层或应用层出现问题，那么可能就是网络终端软件出现故障，这时应该检查网络中的计算机、服务器等网络终端，确保应用程序正常工作，终端设备软件运行良好。

2. 分块故障排除法

路由器和交换机等网络设备的配置文件中包括如下部分：

- 管理部分：设备名称、口令、服务、日志等。
- 端口部分：地址、封装、速率/双工模式等。
- 路由协议部分：静态路由、RIP、OSPF、BGP、路由引入等。
- 策略部分：路由策略、策略路由、安全配置等。
- 接入部分：主控制台、Telent 登录或哑终端、拨号等。
- 其他应用部分：语言配置、VPN 配置、Qos 配置等。

上述分类给故障定位提供了一个原始框架，当出现一个故障案例现象时，可以把它归入上述某一类或某几类中，从而有助于缩减故障定位范围。例如，当使用 show ip route 命令时，输出结果只显示了直接路由，没有其他路由，那么问题可能发生在哪里呢？根据上述的分块，我们发现有 3 部分可能引起该故障：路由协议、策略、端口。如果没有配置路由协议或者配置不当，路由表就可能为空；如果访问列表配置错误，就可能妨碍路由的更新；如果端口的地址、掩码或认证配置错误，也可能导致路由表错误。

3. 分段故障排错法

当一个故障涉及的范围较大，可以通过分段故障排错法来将故障范围缩小。例如，如果两台路由器跨越电信部门提供的线路而不能相互通信时，可以按照如下分段，依次进行故障排除：

- 主机到路由器 LAN 接口的一段。
- 路由器到 CSU/DSU 接口的一段。
- CSU/DSU 到电信部门接口的一段。
- WAN 电路。
- CSU/DSU 本身问题。
- 路由器本身问题。

在实际网络故障排错时，可以先采用分段法确定故障点，再通过分层或其他方法排除故障。

4. 替换法

这是检查硬件是否存在问题最常用的方法。例如，当怀疑是网线问题时，更换一根确定是好的网线试一试；当怀疑是用户 PC 有问题时，更换一台确定是好的 PC 试一试；当怀疑是接口模块有问题时，更换一个其他接口模块试一试。

在实际故障排查中，可根据实际情况灵活使用各种排查方法，将故障可能的原因所构成的一个大集合缩减或隔离成几个小的子集，从而使问题的复杂度迅速下降。

13.3　网络故障诊断命令

故障的正确诊断是排除故障的关键，因此选择好的故障诊断工具很重要。这些工具，既

计算机系列教材

有软件工具，也有系统命令，功能各异，各有长处。在 Windows 操作系统中几种常用的网络故障测试诊断命令主要有：ping 命令、ipconfig 命令、netstat 命令、tracert 命令和 nslookup 命令。Cisco 系列设备也提供了一套完整的命令集，可以用于监控网络互连环境的工作状况和解决基本的网络故障。主要包括以下命令：ping 命令、traceroute 命令、show 命令、debug 命令。

13.3.1　ping 命令

ping 命令可用于验证两个节点间 IP 层的可达性。在基于 Windows 操作系统的 PC 或服务器上，ping 命令的格式如下：

ping [-t] [-a] [-n count] [-l size] [-f] [-i TTL] [-v TOS] [-r count] [-s count]

[[-j host-list] | [-k host-list]] [-w timeout] [-R] [-S srcaddr] [-4] [-6] target_name

其中，主要参数如下：

● -n：ping 报文的个数。

● -t：持续地发送 ping 报文。

● -l：设置 ping 报文所携带的数据部分的字节数，设置范围从 0~65500。

13.3.2　ipconfig 命令

利用 ipconfig 命令可以查看和修改网络中的 TCP/IP 协议的有关配置，例如 IP 地址、网关、子网掩码等。利用这个命令可以很容易地了解 IP 地址的实际配置情况。ipconfig 命令的格式如下：

ipconfig [/all] [/renew] [/release] [/allcompartments]

其中，常用参数的含义如下：

● All：返回所有与 TCP/IP 协议有关的所有细节，包括主机名、主机的 IP 地址、DNS 服务器、节点类型、是否启用 IP 路由、网卡的物理地址、子网掩码及默认网关等信息，如图 13-2 所示。

图 13-2　ipconfig 命令执行结果

- renew：作用于向 DHCP 服务器租用 IP 地址的计算机。如果输入 ipconfig/renew，那么本地计算机便重新与 DHCP 服务器联系并申请租用一个 IP 地址。
- release：作用于向 DHCP 服务器租用 IP 地址的计算机。如果输入 ipconfig/release，那么所有接口的租用 IP 地址归还给 DHCP 服务器。

13.3.3 tracert 命令

tracert 命令用来显示数据包到达目标主机所经过的路径，并显示到达每个节点的时间。命令功能同 ping 类似，但它所获得的信息要比 ping 命令详细得多，它把数据包所走的全部路径、节点的 IP 以及花费的时间都显示出来。该命令比较适用于大型网络。

tracert 命令的格式如下：

tracert [-d] [-h maximum_hops] [-j host-list] [-w timeout] [-R] [-S srcaddr] target_name

其中常用参数的含义如下：

- -d：不将地址解析成主机名。
- -h maximum_hops：搜索目标的最大跃点数。
- -j host_list：与主机列表一起的松散源路由（仅适用于 IPv4）。
- -w timeout：指定超时时间间隔，程序默认的时间单位是毫秒。

例如大家想要了解自己的计算机与目标主机 www.sohu.com 之间详细的传输路径信息，可以在 MS-DOS 方式输入 tracert www.sohu.com。如果我们在 Tracert 命令后面加上一些参数，还可以检测到其他更详细的信息，如图 13-3 所示。

图 13-3　tracert 命令执行结果

13.3.4 netstat 命令

netstat 命令可以了解网络的整体使用情况，显示当前正在活动的网络连接的详细信息，例如显示网络连接、路由表和网络接口信息，可以统计目前总共有哪些网络连接正在运行。

利用命令参数，netstat 命令可以显示所有协议的使用状态，这些协议包括 TCP 协议、UDP 协议以及 IP 协议等，另外还可以选择特定的协议并查看其具体信息，还能显示所有主机的端口号以及当前主机的详细路由信息。

netstat 命令格式如下：

netstat [-a] [-b] [-e] [-f] [-n] [-o] [-p proto] [-r] [-s] [-t] [interval]

其中常用参数的含义如下：

- -a：用来显示在本地机上的外部连接，也可以显示当前主机远程所连接的系统，本地和远程系统连接时使用和开放的端口，以及本地和远程系统连接的状态。这个参数通常用于获得本地系统开放的端口，可以用它检查系统上有没有被安装木马。如果在主机上运行 Netstat 后发现有 Port 12345（TCP） Netbus、Port31337（UDP） Back Orifice 之类的信息，则主机上就很有可能感染了木马。
- -n：这个参数基本上是-a 参数的数字形式，它是用数字的形式显示以上信息，这个参数通常用于检查自己的 IP 时使用，也有些人使用它是因为更喜欢用数字的形式来显示主机名。
- -e：显示以太网统计，该参数可以与 -s 选项结合使用。
- -p protocol：用来显示特定的协议配置信息，格式为：netstat -p ***，***可以是 UDP、IP、ICMP 或 TCP，如要显示主机上的 TCP 协议配置情况则我们可以用：Netstat -p tcp。
- -s：显示机器的缺省情况下每个协议的配置统计，缺省情况下包括 TCP、IP、UDP、ICMP 等协议。
- -r：用来显示路由分配表。
- interval：每隔"interval"秒重复显示所选协议的配置情况，直到按"Ctrl+C"中断。

netstat 命令应用很广，主要的用途有：

- 显示本地或与之相连的远程机器的连接状态，包括 TCP、IP、UDP、ICMP 协议的使用情况，了解本地主机开放的端口情况；
- 检查网络接口是否已正确安装，如果在用 netstat 这个命令后仍不能显示某些网络接口的信息，则说明这个网络接口没有正确连接，需要重新查找原因；
- 通过加入"-r"参数查询与本机相连的路由器地址分配情况；
- 还可以检查一些常见的木马等黑客程序，因为任何黑客程序都需要通过打开一个端口来达到与其服务器进行通信的目的，不过这首先要使你的这台主机连入互联网才行，不然这些端口是不可能被黑客程序打开的。

在 DOS 提示符下，输入 netstat -a，执行结果如图 13-4 所示。

13.3.5　Nslookup 命令

Nslookup 命令是一个监测网络中 DNS 服务器是否能正确实现域名解析的命令行工具。Nslookup 命令必须在安装了 TCP/IP 协议的网络环境之后才能使用，用来测试主机名解析情况。在网络中经常要用到域名和主机名，通常域名和主机名之间需要经过计算机的正确解析后才能进行通信联系，域名才能够真正使用。假如不能正确解析域名，计算机间将无法正常通信。

图 13-4 netstat 命令执行结果

配置好 DNS 服务器，添加了相应的记录之后，只要 IP 地址保持不变，一般情况下我们就不再需要去维护 DNS 的数据文件了。不过在确认域名解析正常之前，最好测试一下所有的配置是否正常。简单地使用 ping 命令主要检查网络联通情况，虽然在输入的参数是域名的情况下会通过 DNS 进行查询，但是它只会告诉域名是否存在，其他的重要信息却没有。如果需要对 DNS 的故障进行排错，就必须使用 Nslookup。这个命令可以指定查询的类型，可以查到 DNS 记录的生存时间还可以指定使用哪个 DNS 服务器进行解析。

Nslookup 命令的应用十分简单，在 DOS 窗口中输入 Nslookup 命令后，再输入要检测的域名后即可，如图 13-5 所示。

图 13-5 Nslookup 命令的应用

13.4 常见的网络故障分析与处理

13.4.1 网络设备故障

在局域网中发生故障硬件设备主要有：双绞线、网卡、Modem、集线器、交换机、服务器等。从发生故障的对象来看，主要包括传输介质故障、网卡故障、Modem 故障、交换机故障。

1. 传输介质故障

（1）双绞线故障案例 1：网卡灯亮却不能上网

故障现象

某局域网内的一台计算机无法连接局域网，经检查确认网卡指示灯亮且网卡驱动程序安装正确。另外网卡与任何系统设备均没有冲突，且正确安装了网络协议（能 ping 通本机 IP 地址）。

故障分析与处理

从故障现象来看，网卡驱动程序和网络协议安装不存在问题，且网卡的指示灯表现正常，因此可以判断故障原因可能出在网线上。

因为网卡指示灯亮并不能表明网络连接没有问题，例如 100Base-TX 网络使用 1、2、3、6 两对线进行数据传输，即使其中一条线断开后网卡指示灯仍然亮着，但是网络却不能正常通信。

用于跳线的双绞线，由于经常插拔而导致有些水晶头中的线对脱落，从而引发接触不良。有时需要多次插拔跳线才能实现网络连接，且在网络使用过程中经常出现网络中断的情况。建议使用网线测试仪检查故障计算机的网线。

如果网线不好建议重新压制水晶头。剥线时双绞线的裸露部分大约为 14mm，这个长度正好刚刚能将各导线插入到各自的线槽。如果该段留得过长，则会由于水晶头不能压住外层绝缘皮而导致双绞线脱落，并且会因为线对不再互绞而增加信号串扰。

如果网线正常则尝试能否 ping 通其他计算机。如果不能 ping 通可更换集线设备端口再试验，仍然不通时可更换网卡。

（2）双绞线故障案例 2：双机直连无法共享上网

故障现象

某局域网内两台计算机，其中一台计算机安装双网卡，准备实现双机直连并用 Internet 连接共享。但当使用普通网线连接两台计算机后，用于双机直连的网络连接总是提示"网络线缆没有插好"。而与 ADSL Modem 相连的网络连接显示正常，更换网卡和网线后故障依旧。

故障分析与处理

从故障现象来看，可以断定是双机直连所使用的网线有问题。用于双机直连的网线应当使用交叉线，而不能使用直通线。普通的网线一般都按照 568B 标准做成直通线，因此不能实现双机直连。解决该问题的方法很简单，只需将用于双机直连的网线换成交叉线即可。交叉线的线序应遵循此规则：一端为白橙、橙、白绿、蓝、白蓝、绿、白棕、棕，另一端为白绿、绿、白橙、蓝、白蓝、橙、白棕、棕。

2. 网卡故障

（1）网卡故障案例 1：网卡 MAC 地址异常

故障现象

某小型局域网采用交换机进行连接,其中有一台运行 WinXP 操作系统的计算机不能正常连接网络,但各项网络参数设置均正确。在用"ipconfig/all"命令检查网络配置信息时,显示网卡的 MAC 地址是"FF-FF-FF-FF-FF-FF"。

故障分析与处理

从"ipconfig/all"的返回结果来看,应当是该计算机的网卡出现故障,因为网卡的 MAC 地址不应该是"FF-FF-FF-FF-FF-FF''"这样的字符串。网卡 MAC 地址由 12 个十六进制数来表示,其中前 6 个十六进制数字由 IEEE(美国电气及电子工程师学会)管理,用来识别生产者或者厂商,构成 OUI(Organizational Uniqueldentifier,唯一识别符)。后 6 个十六进制数字包括网卡序列号或者特定硬件厂商的设定值。显示"FF-FF-FF-FF-FF-FF"则说明该网卡存在故障,由此导致使用该网卡的计算机不能正常连接局域网,建议为故障计算机更换一块新网卡后再进行测试。

(2)网卡故障案例 2:设置网卡 IP 地址时出错

故障现象

某局域网中服务器需要添加新设备,将原来的 PCI 网卡移到另一个 PCI 插槽时,对网卡重新设置网卡的 IP 地址时 Windows 2000 Server 提示该地址已经存在。

故障分析与处理

根据故障现象,出现这个问题的原因是,将网卡从原先的 PCI 插槽中拔出后系统没有自动进行卸载网卡的操作,因此导致网卡仍在注册表中存在。不过在"设备管理器"中把网卡隐藏了,因此用户一般看不到它的存在。由于原先网卡的设置参数依然存在,所以更换 PCI 槽后的网卡在被识别为新网卡时无法设置成原先的 IP 地址,因为这样会造成 IP 地址冲突。

可采取以下方法解决该问题:

- 打开"命令提示符"窗口,键入命令行"set devmgr_show_nonpresent —devices=1"并按回车键;
- 打开"设备管理器"窗口,单击菜单"查看"选择"显示隐藏的设备"菜单命令;
- 在"网络设备"目录中,右键单击呈灰色的网卡,单击"卸载"按钮将原先的网卡卸载;
- 稍后再设置"新"网卡的 IP 地址即可。

3. 交换机故障

(1)交换机故障案例 1:不正确连接网络交换设备导致网络传输速度很慢

故障现象

公司局域网由 3 台交换机连接而成,交换机采用非对称端口,其中包括两个 1000Base-T 端口和 24 个 100Base-T 端口。在使用过程中发现,当多台计算机同时访问服务器尤其是视频服务器时传输速度很慢。

故障分析与处理

这个故障可能是由于没有正确连接不对称交换机导致的。

所谓的不对称交换机是指交换机拥有不同速率的端口,通常局域网中的交换机拥有 100Mbps 和 1000Mbps 两种传输速率。通常情况下,高速端口用于连接其他交换机或服务器,而低速率端口则用于直接连接计算机或集线器。该连接方式同时解决了设备之间以及服务器与设备之间的连接瓶颈,充分考虑到了服务器的特殊地位。通过增加服务器连接带宽,可有效地防止服务器端口拥塞的问题。同时，由于交换机之间通过高速端口通信，可使网络内所有的计算机都平等地享有多服务器的访问权限。

另外，除了将服务器连接至高速端口外，还必须为服务器配置 1000Base-T 网卡，并提高服务器硬盘的数据读取速率。例如采用 RAID-5 方式将多块 SCSI 硬盘连在一起，从而满足大量数据读取的需要。

（2）交换机故障案例 2：交换机端口不正常

故障现象

局域网内部使用一台 24 口可网管的交换机，将计算机连接到该交换机的一个端口后，不能访问局域网。更换交换机端口又能恢复网络连接，这个故障端口有时偶尔也能与其他计算机建立正常的连接。

故障分析与处理

这个故障的可能是交换机端口损坏导致的。

如果计算机与交换机某端口连接的时间超过了 10 秒钟仍无响应，那么就已经超过了交换机端口的正常反应时间。这时如果采用重新启动交换机的方法就能解决这种端口无响应问题，那么说明是交换机端口临时出现了无响应的情况。不过如果此问题如果经常出现而且限定在某个固定的端口，这个端口可能已经损坏，建议闲置该端口或更换交换机。

13.4.2 网络设置故障

在网络运行过程中有时由于网络设置或调整不当，会导致网络故障。在处理这类故障时，要求网络管理人员能快速判断故障的性质和范围，及时排除有关网络连接、网络协议、网络参数设置、网络权限管理等方面的问题。从发生故障的原因来看主要有：网络连接设置故障、网络协议设置故障、网络参数设置故障、网络权限故障等。

1. 网络连接设置故障

网络连接设置故障案例 1：局域网内不能 ping 通

故障现象

某局域网内的一台运行 Windows Server 2003 系统的计算机和一台运行 WindowsXP 系统的计算机，ping 127.0.0.1 和本机 IP 地址都可以 ping 通，但在相互间进行 ping 操作时却提示超时。

故障分析与处理

在局域网中，不能 Ping 通计算机的原因很多，主要可以从以下两个方面进行排查：

● 对方计算机禁止 ping 动作。如果计算机禁止了 ICMP 回显或者安装了防火墙软件，会造成 ping 操作超时。建议禁用对方计算机的网络防火墙，然后再使用 ping 命令进行测试。

● 物理连接有问题。计算机之间在物理上不可互访，可能是网卡没有安装好、集线设备有故障、网线有问题。在这种情况下使用 ping 命令时会提示超时。尝试 ping 局域网中的其他计算机，查看与其他计算机是否能够正常通信，以确定故障是发生在本地计算机上还是发生在远程计算机上。

2. 网络参数设置故障

（1）网络参数设置故障案例 1：设置固定 IP 地址的计算机不能上网

故障现象

某局域网中一台分配了固定 IP 地址的计算机不能正常上网,但在同一局域网内的其他计算机都能正常上网。这台计算机 ping 局域网中的其他计算机也都正常,但不能 ping 通网关。更换网卡后故障仍然存在。将这台计算机连接到另一个局域网中,可以正常使用上网。

故障分析与处理

从故障的现象看,造成这种故障的原因是没有正确设置好计算机的网关或子网掩码。无法 ping 通网关,很可能是网关设置错误。不同 VLAN 间的计算机通信时,必须借助默认网关的路由到其他网络。所以当默认网关设置错误时,将无法路由到其他网络,导致网络通信失败。子网掩码是用于区分 IP 地址的网络号和主机号的,若子网掩码设置错误,也会导致网络通信的失败。解决方法是认真检查默认网关和子网掩码的设置。

(2)网络参数设置故障案例 2:主机不能访问一个固定的站点

故障现象

某管理员所在单位经常要进行网络调试,最近公司对外发布了一个网站需要调试访问的连通性。由于被访问的网站地址为 221.108.11.10,域名为 www.nettest.com,管理员修改其笔记本的 IP 地址为 221.108.11.29,并在公司服务器群中做了调试,经过调试发现在单位可以正常访问。之后管理员回到家中通过 ADSL 访问,由于 ADSL 是 PPPoE 拨号不用事先修改 IP 地址就可以正常上网,所以管理员并没有修改在公司设置的 IP 地址就拨号上网,上其他网站例如 www.sohu.com、www.sina.com 都没有任何问题,QQ 和 MSN 也可以正常登录,唯独公司的 221.108.11.10 这个服务器不能访问,出现的是"该页无法显示"的信息,管理员通过域名访问该服务器故障依旧。

故障分析与处理

这个故障的解决方法可以采用替换法,先让其他同事在家通过 ADSL 拨号访问公司服务器,若是能够正常访问便可将故障定位在本地计算机。

由于本地计算机设置 IP 地址为 221.108.11.29,所以在访问 221.108.11.0 这个网段时都会直接把数据包发向目的主机,而不是发向默认的网关地址,自然无法找到正确的路由信息。解决方法是将 IP 地址选为自动获取,重新拨号上网。

3. 网络协议设置故障

网络协议设置故障案例 1:无法用计算机名访问共享资源

故障现象

某局域网中直接通过在"运行"编辑框输入"\\共享计算机名"的形式访问其他计算机的共享资源。在为所有的计算机重新安装系统后,发现某一台计算机不能通过这种方式访问其他计算机。当在"运行"编辑框中输入"\\共享计算机名"之类的 UNC(Universal Naming Convention,通用命名规则)路径时,提示找不到该计算机,而这台共享计算机可以被其他计算机访问。

故障分析与处理

从故障的现象看,首先可以排除网络物理连接存在的问题。

由于是在重装系统后出现了问题,可以重点检查网卡驱动程序或网络协议是否安装正确,IP 地址是否设置正确。如果 IP 地址设置没有问题且已经安装网卡驱动程序,建议在"设备管理器"中删除网卡驱动程序后重新安装。如果计算机运行 Windows9x 系统,则"NetBEUI"协议是一定要安装的。如果所有的网络协议均没有问题,通过 UNC 路径就可以访问目标计算机。

13.4.3　其他网络故障

在架构完网络后，在使用中仍然可能会遭遇各种疑难问题。本小节将剖析前面未提及的网络故障，主要涉及网络服务故障、网络安全故障实例，以帮助大家解决实际问题。

1. 网络服务故障

（1）网络服务故障案例 1：系统提示"找不到网络路径"

故障现象

局域网中的计算机 A 在通过\\IP 地址\共享名的方式访问计算机 B 的共享资源时，系统提示"找不到网络路径"。但是计算机 B 却能访问计算机 A 中的共享资源，而且同一个局域网中的其他计算机也能正常访问计算机 A 中的共享资源。

故障分析与处理

所有的计算机都能访问到计算机 A 中的共享资源，说明网络协议和网络连接都是正确的。导致其他计算机无法访问计算机 B 中的共享资源的原因，可能是计算机 B 中没有安装网络文件和打印机共享协议，或者计算机 B 安装了网络防火墙，也有可能是 139、445 等端口被屏蔽了。排除上述可能性后，还可重新安装 TCP/IP 协议，并正确设置 IP 地址信息来解决。

（2）网络服务故障案例 2：权限设置问题导致无法登录 FTP 服务器

故障现象

局域网中在一台运行 Windows Server 2000 的服务器中用 IIS 5.0 搭建了 FTP 站点。当从其他计算机中使用合法的 FTP 账户和密码进行连接时却无法连接。

故障分析与处理

所有的计算机既然登录 FTP 服务器使用的账户为合法账户，那么在排除物理连接和基本网络设置存在问题的情况下，可以考虑 FTP 服务器是否对用户开启了"读取"权限。如果没有开启"读取"权限，则会出现登录失败的情况。此时，在"Internet 信息服务（IIS）管理器"窗口中打开 FTP 站点属性对话框。确认在"主目录"选项卡中勾选了"读取"复选框权限，然后切换至"目录安全性"选项卡，单击"授权访问"按钮，进一步确认客户端计算机的 IP 地址不在"拒绝访问"之列即可解决问题。

2. 网络安全故障

（1）网络安全故障案例 1：局域网病毒感染后，网络速度极慢，病毒很难杀尽

故障现象

局域网中的计算机 A 感染病毒迅速传播给多台计算机，进行杀毒后，很多机器很快重新感染病毒。

故障分析与处理

由于网络的特殊环境，上网的计算机比较容易感染病毒。在计算机病毒传播形式和途径多样化的趋势下，大型网络进行病毒的防治是十分困难的。解决这个问题主要从以下几个方面来考虑：

- 增加安全意识，主动进行安全防范；
- 上网时，注意安全。尤其对不信任的邮件不要轻易地打开、接受；
- 选择优秀的网络杀毒软件，定期升级扫描病毒，发现病毒要杀尽；
- 平时关闭网络中的共享服务，改用相对安全的 FTP 服务，对网络安全做好相应的设置。

（2）网络服务故障案例 2：防止局域网密码监听

故障现象

局域网中的计算机用户的密码被窃取。

故障分析与处理

由于局域网上安全设置不全，很容易被窃取密码。通常可以从网上找到很多局域网方面的监听软件，用于监视局域网中各用户可能使用的密码。可以主要从两个方面来解决该问题：

- 使用各种安全软件，清除内存中的密码影像，对监听软件进行防范；
- 上网时，注意提高 IE 中必要的安全等级或使用数字证书进行认证。

13.5　本章小结

在网络应用中，故障产生的原因是多样化、复杂化的，本章首先介绍了网络故障排除的一般步骤，然后讲述了网络排错的方法，有分层故障排除法、分段故障排除法、分块故障排除法和替换法等。最后通过对网络故障的实例分析和故障诊断，对网络故障的常见问题进行了说明。

13.6　习题

1. 选择题

（1）一般来说，以下哪项可能会导致计算机网络性能故障？

　　A．网络拥塞

　　B．网络环路

　　C．非最佳路由

　　D．电源中断

（2）当怀疑硬件如线缆损坏时，可以用以下哪种方法来进行排障？

　　A．分块故障排除法

　　B．分段故障排除法

　　C．替换法

　　D．分层故障排除法

（3）以下哪个命令可以获得主机配置信息，包括 IP 地址、子网掩码和默认网关？

　　A．ping

　　B．arp

　　C．tracert

　　D．ipconfig

（4）以下哪个命令用来判断两个接点在网络层的连通性？

　　A．ping

　　B．netstat

　　C．tracert

　　D．nslookup

（5）在设备上通过 show version 命令不能收集以下哪项信息？

　　A．处理器与内存信息

　　B．引导程序版本

　　C．协议配置

　　D．设备名称信息

2．问答题

　　（1）网络中常见的故障有哪些？

　　（2）出现网络故障时，一般的解决步骤是什么？

　　（3）网络故障排除的常用方法有哪些？

附录 A　本书中的命令语法规范

本书命令语法的表示习惯与 Cisco IOS 命令参考中的表示方法是相同的。命令手册中采用如下表示方法：

- **粗体字**　表示按照原样输入的命令和关键字。在实际配置的示例和输出中，粗体字表示由用户手工输入的命令，例如 **show** 命令；
- *斜体字*　表示用户应当输入具体值的参数；
- 竖线（|）　用于分开可选择的、互斥的选项；
- 方括号（[ ]）　表示可选性；
- 大括号（{ }）　表示必选项；
- 方括号中的大括号（[{ }]）　表示可选项中的必选项。

附录B 本书使用的图标

本书中所使用的图标示例如下所示：

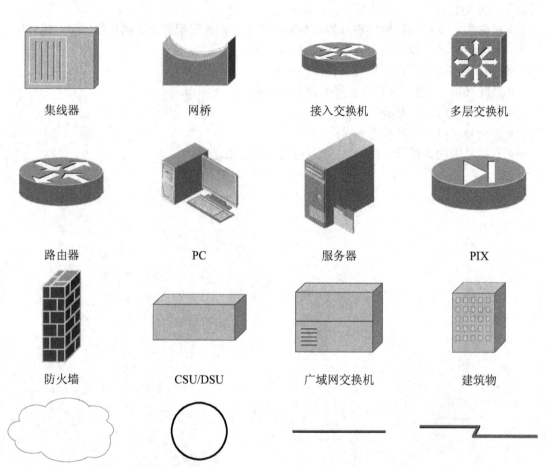

集线器　　　　　　网桥　　　　　　接入交换机　　　　多层交换机

路由器　　　　　　PC　　　　　　　服务器　　　　　　PIX

防火墙　　　　　　CSU/DSU　　　　广域网交换机　　　　建筑物

网络云　　　　　　线路：令牌环　　　线路：以太网　　　线路：串行

附录 C  常用端口表

1	传输控制协议端口服务多路开关选择器	48	数码音频后台服务
2	compressnet 管理实用程序	49	TACACS 登录主机协议
3	压缩进程	50	远程邮件检查协议
5	远程作业登录	51	IMP（接口信息处理机）逻辑地址维护
7	回显（Echo）	52	施乐网络服务系统时间协议
9	丢弃	53	域名服务器
11	在线用户	54	施乐网络服务系统票据交换
13	时间	55	ISI 图形语言
15	netstat	56	施乐网络服务系统验证
17	每日引用	57	预留个人用终端访问
18	消息发送协议	58	施乐网络服务系统邮件
19	字符发生器	59	预留个人文件服务
20	文件传输协议（默认数据口）	60	未定义
21	文件传输协议（控制）	61	NI 邮件
22	SSH 远程登录协议	62	异步通信适配器服务
23	telnet 终端仿真协议	63	WHOIS+
24	预留给个人用邮件系统	64	通信接口
25	smtp 简单邮件发送协议	65	TACACS 数据库服务
27	NSW 用户系统现场工程师	66	Oracle SQLNET
29	MSG ICP	67	引导程序协议服务端
31	MSG 验证	68	引导程序协议客户端
33	显示支持协议	69	小型文件传输协议
35	预留给个人打印机服务	70	信息检索协议
37	时间	71	远程作业服务
38	路由访问协议	72	远程作业服务
39	资源定位协议	73	远程作业服务
41	图形	74	远程作业服务
42	WINS 主机名服务	75	预留给个人拨出服务
43	"绰号"who is 服务	76	分布式外部对象存储
44	MPM（消息处理模块）标志协议	77	预留给个人远程作业输入服务
45	消息处理模块	78	修正 TCP
46	消息处理模块（默认发送口）	79	Finger（查询远程主机在线用户等信息）
47	NI FTP	80	全球信息网超文本传输协议（WWW）

计算机系列教材

81	HOST2 名称服务	161	远程管理设备（SNMP）
82	传输实用程序	162	snmp-trap
83	模块化智能终端 ML 设备	170	network PostScript
84	公用追踪设备	175	vmnet
85	模块化智能终端 ML 设备	194	Irc
86	Micro Focus Cobol 编程语言	315	load
87	预留给个人终端连接	400	vmnet0
88	Kerberros 安全认证系统	443	安全服务
89	SU/MIT 终端仿真网关	445	NT 的共享资源新端口（139）
90	DNSIX 安全属性标记图	456	Hackers Paradise
91	MIT Dover 假脱机	500	sytek
92	网络打印协议	512	exec
93	设备控制协议	513	login
94	Tivoli 对象调度	514	shell-cmd
95	SUPDUP	515	printer-spooler
96	DIXIE 协议规范	517	talk
97	快速远程虚拟文件协议	518	ntalk
98	TAC（东京大学自动计算机）新闻协议	520	efs
101	usually from sri-nic	526	tempo-newdate
102	iso-tsap	530	courier-rpc
103	ISO Mail	531	conference-chat
104	x400-snd	532	netnews-readnews
105	csnet-ns	533	netwall
109	Post Office	540	uucp-uucpd
110	Pop3 服务器（邮箱发送服务器）	543	klogin
111	portmap 或 sunrpc	544	kshell
113	身份查询	550	new-rwho - new-who
115	sftp	555	Stealth Spy（Phase）
117	path 或 uucp-path	556	remotefs - rfs_server
119	新闻服务器	600	garcon
121	BO jammerkillah	666	Attack FTP
123	network time protocol （exp）	750	kerberos-kdc
135	查询服务 DNS	751	kerberos_master
137	NetBIOS 数据报（UDP）	754	krb_prop
138	NetBIOS-DGN	888	erlogin
139	共享资源端口（NetBIOS-SSN）	1001	Silencer 或 WebEx
143	IMAP 电子邮件	1010	Doly trojan v1.35
144	NEWS	1011	Doly Trojan
153	sgmp	1024	NetSpy.698 （YAI）
158	PCMAIL	1025	Windows2000

1026	Windows2000 的 Internet 信息服务	5550	Xtcp
1033	Netspy	5555	rmt-rmtd
1042	Bla1.1	5556	mtb-mtbd
1047	GateCrasher	5569	RoboHack
1080	Wingate	5714	Wincrash3
1109	kpop	5742	Wincrash
1114	SQL	6400	The Thing
1243	Sub-7 木马	6669	Vampire
1245	Vodoo	6670	Deep Throat
1269	Mavericks Matrix	6711	SubSeven
1433	Microsoft SQL Server 数据库服务	6713	SubSeven
1492	FTP99CMP（BackOriffice，FTP）	6767	NT Remote Control
1509	Streaming Server	6771	Deep Throat 3
1524	ingreslock	6776	SubSeven
1600	Shiv	6883	DeltaSource
1807	SpySender	6939	Indoctrination
1981	ShockRave	6969	Gatecrasher.a
1999	Backdoor	7306	网络精灵（木马）
2000	黑洞（木马）默认端口	7307	ProcSpy
2001	黑洞（木马）默认端口	7308	X Spy
2023	Pass Ripper	7626	冰河（木马）默认端口
2053	knetd	7789	ICQKiller
2140	DeepThroat.10 或 Invasor	8000	OICQ Server
2283	Rat	9400	InCommand
2565	Striker	9401	InCommand
2583	Wincrash2	9402	InCommand
2801	Phineas	9535	man
3129	MastersParadise.92	9536	w
3150	Deep Throat 1.0	9537	mantst
3210	SchoolBus	9872	Portal of Doom
3306	mysql 的端口	9875	Portal of Doom
3389	Win2000 远程登录端口	9989	InIkiller
4000	OICQ Client	10000	bnews
4567	FileNail	10001	queue
4950	IcqTrojan	10002	poker
5000	WindowsXP 默认启动的 UPNP 服务	10167	Portal Of Doom
5190	ICQ Query	10607	Coma
5321	Firehotcker	11000	Senna Spy Trojans
5400	BackConstruction1.2 或 BladeRunner	11223	ProgenicTrojan
		12076	Gjamer 或 MSH.104b

12223	Hack?9 KeyLogger
12345	netbus 木马 默认端口
12346	netbus 木马 默认端口
12631	WhackJob.NB1.7
16969	Priotrity
17300	Kuang2
20000	Millenium II （GrilFriend）
20001	Millenium II （GrilFriend）
20034	NetBus Pro
20331	Bla
21554	GirlFriend 或 Schwindler 1.82
22222	Prosiak
23456	Evil FTP 或 UglyFtp 或 WhackJob
27374	Sub-7 木马
29891	The Unexplained
30029	AOLTrojan
30100	NetSphere 木马
30303	Socket23
30999	Kuang
31337	BackOriffice
31339	NetSpy
31666	BO Whackmole
31789	Hack a tack 木马
33333	Prosiak
33911	Trojan Spirit 2001 a
34324	TN 或 Tiny Telnet Server
40412	TheSpy
40421	MastersParadise.96
40423	Master Paradise.97
47878	BirdSpy2
50766	Fore 或 Schwindler
53001	Remote Shutdown
54320	Back Orifice 2000
54321	SchoolBus 1.6
61466	Telecommando
65000	Devil

附录D 术 语 表

ACK	TCP 首部中的确认（ACKnowledgment）标志
ANSI	American National Standards Institute，美国国家标准协会
API	Application Programming Interface，应用编程接口
ARP	Address Resolution Protocol，地址解析协议
ASCII	American Standard Code for Information Interchange，美国信息交换标准代码
BGP	Border Gateway Protocol，边界网关协议
BIND	Berkeley Internet Name Domain，伯克利 Internet 域名
BOOTP	BOOTstrap Protocol，引导程序协议
BPF	BSD Packet Filter，BSD 分组过滤程序
BSD	Berkeley Software Distribution，伯克利软件发布
CC	Connection Count，连接计数
CIDR	Classless InterDomain Routing，无类型域间选路
CIX	Commercial Internet Exchange，商业互联网交换
CLNP	ConnectionLess Network Protocol，无连接网络协议
CRC	Cyclic Redundancy Check，循环冗余检验
CSLIP	Compressed SLIP，压缩的 SLIP
CSMA	Carrier Sense Multiple Access，载波侦听多路访问
DCE	Data Circuit-terminating Equipment，数据电路端接设备
DDN	Defense Data Network，国防数据网
DF	TCP 首部中的不分段（Don't Fragment）标志
DHCP	Dynamic Host Configuration Protocol，动态主机配置协议
DLPI	Data Link Provider Interface，数据链路提供者接口
DNS	Domain Name System，域名系统
DSAP	Destination Service Access Point，目的服务访问点
DSLAM	DSL Access Multiplexer，数字用户线接入复用器
DSSS	Direct Sequence Spread Spectrum，直接序列扩频
DTS	Distributed Time Service，分布式时间服务
DVMRP	Distance Vector Multicast Routing Protocol，距离向量多播选路协议
EOL	End of Option List，选项表结束
EGP	External Gateway Protocol，外部网关协议
EIA	Electronic Industries Association，美国电子工业协会
FAQ	Frequently Asked Question，经常提出的问题
FCS	Frame Check Sequence，帧检验序列

FDDI	Fiber Distributed Data Interface，光纤分布式数据接口
FIFO	First In，First Out，先进先出
FIN	TCP 首部中的终止（FINish）标志
FTP	File Transfer Protocol，文件传送协议
GIF	Graphics Interchange Format，图形交换格式
HDLC	High-level Data Link Control，高级数据链路控制
HTML	Hyper Text Markup Language，超文本置标语言
HTTP	Hyper Text Transfer Protocol，超文本传送协议
IAB	Internet Architecture Board，Internet 体系结构委员会
IANA	Internet Assigned Numbers Authority，Internet 号分配机构
ICMP	Internet Control Message Protocol，因特网控制报文协议
IDRP	InterDomain Routing Protocol，域间选路协议
IEEE	Institute of Electrical and Electronics Engineers，电气和电子工程师学会（美国）
IESG	Internet Engineering Steering Group，Internet 工程指导小组
IETF	Internet Engineering Task Force，Internet 工程任务小组
IGMP	Internet Group Management Protocol，Internet 组管理协议
IGP	Interior Gateway Protocol，内部网关协议
IMAP	Internet Message Access Protocol，Internet 报文存取协议
INN	InterNet News，因特网新闻
INND	InterNet News Daemon，因特网新闻守护程序
IP	Internet Protocol，网际协议
IPC	InterProcess Communication，进程间通信
IRTF	Internet Research Task Force，Internet 研究专门小组
IRTP	Internet Reliable Transaction Protocol，因特网可靠事务协议
IS-IS	Intermediate System to Intermediate System Protocol，中间系统到中间系统协议
ISN	Initial Sequence Number，初始序号
ISO	International Organization for Standardization，国际标准化组织
ISOC	Internet SOCiety，Internet 协会
ISS	Initial Send Sequence number，初始发送序号
JPEG	Joint Photographic Experts Group，联合图片专家组
LAN	Local Area Network，局域网
LCP	Link Control Protocol，链路控制协议
LF	Line Feed，换行
LIFO	Last In，First Out，后进先出
LLC	Logical Link Control，逻辑链路控制
LSRR	Loose Source and Record Route，宽松的源站及记录路由
MAN	Metropolitan Area Network，城域网
MBONE	Multicast Backbone On the InterNEt，Internet 上的多播主干网
MIB	Management Information Base，管理信息库
MILNET	MILitary NETwork，军用网

MIME	Multipurpose Internet Mail Extensions，通用因特网邮件扩充
MSL	Maximum Segment Lifetime，报文段最大生存时间
MSS	Maximum Segment Size，报文段最大长度
MTA	Message Transfer Agent，报文传送代理
MTU	Maximum Transmission Unit，最大传输单元
NCP	Network Control Protocol，网络控制协议
NCSA	National Center for Supercomputing Applications，国家超级计算中心（美国）
NFS	Network File System，网络文件系统
NIC	Network Information Center，网络信息中心
NIT	Network Interface Tap，网络接口栓（Sun 公司的一个程序）
NNRP	Network News Reading Protocol，网络新闻读取协议
NNTP	Network News Transfer Protocol，网络新闻传送协议
NOAO	National Optical Astronomy Observation，国家光学天文观测（美国）
NOP	No Operation，无操作
NSFNET	National Science Foundation NETwork，国家科学基金网络
NSI	NASA Science Internet，（美国）国家宇航局 Internet
NTP	Network Time Protocol，网络时间协议
NVT	Network Virtual Terminal，网络虚拟终端
OSF	Open Software Foundation，开放软件基金
OSI	Open Systems Interconnection，开放系统互连
OSPF	Open Shortest Path First，开放最短通路优先
PAWS	Protection Against Wrapped Sequence number，防止序号重叠
PCB	Protocol Control Block，协议控制块
PDU	Protocol Data Unit，协议数据单元
PNG	Portable Network Graphics，可携式网络图像
POSIX	Portable Operation System Interface，可移植操作系统接口
PPP	Point-to-Point Protocol，点对点协议
PSH	TCP 首部中的急迫（PuSH）标志
RARP	Reverse Address Resoulution Protocol，逆地址解析协议
RDP	Reliable Datagram Protocol，可靠数据报
RFC	Request For Comment，是 Internet 的文档，意思是"请提意见"
RIP	Routing Information Protocol，路由信息协议
RPC	Remote Procedure Call，远程过程调用
RST	TCP 首部中的重建（ReSeT）标志
RTO	Retransmission Time Out，重传超时
RTT	Round- rip Time，往返时间
SACK	Selective ACKnowledgment，有选择的确认
SLIP	Serial Line Internet Protocol，串行线路因特网协议
SMTP	Simple Mail Transfer Protocol，简单邮件传送协议
SPT	Server Processing Time，服务器处理时间

计算机系列教材

SSAP	Source Service Access Point，源服务访问点
SSRR	Strict Source and Record Route，严格的源站及记录路由
SVR4	System V Release 4，系统 V 版本 4
SYN	TCP 首部中的序号同步（SYNchronous sequence number）标志
TAO	TCP Accelerated Open，TCP 加速打开
TCP	Transmission Control Protocol，传输控制协议
TFTP	Trivial File Transfer Protocol，简单文件传送协议
TLI	Transport Layer Interface，运输层接口
TTL	Time-To-Live，寿命，或生存时间
Telnet	远程登录协议
UA	User Agent，用户代理
UDP	User Datagram Protocol，用户数据报协议
URG	TCP 首部中的紧急（URGent）指针
URI	Universal Resource Identifier，通用资源标识符
URL	Uniform Resource Locator，统一资源定位符
URN	Uniform Resource Name，统一资源名字
UTC	Coordinated Universal Time，协调的统一时间
VMTP	Versatile Message Transaction Protocol，通用报文事务协议
WAN	Wide Area Network，广域网
WWW	World Wide Web，万维网
XDR	External Data Representation，外部数据表示
XID	Transaction ID，事务标识符

参 考 文 献

[1]谢希仁. 计算机网络. 北京：电子工业出版社，2003.

[2]王平. Cisco 网络技术教程（第 3 版）. 北京：电子工业出版社，2012.

[3]高峡，陈智罡. 网络设备互联学习指南. 北京：科学出版社，2009.

[4]曹炯清. 交换与路由实用配置技术. 北京：清华大学出版社，2010.

[5]赵治东. 路由交换技术. 北京：清华大学出版社，2011.

[6]Jeff Doyle，Jennifer Dehaven Carroll. TCP/IP 路由技术（卷 1）. 北京：人民邮电出版社，2007.

[7]Richard Froom. CCNP 学习指南：组建 Cisco 多层交换网络（BCMSN）. 北京：人民邮电出版社，2007.

[8]Diane Teare. CCNP 学习指南：组建可扩展的 Cisco 互连网络（BSCI）. 北京：人民邮电出版社，2007.